"十四五"职业教育国家规划教材
"十三五"职业教育国家规划教材
高等职业教育农业农村部"十三五"规划教材

测 量
CELIANG
第三版

金为民 主编

中国农业出版社
北京

内容简介

本教材主要介绍测量的基础知识与实践应用，由十二个项目及测量实习实训组成。本教材主要内容有常用仪器使用方法和实测应用（包括水准仪与电子水准仪、经纬仪与电子经纬仪、全站仪等常用仪器的主要功能、使用方法和实际应用）、大比例尺地形测图、数字化测图及测量在各种施工中的应用及实践技能训练。这种结构体系的编排充分体现了本教材在知识结构上的立体性和完整性，以及"教、学、做结合，理论、实践一体化"的教学特点。它既有利于教师的选择性教学，也有利于学生的自学。

本教材是园林、城市规划、环境保护、土地管理与土木建筑等专业的专业基础课与实践应用课教材，也可作为工程测量、房产测量、地籍测绘、地图制图工种从业人员职业资格考证和有关工程技术人员的参考用书。

第三版编审人员名单

主　编　金为民（泉州职业技术大学）

副主编　王文焕（黑龙江职业学院）

　　　　吴铭辉（泉州职业技术大学）

参　编　胡永进（江苏农林职业技术学院）

　　　　廖祥六（黄冈职业技术学院）

　　　　吴天才（南方测绘公司福州分公司）

审　稿　郭宏俊（华中农业大学）

　　　　张孝忠（黄冈职业技术学院）

第一版编审人员名单

主　编　金为民（黄冈职业技术学院）

副主编　赵桂生（北京农业职业学院）

　　　　　张孝忠（黄冈职业技术学院）

编　者　（按编写章节为序）

　　　　　韩东锋（杨凌职业技术学院）

　　　　　高玉艳（黑龙江农垦林业职业技术学院）

　　　　　王文焕（黑龙江畜牧兽医职业学院）

审　稿　郭宏俊（华中农业大学）

　　　　　梁　勇（山东农业大学）

第二版编审人员名单

主　编　金为民

副主编　赵桂生　吴铭辉

编　者　（以姓名笔画为序）

王文焕　吴铭辉　金为民

赵桂生　胡永进　韩东锋

廖祥六

审　稿　张孝忠　郭宏俊

Preface 第三版前言

本教材是在保持第二版《测量》教材和福建省在线精品课程《建筑工程测量》建设的基础上（见课程网址 http：//jpkc.qzit.edu.cn），根据"测量"岗位技能要求，按照测量项目的工作过程，由浅入深，由简单到复杂，由一般到综合的能力递增规律，将教材内容分为 12 个学习项目和若干个学习任务进行编写。通过调研、论证，结合生产单位情况，对《测量》教材内容不断完善、更新，及时引进新的测绘技术、方法和理念，使经典的理论内容与先进的应用技术紧密结合。同时，教材内容还充分考虑了相关工种（如测量员）职业资格取证的需要。因此，本教材内容具有很强的适用性。

本教材的学习情境设计（任务设计）是根据所属项目的能力要求，涵盖所有要传授的知识点，基于工作过程，按照从简单到复杂的认知过程进行组织，教、学、做相结合，理论与实践一体化的原则精心设计。在测绘职业岗位能力培养的同时，综合考虑了测量方法能力和职业素养的培养。

本教材的实践教学内容是以岗位能力为基础，将典型工作任务转化为 10 个训练项目、20 个训练任务，在课堂实践教学中予以实施。每一个训练任务根据训练目的和能力要求，进行训练内容、训练步骤和训练成果的精心设计。在综合实训阶段，以真实的生产项目为指导，学生根据具体的测量任务，从制定技术计划开始，直至按照要求完成数字测图和施工测量，对前期所学知识，作一次全面具体的应用，达到进一步掌握仪器操作技能，掌握地形图测绘与工程施工测量的基本的作业流程与方法。

本教材具有结构合理、内容丰富、文字精练、图文并茂的特点。对传统的和现代的测量知识取舍得当，既精辟地阐述了测量基础知识，又突出地讲解了实践应用。在讲清测量基本知识、基本技能的基础上，浓缩了测量知识的精华，增加了测量的新技术、新仪器和新方法，适应科技发展和进步的需要。所选用实例均为当前广泛普及应用，该教材由浅入深，循序渐进，结构合理，重在实践的编排体系，切合课程的教学实际和教学规律，易为教、学双方所接受、便于学生学习，具有自身的特色。

本教材项目一、七和实训指导由泉州职业技术大学金为民编写；项目二和八由泉州职业技术大学吴铭辉编写；项目三和十一由江苏农林职业技术学院胡永进编写；项目四和十由黑龙江职业学院王文焕编写；项目五和九由南方测绘公司福州分公司吴天才编写；项目六和十二由黄冈职业技术学院廖祥六编写。本教材的统稿和定稿由金为民完成，由华中农业大学郭宏俊、黄冈职业技术学院张孝忠审稿。

本教材在编写过程中得到了泉州职业技术大学、黑龙江职业学院、江苏农林职业技术学院、黄冈职业技术学院等相关院校的大力支持，在此一并表示感谢。

由于时间仓促，教材中的疏漏甚至错误之处亦恐难免，敬请指正。

编者

2019 年 3 月

Preface 第一版前言

《测量学》是园林、城市规划、环境保护、土地管理与土木建筑等专业的技术基础课与实践应用课教材。课程的目的在于使学生认识测量的本质、原理和方法,为园林工程设计与城市规划等后继专业课的学习打下牢固基础。通过本课程的学习,学生应当达到下列要求:掌握测量学的基本原理与方法;掌握 DS_3 型水准仪和 DJ_6 型经纬仪的操作与检校方法;了解现代测绘仪器的主要功能与操作方法;掌握图根控制测量与计算的基本方法;具有大比例尺地形图的测绘与应用的初步能力;了解数字化测图的一般知识。

本教材是根据非测绘专业测量学课程的特点,力图以点位的确定为中心,以数字化测量为主线,以测绘新概念、新技术、新仪器为重点进行叙述,试求建立由浅入深,先易后难,循序渐进的教材体系,同时又力求符合生产程序。

本教材共十二章,其中前五章即绪论、水准测量、角度测量、距离测量、全站仪等,是以点位的确定为中心,讲述单项测定和基本概念及主要测绘仪器的基本使用方法;小地区控制测量、地形测图、地形图的应用等三章主要介绍地形图的基本测绘方法与应用;平整土地测量、线路测量、施工测量三章则是结合专业的施工测量,属于专业部分;全球定位系统的定位技术属于新技术介绍,在有条件的院校可将此章放在全站仪后讲授;教材最后为实践技能训练部分,内容包括:认识 DS_3 型水准仪、练习测量两点间高差与水准仪的检验校正;认识 DJ_6 型经纬仪、练习测角(水平角和竖直角)与经纬仪的检验校正;等外及四等水准测量外业观测和内业计算;经纬仪导线测量的外业观测和内业计算;经纬仪测绘法测图;光电测距仪、全站仪测图与计算机绘图;地形图的野外认读及应用等。在每章的最后还附有小结与习题,便于学生自学和练习。

本书第一章和第九章与测量实习部分由金为民编写;第二章和第十一章及有关的实践技能训练内容由韩东锋编写;第三章和第八章及有关的实践技能训练内容由高玉艳编写;第四章和第十章及有关的实践技能训练内容由王文焕编写;第五章和第六章及有关的实践技能训练内容由张孝忠编写;第七章和第十二章及有关的实践技能训练内容由赵桂生编写。全书由主编统稿,在统稿过程中,对某些章节做了部分修改及内容方面的充实。

本教材由郭宏俊和梁勇审稿,特此致谢。

在教材编写过程中得到了黄冈职业技术学院、北京农业职业学院、杨凌职业技术学院、黑龙江农垦林业职业技术学院、黑龙江畜牧兽医职业学院的大力支持,在此表示衷心的感谢!

由于编者的学识有限,加之时间仓促,本书内容不能包含正在不断发展中的测量领域的全部范畴,书中的疏漏甚至错误之处亦恐难免,敬请指正。本书编者诚恳地希望使用本教材的广大师生及读者多提宝贵意见,以利本书不断改进,日臻完善。

编者
2006 年 1 月

第二版前言

本教材是在保持第一版教材《测量学》(普通高等教育"十一五"国家级规划教材)特点的基础上,本着与时俱进和紧密结合测量人才培养的原则进行了适当修订,修订后的《测量》教材反映了现代测绘技术向一体化、数字化、自动化、智能化方向发展的趋势。

本教材共由四部分组成,其中,第一部分分5个项目编写,是以点位的确定为中心,较全面地介绍了最新与常用仪器使用方法和实测应用等;第二部分主要介绍了大比例尺地形测图、数字化测图及测量在各种施工测量中的应用等;第三部分是结合专业的施工测量,各校可选择讲授;第四部分为实践技能训练部分。这种结构体系的编排充分体现了该书在知识结构上的立体性和完整性,体现了"教、学、做结合,理论、实践一体化"的教学特点。它既有利于教师的选择性教学,也有利于学生的自学。

就该教材的内容而言,它提供的是完整的测量技术原理和应用,不偏重于某种技术的详细论述,不涉及太多对于非测绘专业学生来说艰涩难懂的内容,文字流畅、通俗易懂。本教材在论述现代测量技术的原理与应用的同时,将测量技术的要点融会到各个单元各个项目之中,使该教材的知识结构呈现出基础性、前瞻性和实用性;注重基本概念的准确介绍和方法原理的原则性介绍,不过分强调测量原理与测量公式推导,不注重介绍方法原理的细节;着重介绍测量基础知识、基本原理和具体操作。这些要素构建了完整的《测量》教材所呈现出由浅入深、简明扼要、易教易学的教材编写特点。

就每项目的结构而言,经过编者的精心安排,本教材更充分地体现易教易学、重点突出的特点。首先,每项目都以项目提要和学习目标作为引文,更加方便了教师与学生开展教与学。其次,用流畅简明的语言介绍各项目、各任务的具体内容,使学生在学习之后能了解技术之间的内在联系,掌握某种应用所涉及的技术关键及大体思路。第三,每个项目都有明确的工作任务——技能训练,提示教师和学生如何进行测量实践技能训练,达到掌握所学内容的目的。第四,每项目后设置有针对性的复习参考题,提出问题便于学生思考此项目的内容。

本教材项目一和项目十由泉州理工职业学院金为民编写；项目七和项目九由北京农业职业学院赵桂生编写；项目四和项目十一由黑龙江职业学院王文焕编写，项目六和实习实训第二部分单项实践技能训练由泉州理工职业学院吴铭辉编写；项目二和项目十二由杨凌职业技术学院韩东锋编写；项目三和项目八由江苏农林职业技术学院胡永进编写；项目五由黄冈职业技术学院廖祥六编写。本教材的统稿和定稿由金为民完成，由黄冈职业技术学院张孝忠、华中农业大学郭宏俊审稿。本教材在编写过程中得到了黄冈职业技术学院、泉州理工职业学院、江苏农林职业技术学院等相关院校的大力支持，在此一并表示感谢。

由于时间仓促，疏漏甚至错误之处亦恐难免，敬请指正。

编者

2014 年 12 月

contents 目　　录

第三版前言
第一版前言
第二版前言

项目一　测量基础 ··· 1

任务一　测量的任务与要求 ························· 1
一、测量的任务 ··· 1
二、测量的分类 ··· 2
三、测量工作的原则 ··································· 2
四、测量工作的基本要求 ····························· 3

任务二　地面点位的确定 ···························· 3
一、地球的形状和大小 ································ 3
二、地理坐标与平面直角坐标 ······················· 4
三、地面点的高程 ······································ 5
四、用水平面代替水准面的限度 ···················· 5

任务三　测量误差知识 ······························· 7
一、测量误差的来源 ··································· 7
二、测量误差的分类 ··································· 7
三、偶然误差的特性 ··································· 8
四、评定精度的标准 ··································· 9

技能训练 ··· 11
思考与练习 ·· 11

项目二　水准测量 ·· 12

任务一　水准测量原理 ······························· 12
一、水准测量的概述 ··································· 12
二、水准测量的原理 ··································· 13
三、连续水准测量 ······································ 13

任务二　水准仪及其使用 ···························· 14
一、DS_3型微倾水准仪 ······························ 15
二、自动安平水准仪 ··································· 20
三、精密水准仪及其使用 ····························· 21
四、电子水准仪 ··· 22

任务三　水准测量方法 ······························· 24

一、水准测量的外业 ………………………………………………………………… 24
　　二、水准测量内业 …………………………………………………………………… 27
　　三、水准测量的注意事项 …………………………………………………………… 30
任务四　三、四等水准测量 …………………………………………………………………… 32
　　一、三、四等水准测量的主要技术要求 …………………………………………… 32
　　二、三、四等水准测量的方法 ……………………………………………………… 33
　　三、三、四等水准测量的高程计算 ………………………………………………… 34
　　四、三、四等水准测量的注意事项 ………………………………………………… 35
任务五　微倾水准仪的检验与校正 …………………………………………………………… 35
　　一、圆水准器轴平行于仪器竖轴的检验与校正 …………………………………… 35
　　二、十字丝横丝垂直于仪器竖轴的检验与校正 …………………………………… 36
　　三、水准管轴平行于视准轴的检验与校正 ………………………………………… 37
知识拓展 ………………………………………………………………………………………… 39
技能训练 ………………………………………………………………………………………… 42
思考与练习 ……………………………………………………………………………………… 42

项目三　角度测量 …………………………………………………………………………… 44

任务一　光学经纬仪的构造与使用方法 ……………………………………………………… 44
　　一、DJ_6 级光学经纬仪 ……………………………………………………………… 44
　　二、DJ_2 级光学经纬仪 ……………………………………………………………… 46
　　三、经纬仪的使用 …………………………………………………………………… 48
任务二　水平角测量 …………………………………………………………………………… 49
　　一、水平角测量原理 ………………………………………………………………… 49
　　二、水平角的测量方法 ……………………………………………………………… 50
任务三　竖直角测量 …………………………………………………………………………… 53
　　一、竖直角测量原理 ………………………………………………………………… 53
　　二、竖直角测量方法 ………………………………………………………………… 53
任务四　经纬仪的检验与校正 ………………………………………………………………… 56
　　一、照准部水准管轴应垂直于竖轴的检验与校正 ………………………………… 56
　　二、十字丝纵丝垂直于横轴的检验与校正 ………………………………………… 57
　　三、视准轴垂直于横轴的检验与校正 ……………………………………………… 57
　　四、横轴垂直于竖轴的检验与校正 ………………………………………………… 58
　　五、竖盘指标差的检验与校正 ……………………………………………………… 58
任务五　电子经纬仪 …………………………………………………………………………… 59
　　一、电子经纬仪的特点 ……………………………………………………………… 59
　　二、使用方法 ………………………………………………………………………… 60
　　三、注意事项 ………………………………………………………………………… 62
任务六　角度测量的误差分析及注意事项 …………………………………………………… 62
　　一、角度测量的误差 ………………………………………………………………… 63
　　二、角度测量的注意事项 …………………………………………………………… 64
技能训练 ………………………………………………………………………………………… 64
思考与练习 ……………………………………………………………………………………… 64

项目四　距离测量 ······ 67

任务一　地面点的标志与直线定线 ······ 67
一、地面点的标志和丈量工具 ······ 67
二、直线定线 ······ 69
三、直线丈量的一般方法 ······ 70

任务二　钢尺测量 ······ 72
一、钢尺量距方法 ······ 72
二、钢尺量距的成果整理 ······ 73
三、钢尺量距的误差分析 ······ 75

任务三　视距测量 ······ 75
一、视距测量的原理 ······ 76
二、视线水平时的视距公式 ······ 76
三、视线倾斜时的视距公式 ······ 77
四、视距测量的方法 ······ 78

任务四　红外测距仪 ······ 79
一、红外测距仪的测距原理 ······ 79
二、红外测距仪的工作过程 ······ 80
三、测距边长改正计算 ······ 81

任务五　直线定向 ······ 81
一、直线定向 ······ 81
二、直线方向的表示方法 ······ 82
三、正反方位角的推算 ······ 84
四、罗盘仪及罗盘仪的使用 ······ 84

技能训练 ······ 86
思考与练习 ······ 86

项目五　全站仪及其应用 ······ 88

任务一　全站仪的构造与使用 ······ 88
一、全站仪的主要特点与功能 ······ 88
二、全站仪的构造与辅助设备 ······ 89
三、全站仪的操作键 ······ 91
四、全站仪的使用 ······ 92

任务二　全站仪的应用测量 ······ 94
一、全站仪角度测量 ······ 94
二、全站仪距离测量 ······ 95
三、全站仪坐标测量 ······ 98

任务三　全站仪的程序测量 ······ 100
一、全站仪悬高测量 ······ 100
二、全站仪对边测量 ······ 101
三、全站仪放样测量 ······ 103

技能训练 ······ 105

思考与练习 106

项目六　小地区控制测量 107

任务一　控制测量概述 107
一、控制测量及其布设原则 107
二、平面控制测量 107
三、高程控制测量 108

任务二　导线测量 109
一、导线测量概述 109
二、导线测量的外业工作 109
三、导线测量的内业计算 110

任务三　小三角测量 116
一、小三角测量概述 116
二、小三角的外业测量 117
三、小三角的内业计算 117

任务四　三角高程测量 120
一、三角高程测量原理 120
二、三角高程测量的观测与计算 121

知识拓展 122
技能训练 125
思考与练习 125

项目七　大比例尺地形图测绘 127

任务一　地形图基本知识 127
一、地形图的比例尺 128
二、地物及其表示方法 130
三、地貌及其表示方法 132

任务二　大比例尺地形图的常规测绘方法 136
一、测图前的准备工作 136
二、碎部点的选择和立尺线路 138
三、碎部测量的方法和要求 139
四、地形图的绘制与整饰 142

任务三　数字测图 145
一、数字测图概述 145
二、数字测图的作业过程 146
三、CASS软件绘制地形图简介 148

知识拓展 149
技能训练 152
思考与练习 152

项目八　地形图的应用 153

任务一　地形图的分幅与编号 153

一、梯形分幅和编号 ·· 153
　　二、矩形分幅与编号 ·· 156
　　三、独立地区测图的特殊编号 ·· 156
任务二　地形图应用的基本知识 ·· 157
　　一、在地形图上确定点位坐标 ·· 157
　　二、在地形图上量算线段长度 ·· 158
　　三、在地形图上量算某直线的坐标方位角 ··· 158
　　四、在地形图上求算某点的高程 ··· 159
　　五、在地形图上按一定方向绘制断面图 ·· 159
任务三　面积量算 ··· 159
　　一、图解法 ·· 160
　　二、解析法 ·· 161
　　三、求积仪法 ··· 162
技能训练 ··· 164
思考与练习 ··· 165

项目九　GPS测量原理与应用 ··· 166

任务一　GPS的基本概念 ·· 166
　　一、GPS全球定位系统的特点 ·· 166
　　二、GPS全球定位系统的基本构成 ·· 167
任务二　GPS定位原理与方法 ·· 170
　　一、伪距测量 ··· 170
　　二、载波相位测量 ··· 171
　　三、定位方法 ··· 171
任务三　GPS测量的实施 ·· 173
　　一、GPS控制网方案设计 ·· 173
　　二、GPS测量的外业实施 ·· 175
　　三、GPS测量的内业计算 ·· 176
技能训练 ··· 176
思考与练习 ··· 176

项目十　平整土地测量 ··· 177

任务一　合并平整法 ·· 177
任务二　方格网平整法 ·· 178
　　一、测设方格网 ·· 178
　　二、测量各方格点的地面高程 ·· 179
　　三、平整成水平地面 ·· 179
　　四、平整成具有一定坡度的地面 ··· 180
任务三　等高面法与断面法平整土地 ·· 182
　　一、等高面法平整土地 ··· 182
　　二、断面法平整土地 ·· 184
技能训练 ··· 184

思考与练习 ·· 184

项目十一　线路测量 ·· 185

任务一　勘测选线与中线测量 ·· 185
一、勘测选线 ·· 185
二、中线测量 ·· 186

任务二　纵、横断面测量 ·· 187
一、纵断面测量 ·· 188
二、横断面测量 ·· 190

任务三　纵、横断面图的绘制 ·· 192
一、渠道（道路）纵断面图的绘制 ·· 192
二、渠道横断面图的绘制 ·· 192
三、渠道标准断面图的设计与绘制 ·· 194

任务四　土石方计算与施工放样 ·· 194
一、土石方计算 ·· 194
二、施工放样 ·· 195

技能训练 ·· 196
思考与练习 ·· 196

项目十二　施工测量 ·· 197

任务一　施工（测设）测量的基本内容和方法 ·· 197
一、已知水平距离的测设 ·· 197
二、已知水平角的测设 ·· 198
三、已知高程点的测设 ·· 199
四、平面点位的测设 ·· 200
五、已知坡度的测设 ·· 203
六、圆曲线的测设 ·· 204

任务二　施工控制网 ·· 210
一、平面控制网 ·· 210
二、施工高程控制网 ·· 213

任务三　园林工程施工测量 ·· 213
一、园林建筑物施工测量 ·· 213
二、园林假山工程的测量 ·· 219
三、园林水景工程的测量 ·· 220
四、园林植物种植施工测量 ·· 221
五、竣工总平面图的编绘 ·· 223

技能训练 ·· 224
思考与练习 ·· 225

测量实习实训 ·· 226

第一部分　测量实习须知 ·· 226
第二部分　测量单项实习与实践技能训练 ·· 228

实践技能训练一	水准仪的认识与使用（2学时）	228
实践技能训练二	普通水准测量（2学时）	230
实践技能训练三	四等水准测量（2学时）	232
实践技能训练四	DS₃型水准仪的检验与校正（2个学时）	234
实践技能训练五	经纬仪的认识与使用（2学时）	236
实践技能训练六	水平角观测（2～4学时）	237
实践技能训练七	竖直角观测（2学时）	239
实践技能训练八	经纬仪的检验与校正	240
实践技能训练九	直线定线与距离测量（2学时）	242
实践技能训练十	经纬仪视距测量（2学时）	243
实践技能训练十一	罗盘仪的认识与使用（1学时）	244
实践技能训练十二	红外测距仪认识与使用（2学时）	245
实践技能训练十三	全站仪的认识与使用（2学时）	246
实践技能训练十四	面积量算（2学时）	249
实践技能训练十五	GPS的认识与应用	250
实践技能训练十六	土地平整测量（2学时）	250
实践技能训练十七	线路测量与断面图的绘制（4学时）	251
实践技能训练十八	点位测设的基本工作（2学时）	253
实践技能训练十九	圆曲线施工测量（2学时）	254
实践技能训练二十	园林工程施工测量（2学时）	255

第三部分　测量综合实习 …………………………………………………………… 257

参考文献 …………………………………………………………………………… 262

项目一

测 量 基 础

CELIANG

【项目提要】 主要介绍测量的任务，地面点位的确定方法和测量误差的基本知识等内容。

【学习目标】 了解测量的概念、任务和作用，学习测量的目的意义；了解测量在园林规划设计、城镇建设和工程建筑中的作用；掌握地面点位确定的基本方法以及测量工作的基本原则与测量误差等基础知识。

任务一　测量的任务与要求

任务目标：了解测量的任务、测量工作的原则及要求。

测量是一门具有悠久历史的地球科学，由于生产和生活的需要，人类社会在远古时代，测量工作就被应用于生产实践。早在公元前 2000 年大禹治水时就已使用了"准、绳、规、矩"四种测量工具和方法。战国时已首先制出了世界最早的恒星表。秦代（前 246—前 207）就确定一年的长短为 365.25 d，与罗马人的儒略历相同，但比其早四五百年。宋代的《统天历》，一年为 365.242 5 d，与现代值相比，只有 26 s 的误差，可见天文测量在古代已有很大发展。

我国在 1975 年首次对珠穆朗玛峰进行了实地测量。中国测绘工作者在中国登山队的配合下，登上珠穆朗玛峰，精确地测定了它的高度，并绘出了珠峰地区的详细地图。他们用生命将测量觇标矗立于珠峰之巅，向全世界宣读了"中国高度"；如今，经过几十年、几代人的努力，我国测绘事业取得了举世瞩目的成就，成为新时代自然资源科技"上天入地""登峰下海"的重要基础和组成部分。我们的最新测绘技术和设备支撑了更高精度的珠穆朗玛峰高程测量，测绘卫星完善了空天地一体化信息网络，实现对地球的不间断观测，地理信息服务融入国家建设和社会治理的方方面面。

一、测量的任务

测量学是研究地球的形状、大小以及确定地面点空间位置的一门科学。测量一词是泛指对各种量的量测，而测量所要量测的对象是地球的局部表面以至整个地球。由于测量一般包含测和绘两项内容，所以这门科学又称为测绘科学。测绘是既要测定地面点的几何位置、地球形状、地球重力场以及地球表面自然形态和人工设施的几何形态，又要结合社会和自然信息的地理分布，研究绘制全球或局部地区各种比例尺的地形图或专题地图的理论和技术。

测量的主要任务有以下 5 个方面：

1. 测图（测定） 将地面上存在的各种地形、地物利用测量的方法确定他们的位置并用规定的符号和一定的比例绘制成图的工作，称为测图（又称测定）。

2. 地形图应用 从地形图上获取某点的坐标、高程、距离以及地块的面积、地面的坡度、地形的断面和土方量等资料，为工程建筑提供设计依据。

3. 测设（放样） 将各种工程设计的点位用测量的方法测设到实地的工作，称为测设（又称为放样）。如各种工程建筑物和构筑物的施工放样等工作。

4. 变形观测 监测建（构）筑物的水平位移和垂直沉降，以便采取措施，保证建筑物的安全。

5. 竣工测量 测绘竣工图。

二、测量的分类

随着生产和科学技术的发展，测量学包括的内容也越来越丰富，按其研究对象和应用范围，可以分为以下几类：

1. 大地测量学 研究在广大区域的范围内建立国家大地控制网，以测定地球的形状、大小和地球重力场的学科，称为大地测量学。大地测量必须考虑地球曲率的影响。大地测量又分为常规大地测量和卫星大地测量。

2. 普通测量学 研究地球表面较小区域内的测量与制图工作的基本理论、技术和方法的学科，称为普通测量学。在此区域内可不考虑地球曲率的影响而将地球表面视为平面，其具体任务是测绘各种比例尺的地形图和一般的施工测量等。

3. 工程测量学 研究在工程建设中的勘测、设计、施工、竣工验收和管理各阶段中所进行的各种测量理论、技术和方法的学科，称为工程测量学。由于测量对象不同，可分为建筑工程测量、园林工程测量、线路工程测量、桥隧工程测量等。

4. 摄影测量学 通过摄影和遥感技术获取被摄物体的信息，以确定地物的形状、大小、性质和空间位置并绘制成图的学科，称为摄影测量学。根据测量手段不同可分为航空摄影测量、航天摄影测量、地面摄影测量和水下摄影测量等。

5. 海洋测量学 是研究以海洋水体和海底为对象所进行的测量和海洋图编制工作的理论、技术和方法的学科，称为海洋测量学。

6. 地图制图学 研究利用测量成果制作各种地图的理论、工艺和方法的学科，称为地图制图学。其内容包括地图编制、整饰及电子地图制作与应用等。

三、测量工作的原则

测量工作应遵循的原则是"由整体到局部，由控制到碎部"。任何测绘工作都应先总体布置，然后再分阶段、分区、分期实施。在实施过程中要先布设平面和高程控制网，确定控制点平面坐标和高程，建立全国、全测区的统一坐标系。在此基础上再进行细部测绘和具体的施工测量。只有这样，才能保证全国各单位各部门的地形图具有统一的坐标系统和高程系统。减少控制测量误差的积累，保证成果质量。

为了保证全国各地区测绘的地形图能有统一的坐标系，并能减少控制测量误差积累，国家测绘局在全国范围内建立了能覆盖全国的平面控制网和高程控制网。在测绘地形图时，首先应在测区范围内布设测图控制网及测图用的图根控制点。这些控制网应与国家控制网联测，使测区控制网与国家控制网的坐标系统一致。

四、测量工作的基本要求

测量工作是一项非常细致且连续性很强的工作，一处发生错误就会影响到下一步工作，甚至整个测量成果，测量过程中也有误差，误差会传递和积累，也会影响到测量的最后结果。因此，对测绘工作的每一个过程、每一项成果都必须检核和校正。假若发现错误或不符合精度要求的观测数据，应立即查明原因，及时返工重测，只有这样，才能保证测绘成果的可靠性。

测量工作都是以队、组的形式，集体进行工作的，因此，只有合理分工，密切配合，才能把工作按时完成任务，保质保量的做好工作。

仪器是测量工作的工具，因此，作为测量人员要养成爱护仪器、正确使用仪器的良好习惯。

测量记录和图纸是外业工作的成果，是评定观测质量、使用观测成果的基本依据。测量人员必须坚持认真严肃的科学态度，实事求是地做好记录工作，要求做到内容真实、完善，书写清楚、整洁，必须用铅笔记录，如果记录有错误，不要用橡皮擦擦掉，要用铅笔把它划掉，然后将正确数据写在旁边，以保持记录的"原始性"，不能随意更改数据或测量成果。

任务二 地面点位的确定

任务目标：了解地球的形状和大小、地面最高山峰与最深海沟的海拔高度，掌握在面点位的确定方法以及用水平面代替水准面的限度与计算方法等内容。

如前所述，测量的主要任务是测定（测图）和测设（放样），其实质是确定点位的工作。由于测量工作都是在地球表面上进行的，所以，在讨论如何确定地面点位之前先介绍关于地球形状和大小的知识。

一、地球的形状和大小

人类为了适应、利用和改造环境，自古以来一直在研究地球的形状和大小。地球表面是一个极不规则的曲面，它上面有高山、平原、丘陵、湖泊、江河和海洋等。有位于我国青藏高原上最高的山峰珠穆朗玛峰，海拔高度达 8 844.43 m（2005 年 10 月 8 日）；有位于太平洋西部最深的马里亚纳海沟，低于平均海平面即海拔高度为负，表示为 －11 022 m，最高与最低两点相差近 20 km。虽然地球表面起伏如此之大，但与半径为 6 371 km 的地球相比还是微不足道的。由于地球表面上陆地仅占 29%，而海洋却占 71%，所以我们可以将地球总的形状看作是一个被海水包围的球体。如图 1-1 所示：设想由静止的海水面延伸进大陆和岛屿后包围整个地球的连续表面，称

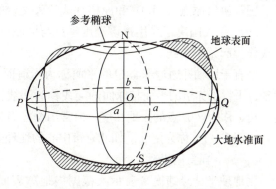

图 1-1 大地水准面和参考椭球面

为水准面。由于海水时高时低,故水准面有无数个,其中与静止的平均海水面重合的闭合曲面称为大地水准面。大地水准面是测量工作的基准面。大地水准面所包围的地球形体,称为大地体。

大地水准面虽然比地球的自然表面要规则得多,但是还不能用一个数学公式表示出来。为了便于测绘科学成果的计算,我们选择一个大小和形状与大地水准面极为接近又能用数学公式表达的几何形体来代替大地体,即椭球体。大地水准面有些在椭球表面之上,有些在椭球面之下。椭球的大小用长半轴 a、短半轴 b 和扁率 $f=(a-b)/a$ 三个元素来表示。我国采用1975年国际大地测量与地球物理联合会 16 届大会推荐的椭球元素值,即长半轴 $a=6\,378\,140$ m,短半轴 $b=6\,356\,743$ m,扁率 $f=(a-b)/a=1:298.257$,由于地球的扁率很小,所以在一般测量工作中,可把地球看作一个圆球,其半径为:

$$R = \frac{a+a+b}{3} = 6\,371 (\text{km})$$

二、地理坐标与平面直角坐标

测量工作的基本任务是确定地面点的位置,地面上任意一点的位置分为平面位置和空间位置,平面位置可用坐标(地理坐标、平面直角坐标)表示,空间位置是在平面位置的基础上再加上高程。

(一) 地理坐标

地理坐标指用"大地经度"和"大地纬度"来表示地面点在球面上的位置,称为地理坐标。如图 1-2 所示:N、S 分别为地球的北极和南极,NOS 为地球的短轴,又称地轴。过地面上任意一点的铅垂线与地轴 N—S 所组成的平面,称为该点的子午面。1968 年以前,将通过英国格林威治天文台旧址的子午面,称为首子午面(即起始子午面)。子午面与球面的交线,称为子午线或经线。地面上任意一点 P 的子午面与起始子午面之间的夹角,称为该 P 点的大地经度,通常用符号 L 表示。大地经度自起始子午面(即首子午面)起向东 $0°\sim180°$ 称为东经,向西 $0°\sim180°$ 称为西经。由于极移的影响和格林威治天文台迁址,1968 年国际时间局改用

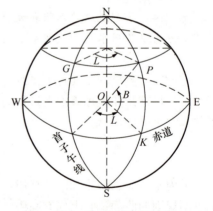

图 1-2 地理坐标示意

经过国际协议原点(CIO)和原格林威治天文台的经线延伸交于赤道圈的一点作为经度的零点。1977 年我国决定采用过该经度零点与极原点 1968.0(1968 年 1 月 1 日零时瞬间)的子午线作为起始子午线。

垂直于地轴并通过球心 O 的平面称为赤道面,赤道面与椭球面的交线称为赤道。垂直于地轴且平行于赤道的平面与球面的交线称为纬线。地面上任意一点 P 的铅垂面与赤道面之间的夹角,称为该 P 点的大地纬度,通常用符号 B 表示。大地纬度自赤道起向北 $0°\sim90°$ 称为北纬,向南 $0°\sim90°$ 称为南纬。如北京市中心的地理坐标为东经 $116°24'$,北纬 $39°54'$。

(二) 平面直角坐标

用地理坐标经纬度来表示大范围内地球表面的点位是很方便的,在小区域内进行测量时,用经纬度表示点的平面位置则十分不便。但如果把局部椭球面看作一个水平面,在这样

的水平面上建立起平面直角坐标系，则点的平面位置就可用该点在平面直角坐标系中的直角坐标（x，y）来表示。

在测量中，平面直角坐标系的安排与数学中常用的笛卡儿坐标系不同，它以南北方向为x轴，向北为正；而以东西方向为y轴，向东为正。象限顺序按顺时针方向计，如图1-3所示。这种安排与笛卡儿坐标系的坐标轴和象限顺序正好相反。这是因为在测量中南北方向是最重要的基本方向，直线的方向也都是从正北方向开始按顺时针方向计量的，但这种改变并不影响三角函数的应用。

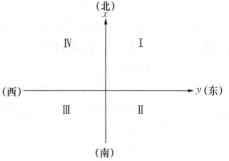

图1-3 平面直角坐标系

三、地面点的高程

高程分为绝对高程（海拔高程）、相对高程两种。

（一）绝对高程（海拔高程）

地面上任意一点到大地水准面的铅垂距离，称为该点的绝对高程（也称海拔）简称高程，如图1-4中的H_A和H_B。为了建立全国统一高程基准面，我国把1950至1956年间的黄海平均海水面作为大地水准面，也就是我国计算绝对高程的基准面，其高程为零。凡以此基准面起算的高程属于"1956年黄海高程系"。为了使用方便，在验潮站附近设立一水准原点，并于1956年推算出青岛水准原点的高程为72.289 m，作为全国高程起算的依据。

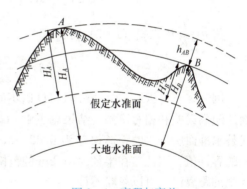

图1-4 高程与高差

我国从1987年开始，决定采用青岛验潮站1952—1979年的周期平均海水面的平均值，作为新的平均海水面，并命名为"1985国家高程基准"。位于青岛的中华人民共和国水准原点，按"1985国家高程基准"起算的高程为72.260 m。

（二）相对高程

在有些测区，引用绝对高程有困难，为工作方便而采用假定的水准面作为高程起算的基准面，那么地面上一点到假定水准面的铅垂距离称为该点的相对高程（或假定高程）。

（三）高差

地面上两点间的高程之差称为高差，设：A点高程为H_A，B点高程为H_B，则B点对于A点的高差$h_{AB}=H_B-H_A$。当h_{AB}为负值时，说明B点高程低于A点高程；h_{AB}为正值时，则相反。如图1-4所示。

四、用水平面代替水准面的限度

在实际测量工作中，在测区面积不太大的情况下，为简化一些复杂的投影计算，可用水平面代替水准面。用水平面代替水准面时应使投影后产生的误差不超过一定的限度，则在这个小范围内用水平面代替水准面是合理的。以下讨论用水平面代替水准面对距离和高程的影响，以便明确可以代替的范围。

（一）对水平距离的影响

如图 1-5 所示，水准面 P 与水平面 P' 在 a 点相切，ab 为 a、b 两点在水准面上的一段圆弧，长度为 D，所对的圆心角为 θ，地球半径为 R，a、b 两点在水平面上的距离为 D'。若用水平面代替水准面，即以水平距离 D' 代替 D 则在距离上所产生的误差为：

$$\Delta D = D' - D \quad (1-1)$$

式中：D'——$R\tan\theta$；
$\qquad\quad D$——$R \cdot \theta$。

则 $\qquad\Delta D = R \cdot (\tan\theta - \theta) \quad (1-2)$

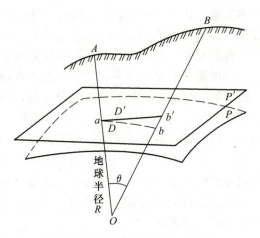

图 1-5 水平面代替水准面的限度

因 θ 角值一般很小，将 $\tan\theta$ 按级数展开，并略去高次项得

$$\Delta D = R\left(\theta + \frac{\theta^3}{3} + \cdots - \theta\right) = \frac{1}{3}R\theta^3 \quad (1-3)$$

将 $\theta = \dfrac{D}{R}$ 代入式（1-3）得：

$$\Delta D = \frac{D^3}{3R^2} \text{ 或 } \frac{\Delta D}{D} = \frac{D^2}{3R^2} \quad (1-4)$$

因地球半径 $R = 6\,371$ km 时，D 以不同的值代入式（1-4），可计算出水平面代替水准面的距离误差和相对误差，结果见表 1-1，从表 1-1 可知，当距离为 10 km 时，用水平面代替水准面所产生的距离误差为 0.82 cm，相对误差为 1∶1 220 000，小于目前精密距离测量的容许值。因此，在半径为 10 km 的范围内进行距离测量工作时，用水平面代替水准面所产生的距离误差可以忽略不计。

表 1-1 水平面代替水准面的距离误差和相对误差

距离（km）	距离误差（cm）	相对误差
1	0.00	—
5	0.10	1∶5 000 000
10	0.82	1∶1 220 000
15	2.77	1∶540 000

（二）对高程的影响

由图 1-5 可知，a、b 两点在同一水准面上，高程相等，高差应为零。当 b 点投影到过 a 点的水平面上得到 b' 点时，则 $bb' = \Delta h$，即为水平面代替水准面对高程产生的误差，则：

$$(R + \Delta h)^2 = R^2 + D'^2 \quad (1-5)$$

$$\Delta h = \frac{D'^2}{2R + \Delta h} \quad (1-6)$$

式（1-6）中，用 D 代替 D'，Δh 与 $2R$ 相比可忽略不计，故式（1-6）可写成：

$$\Delta h = \frac{D'^2}{2R} \quad (1-7)$$

由式（1-7）可知，Δh 的大小与距离的平方成正比。当 $D=1 \text{ km}$ 时，$\Delta h=7.8 \text{ cm}$，若 $D=100 \text{ m}$，$\Delta h=0.78 \text{ mm}$。因此在进行高程测量中，即使在很短的距离内也必须考虑地球曲率的影响。

综上所述可得出结论：在面积为 100 km^2 范围内，不论进行水平距离还是水平角测量，都可以不考虑地球曲率的影响，但对高程测量的影响不能忽略。

任务三 测量误差知识

任务目标：了解测量误差的来源与分类，掌握测量误差的特性与测量精度的评定标准与测量精度的计算方法等内容。

一、测量误差的来源

实践证明，不论是距离测量还是角度或高程测量、无论使用的仪器多么精密、采用的方法多么合理、所处的环境多么有利、观测者多么仔细，但各观测值之间总存在着差异，这种差异就是观测值中的测量误差。

产生测量误差的原因很多，其来源概括起来有以下三个方面：

（一）仪器误差

由于仪器构造上的不完善、制造和装配的误差、检验校正的残余误差、运输和使用过程中仪器状况的变化等，必然在观测结果中产生误差。例如，在用只刻有厘米分划的普通水准尺进行水准测量时，就难以保证估读的毫米值完全准确。同时，仪器因装配、搬运、磕碰等原因存在着自身的误差，如水准仪的视准轴不平行于水准管轴，就会使观测结果产生误差。

（二）观测误差

由于观测者的视觉、听觉等感官的鉴别能力有一定的限制，所以在仪器的安置、使用中都会产生误差，如整平误差、照准误差、读数误差等。同时，观测者的工作态度、技术水平和观测时的身体状况等也是对观测结果的质量有直接影响的因素。

（三）环境误差

测量工作都是在一定的外界环境条件下进行的，如温度、风力、大气折光等因素，这些因素的差异和变化都会直接对观测结果产生影响，必然给观测结果带来误差。

测量工作由于受到上述仪器误差、观测误差、环境误差三方面因素的影响，观测结果总会产生这样或那样的观测误差，即在测量工作中观测误差是不可避免的。测量外业工作的责任就是要在一定的观测条件下，确保观测成果具有较高的质量，将观测误差减少或控制在允许的限度内。

二、测量误差的分类

按测量误差对测量结果影响性质的不同，可将测量误差分为系统误差、偶然误差和粗差三类。

（一）系统误差

在相同的观测条件下，对某个固定量作多次观测，若误差出现的数值大小和正负符号保持不变，或按一定规律变化的误差，称为系统误差。如一把与标准尺比较相差 3 mm 的 30 m 钢尺，用该尺每丈量一尺段即产生 3 mm 的误差，若丈量 300 m 的距离就会产生 30 mm 的误差。

系统误差具有累积性，它随着单一观测值观测次数的增多而积累。对观测结果的影响较为显著，它的存在必将给观测成果带来系统的偏差，降低了观测结果的准确度。准确度是指观测值对真值的偏离程度或接近程度。

为了提高观测成果的准确度，首先要根据数理统计的原理和方法判断一组观测值中是否含有系统误差，其大小是否在允许的范围以内，然后采用适当的措施消除或减弱系统误差的影响。通常有以下三种方法：

1. 测定系统误差的大小，对观测值加以改正　如用钢尺量距时，通过对钢尺的检定求出尺长改正数，对观测结果加尺长改正数和温度变化改正数，来消除尺长误差和温度变化引起的误差（钢尺的检定知识将在有关项目中介绍）。

2. 采用对称观测的方法　使系统误差在观测值中以相反的符号出现，加以抵消。如水准测量时，采用前、后视距相等的对称观测，以消除由于视准轴不平行于水准管轴所引起的系统误差；经纬仪测角时，用盘左、盘右两个观测值取中数的方法可以消除视准轴误差等系统误差的影响。

3. 检校仪器　将仪器存在的系统误差降低到最小限度，或限制在允许的范围内，以减弱其对观测结果的影响。如经纬仪照准部水准管轴不垂直于竖轴的误差对水平角的影响，可通过精确检校仪器并在观测中仔细整平的方法，来减弱其影响。

（二）偶然误差

在相同的观测条件下对某量进行一系列观测，单个误差的出现没有一定的规律性，其数值的大小和符号都不固定，表现出偶然性，这种误差称为偶然误差，又称随机误差。

例如，用经纬仪测角时，就单一观测值而言，由于受照准误差、读数误差、外界条件变化所引起的误差、仪器自身不完善引起的误差等综合的影响，测角误差的大小和正负号都不能预知，即具有偶然性。所以测角误差属于偶然误差。

偶然误差反映了观测结果的精密度。精密度是指在同一观测条件下，用同一观测方法对某量进行多次观测时，各观测值之间相互的离散程度。

在观测过程中，系统误差和偶然误差往往是同时存在的。当观测值中有显著的系统误差时，偶然误差就居于次要地位，观测误差呈现出系统的性质；反之，呈现出偶然的性质。因此，对一组剔除了粗差的观测值，首先应寻找、判断和排除系统误差，或将其控制在允许的范围内，然后根据偶然误差的特性对该组观测值进行数学处理，求出最接近未知量真值的估值，称为最或是值；同时，评定观测结果质量的优劣，即评定精度。这项工作在测量上称为测量平差，简称平差。

（三）粗差

粗差也称错误，是由于观测者使用仪器不正确或疏忽大意，如测错、读错、听错、算错等造成的错误，或因外界条件发生意外的显著变动引起的差错。粗差的数值往往偏大，使观测结果显著偏离真值。因此，一旦发现含有粗差的观测值，应将其从观测成果中剔除出去。一般地讲，只要严格遵守测量规范，工作中仔细谨慎，并对观测结果作必要的检核，粗差是可以避免和发现的。

三、偶然误差的特性

大量实验资料表明，偶然误差也出现一定的统计规律性，如在相同条件下重复观测某一量时，观测次数愈多，这种规律性愈明显。

例如，在相同条件下对某一个平面三角形的三个内角重复观测了 358 次，由于观测值含有误差，故每次观测所得的三个内角观测值之和一般不等于 180°，按式（1-8）算得三角形各次观测的误差 Δ_i（称为三角形闭合差）：

$$\Delta_i = a_i + b_i + c_i - 180° \qquad (1-8)$$

式中：a_i，b_i，c_i——三角形三个内角的各次观测值（$i=1$，2，…，358）。

现取误差区间 $d\Delta$（间隔）为 $0.2''$，将误差按数值大小及符号进行排列，统计出各区间的误差个数 k 及相对个数 $\dfrac{k}{n}$（$n=358$），见表 1-2。

表 1-2 误差统计

误差区间 (″)	负误差		正误差	
	个数 k	相对个数	个数 k	相对个数
0.0~0.2	45	0.126	46	0.128
0.2~0.4	43	0.112	41	0.115
0.4~0.6	33	0.092	33	0.092
0.6~0.8	23	0.064	21	0.059
0.8~1.0	17	0.047	16	0.045
1.0~1.2	13	0.036	13	0.036
1.2~1.4	6	0.017	5	0.014
1.4~1.6	4	0.011	2	0.006
1.6 以上	0	0.000	0	0.000
总和	181	0.505	177	0.495

从表 1-2 的统计数字中，可以总结出在相同的条件下进行独立观测而产生的一组偶然误差，具有以下四个统计特性：

①在一定的观测条件下，偶然误差的绝对值不会超过一定的限度；②绝对值小的误差比绝对值大的误差出现的机会大；③绝对值相等的正误差与负误差出现的机会相等；④在相同条件下，对同一量进行重复观测，偶然误差的算术平均值随着观测次数的无限增加而趋于零，即

$$\lim_{n \to \infty} \dfrac{\Delta_1 + \Delta_2 + \cdots + \Delta_n}{n} = \lim_{n \to \infty} \dfrac{[\Delta]}{n} = 0 \qquad (1-9)$$

式中：[ ]——求和；
　　　n——观测次数。

上述第一个特性说明误差出现的范围；第二个特性说明误差值大小出现的规律；第三个特性说明误差符号出现的规律；第四个特性是由第三个特性导出的，它说明偶然误差具有抵偿性。这个特性对深入研究偶然误差具有十分重要的意义。

四、评定精度的标准

在任何观测结果中，都存在着不可避免的偶然误差，即使在相同的观测条件下，同一个量的各次观测结果也不尽相同。为了说明测量结果的精确程度，就必须建立一个统一的衡量

精度的标准。常用的衡量精度的标准有下列几种：

(一) 中误差

在相同的观测条件下，设对某一量进行了 n 次观测，其结果为 $L_1, L_2, \cdots, L_n$，每个观测值的真误差为 $\Delta_1, \Delta_2, \cdots, \Delta_n$。则取各个真误差的平方总和的平均数的平方根，称为观测值的中误差，以 "m" 表示。即

$$m = \pm\sqrt{\frac{\Delta_1^2 + \Delta_2^2 + \cdots + \Delta_n^2}{n}} = \pm\sqrt{\frac{[\Delta\Delta]}{n}} \qquad (1-10)$$

中误差又称为均方误差或标准差。

【例1】 有两个组对一个三角形分别作了 10 次观测，各组根据每次观测值求得三角形内角和的真误差为

第一组：$+3''、-2''、-4''、+2''、0''、-4''、+3''、+2''、-3''、-1''$；

第二组：$0''、-1''、-7''、+2''、+1''、+1''、-8''、0''、+3''、-1''$。

两组观测值的中误差分别为

$$m_1 = \pm\sqrt{\frac{3^2 + (-2)^2 + (-4)^2 + 2^2 + 0^2 + (-4)^2 + 3^2 + 2^2 + (-3)^2 + (-1)^2}{10}} = \pm 2.7''$$

$$m_2 = \pm\sqrt{\frac{0^2 + (-1)^2 + (-7)^2 + 2^2 + 1^2 + 1^2 (-8)^2 + 0^2 + 3^2 + (-1)^2}{10}} = \pm 3.6''$$

因 $m_1 < m_2$，所以第一组的精度高于第二组。

从中误差的定义和例 1 可以看出：中误差与真误差不同，中误差只表示该观测系列中一组观测值的精度；真误差则表示每一观测值与真值之差，用 Δ 表示。显然，一组观测值的真误差愈大，中误差也就愈大，精度就愈低。反之，精度就愈高。由于是同精度观测，故每一观测值的精度均为 m。通常称 m 为任一次观测值的中误差。

(二) 相对中误差

有时仅利用中误差还不能反映出测量的精度，例如丈量了两条直线，其长度分别为 100 m 和 500 m，它们的中误差都为 ±0.01 m。显然，不能认为所丈量的两条直线距离的精度是相等的，因为量距误差的大小和距离的长短有关，所以必须引入另一个衡量精度的标准——相对中误差。

相对中误差就是以中误差的绝对值和相应的观测结果之比，它是个无名数，并以分子为 1 的分式表示，即

$$K = \frac{m}{L} = \frac{1}{\dfrac{L}{m}} \qquad (1-11)$$

则在例 1 中可算得

$$K_1 = \frac{0.01}{100} = \frac{1}{10\,000}, \quad K_2 = \frac{0.01}{500} = \frac{1}{50\,000}$$

因 $K_1 > K_2$，故后者的丈量精度高于前者。

应当注意的是，当误差的大小与所观测的量无关时，就不能采用相对中误差来衡量其精度。例如，在角度观测中，因为角度误差的大小与所测角值的大小无关，故只能直接用中误差来衡量其精度。

(三) 容许误差

由偶然误差的特性可知，在一定的观测条件下，偶然误差的绝对值大小不会超过一定的限值。如果某个观测值的误差超过了这个限值，就说明这个观测值中，除含有偶然误差外，还含有不能允许的粗差或错误，必须舍去，应当重测。

至于这个限值究竟应定多大，根据误差理论及大量实验资料的统计结果表明，大于 2 倍中误差的偶然误差出现的机会只有 5%，而大于 3 倍中误差的偶然误差出现的机会仅有 0.3%，所以在实际工作中，一般就以 2～3 倍中误差作为容许误差，即

$$\Delta_{容} = 2m \text{ 或 } \Delta_{容} = 3m$$

各种测量误差的限值在测量规范中都有规定。

▶ 技 能 训 练

为了了解测量在工程建设中的基本程序，将全班按每组 4～5 人分为若干小组，每组均进行以下内容调查：①与本专业相关的工程建设需要进行测量项目的有哪些内容；②根据测量项目的基本要求需用哪些测量仪器；③测量工作岗位有哪些具体要求；④具备何种资质才能承担测量任务等项目进行技能训练。

要求每组写出一份调查报告，报告要用自己的语言表达，不能照抄照搬别人的内容。

▶ 思 考 与 练 习

1. 何为测量？我们应怎样学习测量？
2. 试述大地水准面的特点与作用。
3. 如何表示地面点的位置？
4. 测量工作中规定的平面直角坐标系有何特点？
5. 绝对高程与相对高程有何不同？高差有何特点？
6. 试述用水平面代替水准面的限度。
7. 测量工作应遵循什么基本原则？为什么要遵循这些原则？
8. 系统误差和偶然误差各有什么特性，在测量过程中如何确保测量成果的准确度？

项目二 水准测量

CELIANG

【项目提要】 重点介绍水准仪的主要功能、使用方法和水准测量的基本方法，水准测量的成果计算，水准仪的检验与校正和三、四等水准测量的基本方法与应用等内容。

【学习目标】 了解水准仪各部件的名称和作用，掌握水准仪的操作、记录、测量成果评价与应用等基本技能。

任务一 水准测量原理

任务目标：了解水准测量的原理，掌握两点间的高差与高程计算的基本方法。掌握连续水准测量基本作业程序与测量方法。

一、水准测量的概述

高程测量是测量的基本工作之一。在测量过程中按所使用的仪器和施测的方法不同，可分为水准高程测量（几何水准测量）、三角高程测量（间接高程测量）和气压高程测量（物理高程测量）等方法，其中水准高程测量是精度最高，使用最普遍的一种方法。

在高程测量工作中，假若测量的地面点位较少，精度要求不是很高，通常采用一般测量方法，即普通或复合水准测量，用微倾水准仪（DS_3、DS_{10}等）即可满足精度要求；假若测量的地面点位较多，精度要求较高，往往要建立高程控制网，再根据高程控制点测定地面点的高程，所采用的仪器大多为 DS_1、$DS_{0.5}$、自动安平水准仪等精度较高的仪器。近年来，由于电磁波测距仪的广泛使用，用电磁波测距仪进行三角高程控制测量（称为电磁波测距三角高程测量）得到广泛运用。

我国已在全国范围内建立了统一的高程控制网，分成一、二、三、四等四个等级（《工程测量规范》中把水准测量分为二、三、四、五等四个等级，规范号 GB 50026—93）。以精度来说，一等最高，四等最低，低一级受高一级控制。除了国家等级水准测量外，为了满足局部范围内的工程建设和测图的需要，一些工程部门及城市勘测部门也进行等外工程水准测量。这些水准测量都是以国家水准测量的三、四等水准点为起始点，再布设加密水准点进行水准测量。上述各等级水准点都可作为高程的基本控制点。有时在一个作业区内找不到国家水准点，也可以根据具体情况选定一个点，并给它假定一个高程，以此推算整个测区的高程。

国家高程控制网的布设方案是：遵循从"整体到局部，逐级控制，逐级加密"的原则，其测量过程遵循"先整体后局部"的原则。我国采用青岛的黄海平均海水面作为高程起算面，并建立了青岛水准原点（它比黄海平均海水面高 72.260 m），作为我国水准点高程推算的依据。

二、水准测量的原理

水准测量的原理是利用水准仪提供的水平视线配合水准尺测定地面点与点之间的高差，然后根据所测定的高差和已知点的高程，推算其他未知各点的高程。如图 2-1 所示，假定 A 点的高程为 H_A，要测量 B 点的高程，先在 A、B 两点上各立一根水准尺，在 A、B 两点间安置一台能提供水平视线的水准仪，通过观测就可计算 B 点高程。其步骤如下：

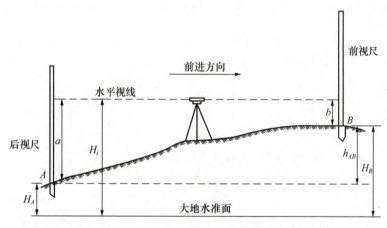

图 2-1 水准测量原理

（一）测量 AB 两点间高差

设水平视线 A、B 尺上的读数分别为 a、b，从图中可知 A、B 间高差为：

$$h_{AB} = a - b \tag{2-1}$$

如果测量工作是从 A 点向 B 点方向进行的，则称 A 点为后视点，B 点为前视点，读数 a、b 分别称为后视读数和前视读数，A、B 两点间高差等于后视读数 a 减去前视读数 b。当 B 点高于 A 点（$a>b$）时，高差为正；反之，高差为负。

（二）高程计算

由于 A 点高程已知，根据所测高差 h_{AB}，可用高差法计算 B 点高程：

$$H_B = H_A + h_{AB} = H_A + (a - b) \tag{2-2}$$

在工程测量中，往往用视线高程计算 B 点的高程，即：后视点高程 H_A 与后视读数 a 的代数和就是视线高程，用 H_i 表示，则 B 点高程等于视线高程减去前视读数：

$$H_B = H_i - b = (H_A + a) - b \tag{2-3}$$

视线高程法只需安置一次仪器就可测出多个前视点的高程。

三、连续水准测量

在实际水准测量工作中，A、B 两点间相距往往较远或高差较大，超过了允许的视线长度，安置一次水准仪（即一个测站）不能测定这两点间高差。此时可在 A 点至 B 点间增设若干个必要的临时立尺点,称为转点,用来传递高程。根据水准测量的原理依次连续地在两个立尺点中间安置水准仪来测定相邻各点间高差,最后取各个测站高差的代数和,即求得 A、B 两点间高差,这种方法称为连续水准测量(或复合水准测量)。

如图 2-2 所示,欲求 A、B 两点间高差 h_{AB},在 A 点至 B 点间增设 $(n-1)$ 个临时立尺点(转点)$TP_1 \cdots\cdots TP_{n-1}$,安置 n 次水准仪,依次连续地测定相邻两点间高差 $h_1 - h_n$,即

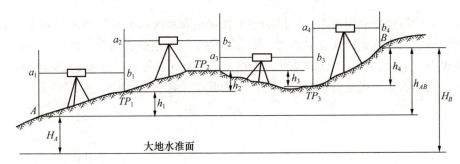

图 2-2 连续水准测量

$$h_1 = a_1 - b_1$$
$$h_2 = a_2 - b_2$$
$$\cdots$$
$$h_n = a_n - b_n$$

则
$$h_{AB} = h_1 + h_2 + \cdots + h_n$$
$$= \sum h = \sum a - \sum b \tag{2-4}$$

式中:$\sum a$——后视读数之和;

$\sum b$——前视读数之和。

则未知点 B 的高程为:

$$H_B = H_A + h_{AB} = H_A + \left(\sum a - \sum b\right) \tag{2-5}$$

为了保证高程传递的正确性,在连续水准测量过程中,不仅要选择土质稳固的地方作为转点位置(需安放尺垫),而且在相邻测站的观测过程中,要保持转点稳定不动;同时要尽可能保持各测站的前后视距大致相等;还要通过调节前后视距离,尽可能保持整条水准路线中的前视视距之和与后视视距之和相等,这样有利于消除(或减弱)地球曲率和某些仪器误差对高差测量的影响。

任务二 水准仪及其使用

任务目标:了解水准仪各部件的名称及作用,掌握水准测量时水准仪的操作步骤,读数方法和不同型号水准仪的性能。

水准测量的主要仪器是水准仪,水准仪按其精度划分为 DS_{05}、DS_1、DS_3 和 DS_{10} 四个等级。"D"和"S"分别是"大地测量""水准仪"汉语拼音的第一个字母,下标 05、1、3、10 是指各等级水准仪每千米往返测高差中数的中误差,以毫米(mm)计。目前,我国水准

仪是按仪器所能达到的每千米往返高差中数的中误差精度指标划分，通常分为精密水准仪如DS_{05}型和DS_1型水准仪，国外的有蔡司004、007，威尔特N_3等，用于国家一、二等水准测量及其他精密水准测量；普通水准仪如DS_3和DS_{10}，用于国家三、四、五等水准测量及一般工程水准测量。

水准仪按其构造不同又可分为：微倾水准仪（指望远镜和水准器可在垂直面内作微小仰俯，通过观测水准气泡来判别望远镜视线是否水平），自动安平水准仪（能半自动地提供水平视线，即当圆水准气泡居中后，望远镜的视线自动水平），激光水准仪（安装有激光发射管，能发射一束可见的水平方向的激光，对建筑工地的施工测量极为方便）和精密水准仪（望远镜放大倍率高，水准管分划值小，精平精度高，主要用于测量高精度水准测量的仪器）等类型。

一、DS_3型微倾水准仪

（一）水准仪的构造

DS_3型微倾水准仪，主要由望远镜、水准器、基座等几部分组成，如图2-3所示。

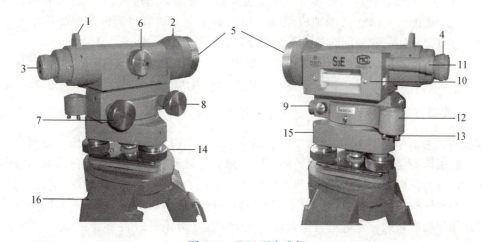

图2-3 DS_3型水准仪
1. 准星　2. 照门　3. 目镜　4. 目镜调焦螺旋　5. 物镜　6. 物镜调焦螺旋　7. 微倾螺旋
8. 水平微动螺旋　9. 水平制动螺旋　10. 管水准器　11. 管气泡观测窗　12. 圆水准器
13. 圆水准器校正螺旋　14. 脚螺旋　15. 基座　16. 三脚架

仪器通过基座与三脚架相连接，支撑在三脚架上。基座下面有三个脚螺旋，用来粗略整平仪器。基座上有托板，托板支撑望远镜和水准器。托板上装有圆水准仪器、微倾螺旋及水平制动螺旋和微动螺旋。望远镜旁装有水准管，旋转微倾螺旋可以使望远镜微微仰俯，水准管也随之仰俯。当水准管气泡居中时，望远镜的视线水平。仪器在水平方向的转动是由水平制动螺旋和水平微动螺旋来控制的。

1. 望远镜　是用来精确瞄准远处目标（标尺）和提供水平视线进行读数的主要部件，如图2-4A所示。它主要由物镜、调焦透镜、物镜调焦螺旋（对光螺旋）、十字丝分划板、目镜等组成。物镜光心与十字丝交点的连线称为望远镜的视准轴$C-C'$，视准轴是瞄准目标和读数的依据；十字丝分划板是用来准确瞄准目标用的，中间一根长横丝称为中丝，与之垂直的一根丝称为竖丝，与中丝上下对称的两根短横丝称为上、下丝（又称为视距丝），图

2-4B是从目镜中看到的经过放大后的十字丝分划板上的像。在水准测量时,用中丝在水准尺上进行前后视读数,用于计算高差,用上、下丝在水准尺上读数,用于计算水准仪至水准尺的水平距离(视距测量)。

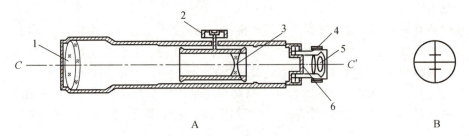

图 2-4 望远镜构造
1. 物镜　2. 物镜调焦螺旋　3. 调焦透镜　4. 目镜调焦螺旋　5. 目镜　6. 十字丝分化板

望远镜的物镜和目镜采用多块透镜组合而成,调焦透镜由单块或多块透镜组合而成。望远镜的成像原理如图2-5所示,望远镜所瞄准的目标 AB 经过物镜的作用形成一个倒立而缩小的实像 ab,调节物镜调焦螺旋(对光螺旋)即可带动调焦透镜在望远镜筒内前后移动,从而将不同距离的目标都能清晰地成像在十字丝平面上。调节目镜调焦螺旋可使十字丝清晰,再通过目镜,便可看到同时放大了的十字丝和目标影像 a_1b_1。

从望远镜内所看到的目标影像的视角与观测者直接用眼睛观测目标的视角之比称为望远镜的放大率(放大倍数)。如图2-5所示,从望远镜内所看到的远处物体 AB 的影像 a_1b_1 的视角为 β,肉眼直接观测原目标 AB 的视角可近似地认为是 α,故放大率 $v=\dfrac{\beta}{\alpha}$。DS$_3$型水准仪望远镜的放大率一般不小于28倍。由于物镜调焦螺旋(对光螺旋)调焦不完善,可能使目标形成的实像 ab 与十字丝分划板平面不完全重合,此时当观测者眼睛在目镜端略作上下少量移动,就会发现目标的实像 ab 与十字丝平面之间有相对移动,这种现象称为视差。测量作业中不允许有视差出现,因为它不利于精确的瞄准目标与读数。消除视差的方法是:首先按操作程序依次调焦,先进行目镜调焦,使十字丝十分清晰;再瞄准目标进行物镜调焦,使目标十分清晰,当观测者眼睛在目镜端作上下少量移动时,发现目标与十字丝平面之间有相对移动,则表示有视差存在,应重新进行物镜调焦,直至无相对移动(表示无视差)为止。

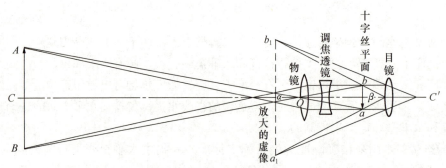

图 2-5 望远镜成像原理

水平制动螺旋和微动螺旋是用于控制望远镜在水平方向转动。松开制动螺旋,望远镜可在水平方向任意转动,只有当拧紧制动螺旋后,微动螺旋才能使望远镜在水平方向上作微小转动，以精确瞄准目标。为了方便瞄准目标，望远镜上还安置了准星与照门作为寻找目标的依据。

2. 水准器 水准器是利用液体受重力作用后使气泡居于最高处的特性，来判断望远镜的视准轴是否水平以及仪器竖轴是否竖直的一种装置，以此保证水准仪获得一条水平视线。水准器分为圆水准器和管水准器两种。

（1）管水准器。是内壁纵向磨成圆弧状两端封闭的玻璃管，管上对称刻有间隔为 2 mm 的分划线，管水准器内壁圆弧中心点为管水准器的零点，过管水准器零点的切线 LL 平行于视准轴，如图 2-6A 所示。管内装有酒精和乙醚的混合液，加热密封冷却后形成一个小长气泡，因气泡较轻，故处于管内最高处。当气泡居中时，管水准器水平，此时若 LL 平行于视准轴，则视准轴也水平。如图 2-6B 所示。

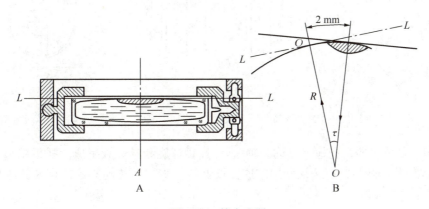

图 2-6 管水准器

水准管气泡偏离中心 2 mm 所对的圆心角，称为水准管分划值 τ''，用公式表示为：

$$\tau'' = \frac{2 \text{ mm}}{R} \cdot \rho'' \tag{2-6}$$

式中：τ''——水准管分划值；

ρ''——弧度的秒值，$\rho''=206265''$，表示一弧度所对应的角度秒值

$\left(\rho'' = \frac{180°}{\pi} \times 60 \times 60 = 206265''\right)$；

R——水准管圆弧半径，mm。

式（2-6）说明分划值 τ'' 与水准管圆弧半径 R 成反比。R 愈大，τ'' 愈小，水准管灵敏度愈高，则定平精度也愈高，反之定平精度就低。DS_3 型水准仪的管水准器的分划值一般为 $20''/2$ mm，表明气泡移动一格，水准管轴倾斜 $20''$。为提高水准管气泡居中精度，在水准管上方安装一组符合棱镜，如图 2-7 所示。通过符合棱镜的反射作用，把水准管气泡两端的影像反映在望远镜旁的水准管气泡观测窗内，当气泡两端的两个半像复合成一个圆弧时，就表示水准管气泡居中，如图 2-7A 所示；若两个半像错开，则表示水准管气泡不居中，如图 2-7B 所示，此时可转动位于目镜下方的微倾螺旋，使气泡两端的半像严密吻合（即居中），达到仪器的精密置平。这种配有符合棱镜的水准仪，称为符合水准器。它不仅便于观察，同时可以使气泡居中精度提高一倍。

（2）圆水准器。圆水准器是粗略整平仪器的水准器，如图 2-8 所示。它是一个在密封的顶面内磨成球面的玻璃圆盒，顶面中央刻有一个小圆圈，刻有圆分划。通过分划圈的中心

（即零点 O）作球面的法线，称为圆水准器轴。由于它与仪器的旋转轴（竖轴）平行，所以当圆气泡居中时，圆水准器轴处于铅垂位置，表示水准仪的竖轴也大致处于竖直位置。DS_3 型水准仪圆水准器分划值一般为 $8'/2 \sim 10'/2$ mm。由于分划值较大，灵敏度较低，只能用于水准仪的粗略整平。

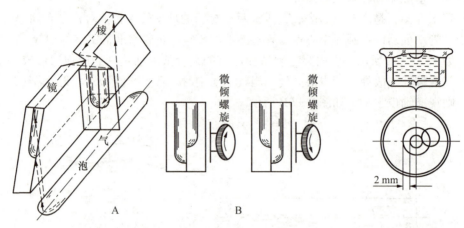

图 2-7 管水准器与符合气泡　　　　图 2-8 圆水准器

3. 基座　　基座主要由托板（又称为轴座）、连接螺旋和脚螺旋组成。托板用来支撑仪器上部（望远镜和水准器），连接螺旋用来连接仪器与三脚架，转动脚螺旋可使圆水准气泡居中，从而粗略整平仪器。

（二）水准尺及尺垫

1. 水准尺　　水准尺是水准测量的重要工具，其质地好坏直接影响水准测量的精度，因此它是采用不易变形并且干燥的优质木材或玻璃钢制成，要求尺长稳定，刻划准确。水准尺常用的有塔尺和直尺两种，直尺又分为单面尺和双面尺（红黑面尺），如图 2-9 所示。

（1）直尺。多用于较精密的水准测量，其长度为 $3 \sim 5$ m。在尺面上每隔 1 cm 涂有黑白或红白间隔的分格，每分米处注有数字，数字一般是倒写的，以便观测时从望远镜中看到的是正像字。单面尺是在一面有刻划，而双面尺是在两面均有刻划。双面尺的一面是"黑面尺"（主尺），另一面是"红面尺"（辅尺）。通常用两根尺组成一对进行水准测量，两根黑面尺尺底均从零开始，而红面尺尺底固定数值为 4 687 mm 或 4 787 mm 开始，此固定数值称为零点差（或红黑面常数差），目的在于水准测量中，以校核读数正确，避免凑数而发生错误。

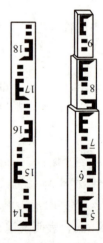

图 2-9 水准尺

（2）塔尺。一般用于普通水准测量，长度为 5 m，它是由 3 段套接而成。尺的底部为零点，尺上分划为黑白（或红白）相间，每格宽度为 1 cm 或 0.5 cm，每分米处注有数字，分米的正确位置有以字顶和字底为准两种。超过 1 m 则在数字上加红点表示，如 $\dot{7}$ 表示 1.7 m，$\ddot{7}$ 表示 2.7 m。也有直接用 1.7 m、2.7 m 表示的。塔尺可以伸缩携带方便，但接头处易损坏，影响尺的精度。

2. 尺垫 一般由三角形的铸铁制成，下面有三个尖脚，便于使用时将尺垫踩入土中，使之稳固。上面有一个突起的半球体（图 2-10），水准尺竖立于球顶最高点。在普通水准测量中，转点处应放置尺垫，以防止观测过程中水准尺下沉位置发生变化而影响读数。

图 2-10 尺 垫

3. 三脚架 三脚架是水准仪的附件，用以安置水准仪，由木质（或金属）制成，三脚架一般可伸缩，便于携带及调整仪器高度，使用时用中心连接螺旋与仪器固紧。

（三）微倾水准仪的使用

水准仪的操作使用包括安置仪器、粗略整平、瞄准目标、精确置平与读数等步骤。

1. 安置仪器 在测站上张开三脚架，调节架脚长度使仪器高度与观测者身高相适应，目测架头大致水平，取出仪器放在架头上，用连接螺旋将其与三脚架连紧，并固定三只架脚。

2. 粗略整平 指通过调节三个脚螺旋使圆水准器的气泡居中，从而使仪器的竖轴大致铅垂，达到粗略整平仪器的目的。具体做法如图 2-11A 所示，外围三个圆圈为脚螺旋，中间是圆水准器，虚线圆圈代表气泡所在位置。首先用双手按箭头所指方向转动脚螺旋 1、2，使圆气泡移到两个脚螺旋连线方向的中间，然后再按图 2-11B 中箭头所指方向，用左手转动脚螺旋 3，使圆气泡居中（即位于黑圆圈中央）。在整平的过程中，气泡移动的方向与左手大拇指转动脚螺旋时的移动方向一致。

3. 瞄准目标 首先将望远镜对着远处明亮的背景（如天空或明亮物体等），转动目镜调焦螺旋，使望远镜内的十字丝清晰；然后松开制动螺旋，转动望远镜，用望远镜筒上方的缺口和准星瞄准水准尺，粗略进行物镜调焦（即转动对光螺旋）使得能够在望远镜内看到水准尺的影像，此时立即拧紧制动螺旋，转动水平微动螺旋，使十字丝的竖丝对准水准尺或靠近水准尺的一侧，如图 2-12 所示。再转动对光螺旋进行仔细对光，在对光时观测者眼睛靠近目镜上下微微移动，看十字丝交点是否在目标影像上相对移动，如有移动说明有视差出现，继续调节对光螺旋，直至消除视差。

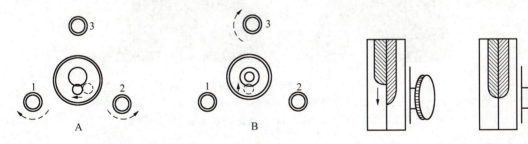

图 2-11 圆水准器整平　　　　图 2-12 符合水准气泡符合

4. 精平与读数 精平即精确置平，指在读数前转动微倾螺旋使符合水准气泡符合，从而使视准轴精确水平（自动安平水准仪没有精平这一工序）。它的做法是：转动位于目镜右下方的微倾螺旋，从气泡观察窗（目镜左下方）内看符合水准器的两端气泡半影像对齐（即管水准气泡居中）是否对齐，若对齐，则说明管水准气泡居中（图 2-12）。由于气泡移动的惯性，因此在转动微倾螺旋时要缓慢而均匀。调节微倾螺旋的规律是向前旋为抬高目镜端，向后旋是降低目镜端。调节时，微动螺旋转动的方向与左半边气泡影像移动方向一致，或可由外部观测气泡偏离的位置,来决定旋转方向。

当仪器精平后,立即用十字丝的中丝在水准尺上读数。读数时应从小到大,由上而下进行读数,直接读米(m)、分米(dm)、厘米(cm),估读到毫米(mm)。如图 2-13 所示,读数为 1.274 m 和 0.560 m。读数完毕后立即重新检查符合水准仪气泡是否仍旧居中,如仍居中,则读数有效,否则应重新使符合气泡居中再读数。

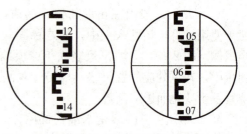

图 2-13 瞄准目标与读数

二、自动安平水准仪

自动安平水准仪的构造特点是没有水准管和微倾螺旋,而只有一个圆水准器进行粗略整平。当圆水准气泡居中后,尽管仪器视线仍有微小的倾斜,但借助仪器内补偿器的作用,视准轴在数秒内自动呈现为水平状态,从而对于施工场地地面的微小震动、松软土地的仪器下沉和风吹刮动时的视线微小倾斜等不利情况,能够迅速自动地安平仪器,有效地减弱外界影响,有利于提高观测精度。其构造如图 2-14 所示。这种仪器操作迅速简便,测量精度高,深受测量人员欢迎。

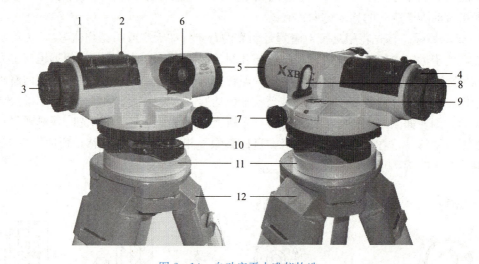

图 2-14 自动安平水准仪构造
1. 照门 2. 准星 3. 目镜 4. 目镜调焦螺旋 5. 物镜 6. 物镜调焦螺旋 7. 水平微动螺旋物
8. 圆水准器反光镜 9. 圆水准器 10. 脚螺旋 11. 基座 12. 三脚架

(一)视线自动安平的原理

如图 2-15 所示,视准轴水平时在水准尺上的读数为 a,当视准轴倾斜一个小角 α 时,此时视线读数为 a',(a' 不是水平视线读数)。为了使十字丝中丝读数仍为水平视线的读数 a,在望远镜的光路上增设一个补偿装置,使通过物镜光心的水平视线经过补偿装置的光学元件后偏转一个 β 角,仍旧成像于十字丝中心。由于 α 和 β 都是很小的角度,当式(2-7)成立时,就能达到自动补偿的目的。即

$$f \times \alpha = d \times \beta \tag{2-7}$$

式中:f——物镜到十字丝分划板的距离;

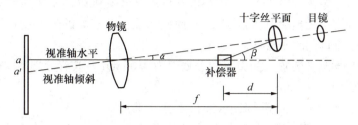

图 2-15 视线自动安平原理

d——补偿装置到十字丝分划板的距离。

(二) 自动安平水准仪的使用

使用自动安平水准仪和微倾水准仪的方法大同小异。

首先,用脚螺旋将圆水准器气泡居中(粗略整平),然后即可瞄准水准尺进行读数。国产的 DSZ_3 型自动安平水准仪圆水准器的分化值为 $8'/2\ mm$,补偿器作用的范围是 $\pm 8'$,所以,只要使圆水准器气泡居中并不越出圆水准器中央的小黑圆圈范围,补偿器就会产生自动"安平"的作用。但使用自动安平水准仪仍应认真进行粗略整平。由于补偿器相当于一个重力摆,不管是空气阻尼还是磁性阻尼,其重力摆静止稳定约需过 $2''$,故瞄准水准尺约过 $2''$ 钟后再读数为好。有的自动安平水准仪配有一个键或自动安平钮,每次读数前应按一下键或按一下钮才能读数。否则补偿器不起作用。使用时应仔细阅读仪器说明书。

三、精密水准仪及其使用

精密水准仪主要用于国家二等水准测量,大型工程建筑物施工测量以及建(构)筑物沉降观测等。我国目前常用的 DS_{05} 型,还有如威尔特 N_3、蔡司 Ni007、国产 DS_1 等水准仪均属于精密水准仪,使用时配有相应的精密水准尺。

(一) 精密水准仪的构造

精密水准仪的构造如图 2-16 所示。与 DS_3 微倾水准仪相比其不同之处在于:

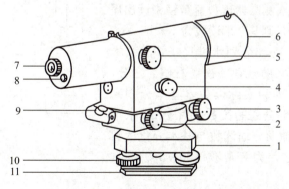

图 2-16 精密水准仪的构造

1. 基座 2. 微倾螺旋 3. 水平微动螺旋 4. 测微轮 5. 物镜对光螺旋 6. 物镜
7. 目镜 8. 测微器读数显微镜 9. 粗平水准管 10. 脚螺旋 11. 底板

(1) 望远镜的放大倍数较大(40 倍),十字丝中丝刻成楔形丝,有利于准确夹准水准尺上的分划值。

(2) 水准管分划值为 30″/2 mm，转动水准仪测微螺旋可以使水平视线在 5 mm 范围内平行移动（其安装有平板玻璃测微器装置）。因此水准仪有较高的灵敏度，便于更精确的置平仪器，提供更加准确的水平视线。

(3) 配备有光学测微装置，测微器的分划值为 0.05 mm，共有分划 100 格，故在水准尺上的读数可以估读到 0.01 mm。

(4) 所使用的水准尺与前面 DS_3 水准仪配套水准尺不同，它的尺面上刻划左侧为米（m），右侧是分米（dm）、厘米（cm），毫米（mm）要从目镜旁边的测微器读数显微镜来读出，如图 2-17 所示。

(5) 仪器结构稳定，受外界影响较小。

（二）精密水准仪的使用

精密水准仪的操作方法基本同于微倾水准仪，最大的不同之处在于读数。

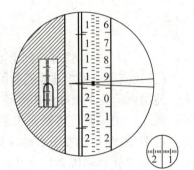

图 2-17　DS_1 型水准仪望远镜目镜及测微器显微镜视场

安置仪器于测站，首先用脚螺旋粗略整平，对准目标后再转动微倾螺旋使得符合气泡居中，然后转动测微螺旋用楔形丝精确地夹准水准尺上某一整分划，如在图 2-17 视场中，读出水准尺上的整分划读数为 197（197 cm），从测微器读数显微镜中读出尾数值为 152（0.152 cm），其末位两位估读（即 0.02 mm），则其全部读数为 197.152 cm。由于国产 DS_1 型水准仪配套是 5 mm 分化的水准尺，为了便于读数，尺上注字和观测时的读数值均比实际扩大一倍，因此实际读数应为 197.152÷2＝98.576 cm＝0.985 76 m。在水准测量中，仍然可以按照上述方法读数，把计算的高差除以 2，即得到真正高差值。

N_3 威特精密水准仪望远镜的放大率是 42 倍，水准管分化值为 10″/2 mm，转动测微螺旋可以使水平视线在 10 mm 范围内平行移动，测微器分划值为 0.1 mm，共有 100 个分划格。测量目标时，也是首先用脚螺旋粗略整平，对准目标后再转动微倾螺旋使得符合气泡居中，然后转动测微螺旋用楔形丝精确地夹准水准尺

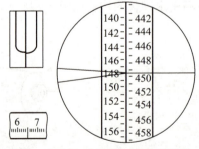

图 2-18　N_3 水准仪望远镜目镜及测微器显微镜视场

上某一整分划（如基本分划），如图 2-18 所示其读数为 148（148 cm），从测微器读数显微镜中读出尾数值为 650（0.652 cm），则其全部读数为 148.650 cm。由于 N_3 水准仪配套 10 mm 分划水准尺，并有基本分划（视场左侧）和辅助分划（视场右侧）之分，因此，读得全部读数即为实际读数（基本分划）。同理，也可以读得辅助分划的读数。对于 N_3 水准仪配套的水准尺，其辅助分划读数与基本分化读数（同一水平视线时）之差为一常数（301.550）。具体可以见说明书。

四、电子水准仪

（一）电子水准仪的原理

电子水准仪又称数字水准仪，是在自动安平水准仪的基础上发展起来的。它是利用仪器里十字丝瞄准的电子照相机，当按下了 Meas 测量键时，仪器就会将瞄准并调焦好的尺子上

的条码图片（各厂家标尺编码的条码图案不相同，不能互换使用）来一个快照，然后把它和仪器内存中的同样的尺子条码图片进行比较和计算。这样，一个尺子的读数就可以计算出来并且保存在内存中。

（二）电子水准仪的构造

如图2-19所示，DiNi 12电子水准仪由望远镜（目镜和物镜）、水准器（水平气泡）、键盘和显示面、PCMCIA卡插槽、水平微动螺旋、360°水平测角环等部件组成。和其配合使用的水准尺子上必须有30 cm的刻度区域可看见，也就是大约在十字丝上下方必须各有15 cm的条码可看见。主测量屏幕，是显示各种测量数据的屏幕，其各部分功能如图2-20所示。

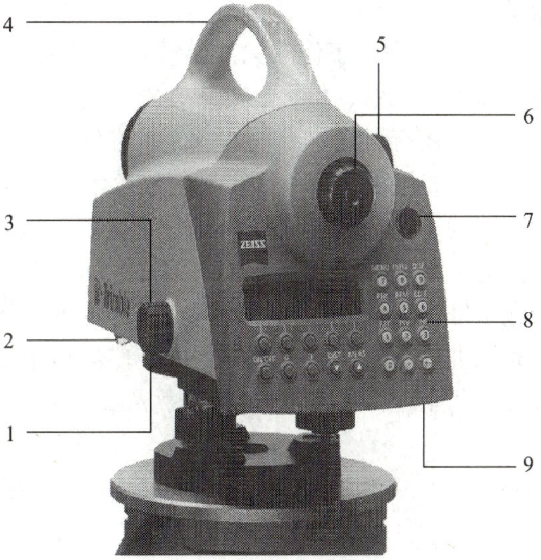

图2-19 DiNi 12电子水准仪构造
1. 360°水平测角环 2. 电池锁扣
3. 水平微动螺旋 4. 带提把粗瞄准器的弧形提把
5. "双动"调焦旋钮 6. 目镜对焦 7. 水平气泡
8. 键盘和显示面 9. PCMCIA卡插槽

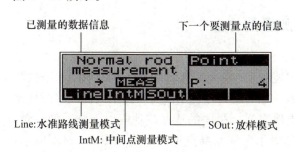

图2-20 主测量屏幕示意

（三）电子水准仪的主要功能

1. Line　进行水准路线测量，仪器会给跟踪测量信息，如果是测量两个已知点的路线时，仪器在最后时会自动给出点的高差闭合差。

2. IntM　间歇点或者支点，这个功能对于监控或者对于闭合环时测量支点高程是很有用的。

3. SOut　放样设计好的高程，高程可以手工输入也可以从内存中调出。

具体的测量过程可参考相应的仪器说明。

（四）电子水准仪的特点

电子水准仪是在望远镜光路中增加了分光镜和探测器，并采用条码标尺和图像处理电子系统构成的光电一体化的高科技产品。采用普通标尺时，又可以像自动安平水准仪一样使用，它与传统仪器相比具有以下特点：

1. 读数客观　不存在误读、误记等人为误差问题。

2. 速度快　在测量过程中由于省略了报数、听记、现场计算以及人为出差错造成的重测，使得测量时间与传统仪器相比可节省1/3左右。

3. 精度高　因为视线高和视距读数都是采用大量条码分化图像，图像处理后取平均值得出来的，削弱了标尺分划误差的影响。因而即使不熟练的操作人员也能够进行高精度测量；

4. 效率高　工作时只需要调焦和按键就可以自动读数，能够减轻作业劳动强度。视距还可以自动记录、检核、处理并能够输入电子计算机进行后处理，实现了内外业一体化。

此外还有激光水准仪，激光水准仪是在 DS_3 型水准仪上增加一套半导体激光发射系统，为 DS_3 水准仪提供了一条可见的红色水平激光束，它与原水准仪望远镜视准线保持同焦、同心和同轴，经望远镜视场内调焦后对准目标，同时也得到聚焦后的激光光斑为最小、最清晰。为工程和装潢施工提供一条红色的水平基准线，给工程施工人员操作带来极大的方便。激光水准仪电源开关未接通时，同样可做普通的 DS_3 水准仪使用，用于三等水准测量，所以激光水准仪具有一机两用的功能。广泛地用于隧道挖掘、管道铺设、水坝工程等大型精度要求较高的工程。还有 LL-1 型激光水准仪、JZS 水准仪系列等其他水准仪。

任务三　水准测量方法

任务目标： 了解水准点、水准路线布设方法，掌握水准测量的作业程序、校核方法和测量结果的评差计算与应用。

一、水准测量的外业

（一）水准点

水准点就是用水准测量的方法测定高程的控制点，一般用 BM 表示。水准点按水准仪测量的等级，测区气候条件与工程的需要，每隔一定的距离埋设不同类型的永久性或临时性水准标志或标石。水准标志或标石通常埋设于土质坚实、稳固的地面或地表以下合适的位置，必须便于长期保存有利于观测与寻找。国家等级永久性水准点埋设形式如图 2-21A 所示，一般用钢筋混凝土或石料制成，深埋到地面冻结线以下。标石顶部嵌有不锈钢或其他不易锈蚀的材料制成的半圆形标志，标志最高处（球顶）作为高程起点基准。有时永久性水准点的金属标志也可以直接镶嵌在坚固稳定的永久性建筑物的墙脚上，称为墙上水准点，如图 2-21B 所示。

各类建筑工程中常用的永久性水准点一般用混凝土或钢筋混凝土制成，如图 2-21A 所示，顶部设置半球形金属标志。临时性水准点可用木桩打入地下，如图 2-21B 所示，桩顶面钉入一个半圆球形铁钉，也可以直接把大铁钉（钢筋头）打入沥青路面或在桥台、房基石、坚硬岩石上刻上记号（用红油漆示明）。

水准点埋设后，为了便于使用时查找，必须进行编号，并绘出水准点与附近固定建筑物或其他明显地物关系的草图，称为"点志记"，作为水准测量的成果一并保存。

（二）水准路线

水准路线是指水准测量施测时所经过的路线。水准路线在布设时尽量沿坚实、平坦地面进行，这样可以保障仪器和水准尺的稳定性，减少测站数，提高测量的精度。水准路线上两相邻水准点之间成为一个测段。

根据测区已有水准点的实际情况和测量的需要以及测区条件，水准路线可以布设成单一路线状、网状或环状，如图 2-22D 所示，单一路线形状一般常见的布设有以下几种形式：

1. 附合水准路线　从一个已知高程的水准点 BM_A 开始，沿待定高程的 1、2、3 等点进行水准测量，最后再连测到另一个已知高程的水准点 BM_B，这种路线称为附合水准路线，如图 2-22C 所示，在图中，n_1、n_2、$n_3\cdots n_n$ 为各个测段的测站数，h_1、h_2、$h_3\cdots h_n$ 为各测

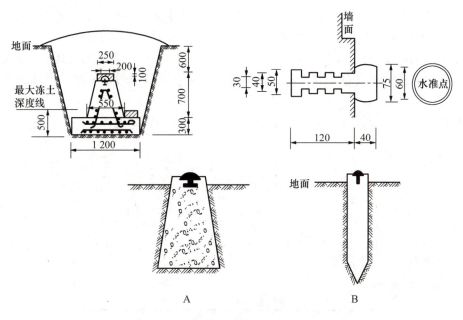

图 2-21 各种水准点示意（单位：mm）

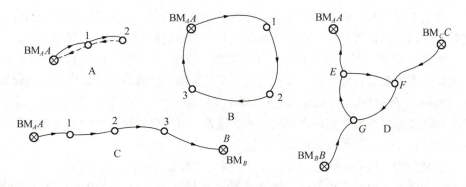

图 2-22 水准路线

段的高差。其高差闭合差的计算公式为：

$$f_h = (h_1 + h_2 + h_3 + \cdots + h_n) - (H_{BM_B} - H_{BM_A}) = \sum h_{测} - (H_B - H_A)$$
(2-8)

2. 闭合水准路线 从一个已知高程的水准点 BM_A 开始，沿环形路线测定 1、2、3 等点高程进行水准测量，最后仍回到起始水准点 BM_A，这种路线称为闭合水准路线，如图 2-22B 所示。

$$f_h = (h_1 + h_2 + h_3 + \cdots + h_n) = \sum h_{测}$$
(2-9)

3. 支水准路 从已知高程的水准点 BM_A 开始，沿待测的高程点 1、2、3 等点进行水准测量，最后既没有闭合到原水准点，也没有符合到另一个已知水准点，这种路线称为支水准路线，如图 2-22A 所示。

$$f_h = |h_{往}| - |h_{返}|$$
(2-10)

（三）水准测量的外业

水准测量的外业工作，主要有布设水准路线，确定水准点，利用水准仪和水准尺测量各水准点之间的高差。水准路线的布设形式、水准点数的多少和水准点的位置和要求（固定还是临时），应该根据测量成果的要求来进行。

当地面上两点相距较远或高差较大时，在其间安置一次仪器无法测出高差，而需要连续施测若干站，才能测出高差，这种水准测量称为复合水准仪测量。如图 2-23 所示，欲测 A、B 两点高差，必须在 A、B 两点选择若干个临时立尺点如 1、2、3、…。依次测定各相邻两点的高差，最后计算 A、B 两点的高差 h_{AB}。其观测步骤如下：

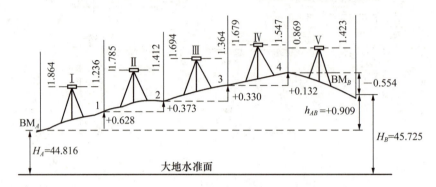

图 2-23 复合水准测量

（1）将水准尺 a 和 b 分别竖立在 A 点及路线前进方向选定的临时立尺点 1 上，在 A、1 两点之间（距离大致相等）位置安置水准仪，利用脚螺旋使圆水准气泡居中。

（2）照准 A 点水准尺，消除视差，用微倾螺旋调节水准管气泡，在目镜旁边的符合水准管气泡观测镜中观看符合气泡，使得气泡两端的半象严密吻合（即居中，达到仪器的精密置平），然后用中丝读取 A 点水准尺上的后视读数 a_1。

（3）转动望远镜照准 1 点的水准尺，消除误差，利用微倾螺旋按照上述方法使得仪器精平，用中丝读取 1 点上的前视读数 b_1。

该测站高差为：$h_1 = a_1 - b_1$。以上为一个测站的观测程序。

（4）按图 2-23 中的箭头方向，将 A 点的水准尺立于 2 点（前视点），1 点水准尺的尺面翻转过来，由第一站的前视点变为第二站的后视点，在 1 点、2 点的中间位置安置水准仪，依上述方法观测第二站，其高差为：$h_2 = a_2 - b_2$。

如此继续施测，直至终点 B 为止，假设共安置了 n 次仪器，就可以测出一个总高差。依据水准测量原理式（2-4），A、B 两点间高差为：

$$h_{AB} = h_1 + h_2 + h_3 + \cdots + h_n$$
$$= (a_1 + a_2 + a_3 + \cdots + a_n) - (b_1 + b_2 + b_3 + \cdots + b_n)$$
$$= \sum a - \sum b$$

如果 A 点高程已知，则 B 的高程式（2-5）为：

$$H_B = H_A + h_{ab}$$

【例 1】 欲测定 A、B 两点之间高差，已知 A 点（编号 BM_A）的高程 $H_A = 44.816$ m，求 B 点（编号 BM_B）的高程 H_B，用图 2-23 来说明其测算过程。

利用前面介绍的水准仪测量的方法，从 A 点测到 B 点，将每一点测出的数值填入表 2-1 相应栏内，然后根据式（2-4）、式（2-5）计算。结果见表 2-1。

表 2-1　普通水准测量

仪器型号＿＿＿＿　观测者＿＿＿＿　记录者＿＿＿＿　时间＿＿＿＿　天气＿＿＿＿

测站	点号	水准尺读数（m）		高差（m）		高程	备注
		后视	前视	＋	－		
1	BM$_A$	1.864		0.628		44.816	已知
	TP.1		1.236			45.444	
2	TP.1	1.785		0.373			
	TP.2		1.412			45.817	
3	TP.2	1.694		0.330			
	TP.3		1.364			46.147	
4	TP.3	1.679		0.132			
	TP.4		1.547			46.279	
5	TP.4	0.869			0.554		
	BM$_B$		1.423			45.725	已知
计算校核	$\sum$	7.891	6.982	1.463	0.554		
	$h_{ab}=\sum a-\sum b=+0.909$			$\sum h=+0.909$		$H_{终}-H_{始}$ $=+0.909$	

对观测记录手簿每一页上的高差和高程都要进行校核计算。表 2-1 中的计算校核方法是根据式（2-5）进行的，即：

$$\sum h = \sum a - \sum b = H_{终} - H_{始} \tag{2-11}$$

上述三项相等，说明计算正确。如果不相等，说明计算有错，应重新计算，到符合式（2-11）为止。应当指出的是，这项计算校核只能反映计算过程中是否有错，而不能说明测量成果的正确程度。

以上是一个测段间水准测量的程序。假若水准路线较长，布设的水准点数又较多，则需将所有测量结果记入相应的水准测量记录表格中，并画出水准路线示意图。

在连续水准测量时，任何一个后视或前视读数有错误，都会影响高差的正确性。因此，对于每一个测站而言，都需要采取改变仪器高或双面尺法进行测站检核。

二、水准测量内业

水准测量的内业工作主要是进行测量结果的校核与各点高程的计算。

（一）水准测量的精度要求

在水准测量中，由于仪器本身存在着检验校正后的残余误差、水准尺的长度误差、观测过程中水准气泡不居中误差、读数误差、水准尺倾斜误差、外界自然环境条件和观测时天气状况等的影响，使测得的高差数据总是不可避免地存在着误差。在误差产生的规律及总结实践经验的基础上，规定了误差的容许范围（即精度要求），以 $f_{h容}$ 表示。如果测量成果的误差小于容许误差，就认为精度符合要求，成果可以使用，否则需要查明原因进行重测。

对于普通水准测量（等外级水准测量）的精度要求是：

平地：$\quad f_{h容}=\pm 40\sqrt{L}$ mm 或 $f_{h容}=\pm 10\sqrt{n}$ mm　　　（2-12）

山地：$\quad f_{h容}=\pm 12\sqrt{n}$ mm　　　（2-13）

式中：L——水准路线全长，km；

n——测站数。当每千米测站数多于 15 个时才用式（2-13）。

（二）水准测量的校核方法与平差

水准测量的校核方法分为测站校核和水准路线成果校核两种。

1. 测站校核　每一测站的高差进行校核称为测站校核。其方法是：

（1）双仪高法。在一个测站上用不同的仪器高度测出两次高差。即在每一测站测得第一次高差后，改变仪器高度 0.1 m 以上（重新安置一次仪器），再测一次高差。当两次所测高差之差≤5 mm 时，认为观测值符合要求，取其平均值作为该测站高差的结果。若超限，则应再改变仪器高度重测，直至符合要求为止。

（2）双面尺法。测量时仪器高度不改变，采用双面尺的红、黑两面两次测量分别计算高差，进行校核。在普通水准测量中，若红、黑两面尺测量的两次高差数值之差值≤5 mm，有些教科书上为≤3 mm 时，观测值符合要求，取其平均值作为该测站高差的数值。

2. 水准路线校核与平差　测站校核只能检查每一个测站所测高差是否准确，却难以发现立尺点变动的错误、外界自然环境条件引起的误差、人为误差、仪器误差等，而每一个测站的误差还会在水准路线测量中积累，结果使最终误差超限，因此，水准测量外业结束后，还要对水准路线的高差测量成果进行校核计算。

水准路线的校核与平差包括内容有：水准路线高差闭合差的计算与校核；高差闭合差的调整和计算改正后的高差；计算各点改正后的高程。

测量时把水准路线高差观测值与理论值之差称为水准路线高差闭合差。在不同的水准路线上，高差闭合差的计算公式是不同的。

（1）附合水准路线。从图 2-22C 可以看出，该路线是从一个已知高程的水准点 BM_A 开始，经过若干点高程的测量后，附合到另一个已知高程的点 BM_B 上，A、B 这两个点之间的高差 h_{AB} 是一个固定值。即：

$$h_{AB} = H_B - H_A$$

①高差闭合差的计算：各测段高差总和（$\sum h_{测}$）与理论高差总和（$\sum h_{理}$）之差，称为高差闭合差。在测量的过程中，由于仪器误差、观测误差、外界自然条件等综合因素的影响造成测量结果和理论值不符合，由此产生高差闭合差（高差闭合差实质就是水准仪测量中各种误差的综合反映）其值为：

$$f_h = \sum h_{测} - \sum h_{理}$$

理论高差总和（$\sum h_{理}$）＝已知终点高程（H_B）－已知始点高程（H_A）

$$\sum h_{理} = (H_B - H_A)$$

普通水准测量高差闭合差的容许值可按式（2-12）或式（2-13）计算。若高差闭合差在容许范围内，即 $|f_h| \leq |f_{h容}|$，便可以进行闭合差的调整和计算高程。

②高差闭合差的调整：在同一条水准路线上，调整闭合差的原则是按闭合差反符号与测站数或距离成正比例分配于各测段的高差中，各测段高差改正数计算公式：

$$v_i = -\frac{f_h}{\sum n} n_i \qquad (2-14)$$

式中：v_i——各测段高差改正数；

　　　$\sum n$——路线全长各测站总数；

n_i——各测段测站数。

将各测段的测量高差加改正数,就得到改正后的高差。

③待测点高程的计算:根据检核过的改正后的高差 h_i 和起点高程 H_A,推算出各个中间测点和终点的高程。

$$H_1 = H_A + h_1$$
$$H_2 = H_1 + h_2$$
$$H_3 = H_2 + h_3$$
$$\vdots$$
$$H_n = H_{n-1} + h_n$$

最后算得 B 点高程应与已知的高程 H_B 相等,否则说明高程计算有误。

【例 2】 如图 2-24 所示,为一附合水准路线观测成果示意图,各测段的测站数和高差均注于草图中,求 1、2、3 各点的高程。其计算过程如下,结果见表 2-2。

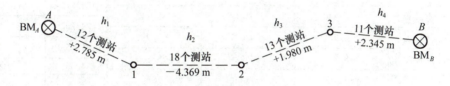

图 2-24 附和水准路线测量结果示意

表 2-2 附合水准路线高差调整及高程计算

点号	测站数	观测高差(m)	改正数(mm)	改正后高差(m)	高程(m)	备注
BM_A					56.345	已知
	12	+2.785	-10	+2.775		
1					59.120	
	18	-4.369	-16	-4.385		
2					54.735	
	13	+1.980	-11	+1.969		
3					56.704	
	11	+2.345	-10	+2.335		
BM_B					59.039	
$\sum$	54	+2.741	-47	+2.694		
辅助计算	$f_h = \sum h_测 - \sum h_理 = \sum h_测 - (H_{BM_B} - H_{BM_A}) = 2.741 - (59.039 - 56.345) = +47(mm)$					

①计算高差闭合差(f_h) 分别计算出 $\sum n = 54$,$\sum h_测 = +2.741$ m,$\sum h_理 = 59.039 - 56.345 = +2.694$ m,$f_h = +2.741 - 2.694 = +47$ mm,并将计算结果填入表 2-2 中。

②计算高差闭合差容许值($f_{h容}$) $f_{h容} = \pm 10\sqrt{n} = \pm 10\sqrt{54} = \pm 73$(mm),填入表 2-2 中的辅助计算中。

③高差闭合差调整:经过以上的计算,可以看出:+47 mm < +73 mm(即 $|f_h| < |f_{h容}|$),因此可以用式(2-13)计算出每站的高差改正数,将结果填入表 2-2 中。最后,将所有的改正数合计,它的数值应是与高差闭合差相等,符号相反。

④计算各点高程:先计算出各测段改正后的高差,改正后高差 h' 等于各段实测高差加各段高差改正数,然后用公式 $\sum h = H_{BM_B} - H_{BM_A}$ 进行校核,确认无误后,根据 BM_A 点高程和各测段改正后高差分别计算各待测点高程,并将结果填入表中,最后再计算 BM_B 点高程以作校核。

(2)闭合水准路线。从水准路线高差闭合差的概念可知,闭合水准路线高差闭合差

（f_h）应等于观测值（$\sum h_测$）—理论值（$\sum h_理$），由图 2-22B 看出，因为观测是从 BM_A 点开始，最后又回到 BM_A 点结束，故理论值应等于零，所以闭合水准路线高差闭合差实质上就等于观测值，即：

$$f_h = \sum h_测 - \sum h_理 = \sum h_测$$

高差闭合差容许值的计算和闭合差的调整方式均与附合水准路线相同。

【例 3】 图 2-25 为一个闭合水准路线，根据观测数据和起算数据，完成表 2-3 的各项计算。

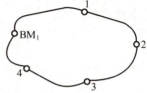

图 2-25 闭合水准路线

表 2-3 闭合水准路线高差调整及高程计算

点号	距离（km）	高差（m）	改正数（m）	改正后高差（m）	高程（m）	点号
BM_1					34.561	BM_1
	1.20	+0.765	-0.018	+0.747		
1					35.308	1
	1.00	-0.514	-0.015	-0.529		
2					34.779	2
	0.80	-0.430	-0.012	-0.442		
3					34.337	3
	1.40	-2.961	-0.021	-2.982		
4					31.355	4
	1.60	+3.230	-0.024	+3.206		
BM_1					34.561	BM_1
总和	6	+0.09	-0.09	0		总和
辅助	$f_h = \sum h_测 = +0.765 - 0.514 - 0.430 - 2.961 + 3.230 = +0.09$（m）					

（3）支水准路线。如图 2-22A 所示，支水准路线一般无法直接校核，只有采用往返观测进行校核，往返观测闭合差的理论值为零，其高差闭合差为：

$$f_h = \sum h_往 - \sum h_返 = |h_往| - |h_返|$$

高差闭合差容许值的计算同于前边附合水准路线。当高差闭合差在容许范围内时，则分段取往返测高差的平均值，用往测高差的符号，作为改正后高差的符号，再从起点沿往测方向推算各点高程。

三、水准测量的注意事项

在水准测量工作中常会由于读数、仪器操作、外界条件影响等不可避免产生误差。因此，在工作中，为了杜绝可以避免的错误，减少工作中的误差，提高观测精度和工作效率，先简单分析一下测量误差的来源，在此基础上，对水准测量工作提出一些注意事项。

（一）水准测量误差来源

水准测量误差主要来源于观测仪器、观测者和观测时的外界条件。

1. 仪器误差 包括仪器校正后残余误差和水准尺误差。

（1）残余误差。由于仪器校正不完善，校正后仍存在部分误差，如 i 角误差等。这个 i 角残余误差对高差的影响为 Δh，即：

$$\Delta h = x_1 - x_2 = \frac{i''}{\rho}D_A - \frac{i''}{\rho}D_B = \frac{i''}{\rho}(D_A - D_B) \tag{2-15}$$

式中：$(D_A - D_B)$——前后视距离之差；

$x_1 - x_2$——i 角残余误差对读数的影响。

（2）水准尺误差。由于水准尺刻划不准、零点差尺长变化、弯曲等原因影响测量成果精度，因此水准尺要经过检验后才能使用。

2. 观测误差　是人为原因造成，经过注意后可以减少此类误差。

（1）气泡居中误差。气泡居中的条件在读数的前、后瞬间都应该满足，以保证视线在读数过程中处于水平位置。符合水准器的气泡居中误差与水准管分划值 t''、视线长度 D 成正比，$m_t = \pm 0.15 \dfrac{\tau}{2\rho} D$，当 $t'' = 20''$，$D = 100$ m 时，气泡居中误差为 0.73 mm。

（2）读数误差。在水准尺上估读毫米的误差与观测者眼睛的分辨率（一般为 $60''$）及视线长度成正比，与望远镜的放大倍数（v）成反比，$m_l = \pm \dfrac{60''}{V} \cdot \dfrac{D}{\rho''}$。当 $v = 30$，$D = 100$ m 时，读数误差为 0.97 mm。

（3）水准尺倾斜误差。根据水准测量的原理，水准尺必须立在水准点上，否则总会使水准尺上的读数增大。这种影响随着视线的抬高（即读数增大），其影响也随着增大。水准尺的前后或左右倾斜，也会产生读数或大或小的误差。如水准尺倾斜 $3°$（α）时，在尺上 2 m 处读数将产生 2.7 mm 误差，如果水准尺上读数大于 1 m，观测误差将超过 2 mm。因此扶尺者操作时要尽量将水准尺扶直，假若水准尺上有圆水准器，则使水准气泡居中，若没有圆水准气泡，可使尺子前后缓缓倾斜，当观测者读取最小读数时，即为水准尺竖直时的读数。水准尺左右倾斜可由仪器观测者指挥使尺子竖直。

（4）视差的影响。观测时，由于调焦不当所产生的视差也会影响读数，从而产生读数误差。

3. 外界条件影响　包括土质、温度、地球曲率及大气折光等。

（1）仪器下沉。仪器下沉使视线降低，引起高差误差，观测时可以采用一定的观测程序。

（2）尺垫下沉。尺垫下沉将增大下一站的后视读数，引起高差误差，观测时可采用往返观测并取其平均值的方法来减弱其影响。

（3）地球曲率及大气折光的影响。用水平面（线）代替大地水准面在水准尺上读数自然会产生高差误差，大气折光也会使视线弯曲，改变水准尺的读数，对此均可采用前后视距相等的方法消除其影响。

（4）温度的影响。温度变化不仅引起大气折光变化，而且会影响水准管气泡的移动，产生气泡居中误差。

减少（3）、（4）类误差的方法是尽量避开不良气候和一天中极端温度时间段。

（二）水准测量注意事项

水准测量是一项集体测量工作，只有全体参加人员认真负责，按规定要求仔细观测和操作，才能取得良好效果。同时，测量小组成员间要注意互相配合，提高工作效率。归纳起来其注意事项有：

1. 观测

（1）进行测量前水准仪和水准尺必须经过检验校正后才能使用。水准测量所使用的仪器及水准尺，应符合一定的技术规定要求：水准仪视准轴与水准管轴的夹角 i：DS_{05}、DS_1 不应大于 $\pm 15''$，DS_3 不应大于 $\pm 20''$；水准尺上每米间隔平均长与名义长之差，对于铟瓦尺不应大于 ± 0.15 mm，双面尺不应大于 ± 0.5 mm。

（2）仪器应安置在坚固的地面上，并尽可能使前后视距离相等，操作时手不能压在仪器或三脚架上,以防仪器下沉。

(3) 每次读数前要注意消除视差,使水准气泡严格居中后,才能读数,并且读数要准确迅速、果断,不得出错。毫米估读时要认真,不能大意。

(4) 注意保护和爱惜测量仪器和工具,使之安全。当晴好天气或下小雨时,仪器要打伞保护。操作时应认真细心,螺旋不应拧得太紧或太松,超过仪器忍受限度。观测结束后,脚螺旋和微动螺旋要旋至中间位置。

(5) 只有当一测站记录、计算完全合格后方能迁站,搬站时一手扶托仪器,一手握住脚架,防止仪器从三脚架上脱落,摔坏仪器。

2. 记录

(1) 认真记录,边记录边复报数字,准确无误地记入记录手簿相应栏内,严禁伪造和转抄数字。

(2) 字体要端正、清楚,不准连环涂改数字,不准用橡皮擦改,如按规定可以改正时,应在原数字上划线后再在上方重写。

(3) 每站应当场计算,检查符合要求后,才能通知观测者搬站。

3. 扶尺

(1) 司尺员应认真竖立水准尺,注意保持水准尺上的圆水准气泡居中或者水准尺与地面铅垂直。

(2) 转点应选择土质坚实处,并将尺垫踩实。

(3) 水准仪搬站时,应注意保护好原前视点尺垫位置不受碰动。

任务四　三、四等水准测量

任务目标:了解三、四等水准测量技术要求,掌握四等水准测量的作业方法与观测程序,记录计算方法等内容。

一、三、四等水准测量的主要技术要求

在工程测量中,不仅要建立必要的平面控制,还要建立首级高程控制和图根控制。而小区域内的首级高程控制常采用三、四等级水准测量,这两种方法基本相同,只是水准测量技术要求不同。

三、四等水准路线一般沿道路布设,尽量避开土质松软地段,水准点间的距离一般为 $2 \sim 4$ km,在城市建筑区为 $1 \sim 2$ km。水准点选在地基稳固,能长久保存和便于观测的地方。

三、四、五等水准测量在观测中,每一测站的技术要求如表 2-4 所示。

表 2-4　三、四、五等水准测量测站技术要求

等　级	水准仪型号	视线长度(m)	前后视距差(m)	前后视距累积差(m)	红黑面读数差(尺常数误差)(mm)	红黑面所测高差之差(mm)
三　等	DS$_1$	≤65	≤3.0	≤5.0	≤2	≤3
四　等	DS$_3$	≤80~100	≤5.0	≤10.0	≤3	≤5
五　等	DS$_3$	≤100	大致相等	—	—	—

二、三、四等水准测量的方法

四等水准测量的水准路线可以采用闭合、附合和支水准路线。它们的长度规定：闭合水准路线总长应不超过 100 km；附合水准路线总长应不超过 80 km；支水准路线长度不能超过 20 km，还要进行往返测量。但当采取 0.5 m 基本等高距测图时，四等水准测量路线长度不得长于 20 km。路线选择时应充分利用现有道路网并选择坡度较小和便于施测的路线，在路线上每隔 4 km 左右必须埋设一个水准点。水准点采取固定点埋设的方式进行。

三、四等水准测量常用的仪器为 DS_3 型水准仪，标尺为一对数值刻划相差 10 cm 的红、黑两面水准尺。作业开始前一定要进行仪器检验校正，中间转点时一定要用尺垫作转点支承。

（一）三、四等水准测量的观测方法

三、四等水准测量的观测应在视线通视良好、望远镜成像清晰稳定的情况下进行。若使用普通 DS_3 水准仪观测，则应先粗平（旋转脚螺旋使圆水准气泡居中），每次读数前要精平（使符合水准气泡居中）；如果使用自动安平水准仪，因为不需要精平，工作效率可大为提高。在作业中为了抵消因水准尺磨损而造成的标尺零点差，要求每一水准测段的测站数目为偶数，每一测段的测量技术要求不得超过表 2-4 中的限差要求。下面是用双面水准尺法在一个测站的观测程序：

1. 仪器照准后视水准尺黑面 精平后读取上、下视距丝和中丝读数，记入记录表 2-5 中 (1)、(2)、(3)。

表 2-5　三、四等水准测量记录

仪器型号＿＿＿＿＿观测者＿＿＿＿＿记录者＿＿＿＿＿校核者＿＿＿＿＿日期＿＿＿＿＿天气＿＿＿＿＿

测站编号	后尺 上丝 下丝	前尺 上丝 下丝	方向及尺号	水准尺中丝读数 黑面	水准尺中丝读数 红面	K+黑-红	高差中数	备注
	后视	前视						
	前后视距差	累计差						
	(1)	(4)	后	(3)	(8)	(14)		
	(2)	(5)	前	(6)	(7)	(13)	(18)	
	(9)	(10)	后—前	(15)	(16)	(17)		
	(11)	(12)						
1	1 329	1 173	后	1 080	5 767	0		17.438
	0 830	0 693	前	0 933	5 719	+1	+0.148	
	49.9	48.0	后—前	+0.147	+0.048	−1		17.586
	+1.9	+1.9						
2	2 018	2 467	后	1 779	6 567	−1		
	1 540	1 978	前	2 223	6 910	0	−0.444	
	47.8	48.9	后—前	−0.444	−0.343	−1		17.142
	−1.1	+0.8						

注：表中所示的 (1)、(2)、…(18) 表示读数、记录和计算的顺序。

2. 照准前视水准尺黑面 仪器精平后读取上、下视距丝和中丝读数，记入记录表 2-5 中 (4)、(5)、(6)。

3. 照准前视水准尺红面 仪器精平后读取中丝读数，记入记录表 2-5 中 (7)。

4. 照准后视水准尺红面 仪器精平读取中丝读数,记入记录表 2-5 中 (8)。

每个测站共需读取 8 个读数,并立即进行测站计算与检核,满足三、四等水准测量的有关限差要求(表 2-4)后方可迁站。此观测顺序简称为"后—前—前—后",优点是可以减弱仪器下沉误差的影响。

(二) 测站计算与检核

1. 视距部分的计算与检核 根据前视、后视的上、下视距丝读数计算前、后视的视距:

后视距离 (9) = 100 × [下丝读数(1) − 上丝读数(2)]
前视距离 (10) = 100 × [下丝读数(4) − 上丝读数(5)]
前、后视距差 (11) = 后视距离(9) − 前视距离(10)
前、后视距离累积差 (12) = 上站视距累积差(12) + 本站视距差(11)

以上计算得前、后视距,视距差及视距累积差均应满足表 2-4 中的要求。

2. 尺常数 K 检核 尺常数为同一水准尺黑面与红面读数差。尺常数误差计算式为

前视标尺黑、红面读数差 (13) = (6) + K_i − (7)
后视标尺黑、红面读数差 (14) = (3) + K_i − (8)

K_i 为双面水准尺的红面分划与黑面分划的零点差 (A 尺:K_1 = 4 687 mm;B 尺:K_2 = 4 787 mm)。对于四等水准测量,尺常数误差不得超过 3 mm。

3. 高差计算与检核 按前、后视水准尺红、黑面中丝读数分别计算该站高差:

黑面高差:(15) = (3) − (6)
红面高差:(16) = (8) − (7)
红黑面高差之误差:(17) = (14) − (13) = (15) − [(16) ± 100]

对于四等水准测量,(17) 不得超过 5 mm。

红黑面高差之差在容许范围以内时取其平均值,作为该站的观测高差:

$$(18) = \{(15) + [(16) \pm 100 \text{ mm}]\}/2$$

该式计算时,红面高差 (16) ± 100 mm 是因为两根水准尺红面起点相差 100 mm。当黑面高差 (15) > 红面高差 (16),100 mm 前取正号计算;当黑面高差 (15) < 红面高差(16),100 mm 前取负号计算。总之,平均高差 (18) 应与黑面高差 (15) 很接近。

4. 水准测量记录计算校核 当整个水准路线测量完毕,应该进行逐页检查和核对计算有无错误,最后的水准测量记录应作总的计算校核:

先进行计算 $\sum(3)$、$\sum(7)$、$\sum(4)$、$\sum(3)$、$\sum(8)$、$\sum(9)$、$\sum(10)$、$\sum(15)$、$\sum(16)$、$\sum(18)$,然后校核:

高差校核: $\sum(3) - \sum(6) = \sum(15)$

$\sum(8) - \sum(7) = \sum(16)$

$\sum(15) + \sum(16) = 2\sum(18)$ (偶数站)

或 $\sum(15) + \sum(16) = 2\sum(18) \pm 100$ mm (奇数站)

视距差校核: $\sum(9) - \sum(10) =$ 本页末站 (12) − 前页末站(12)
本页总视距:$L = \sum(9) + \sum(10)$

三、三、四等水准测量的高程计算

首先对测量成果进行整理,三、四等水准测量的闭合线路或附合线路的成果整理首先应按

规定，检验测段（两水准点之间的线路）往返测高差不符值（往、返测高差之差）及附合线路或闭合线路的高差闭合差。如果在容许范围（$f_{h容}=\pm 20\sqrt{L}$ mm）以内，则测段高差取往、返测的平均值，线路的高差闭合差则按照相反的符号，按测段的长度成正比例进行分配。

高程计算的方法，同于"任务三　水准测量方法"。高差闭合差若满足精度要求，进行高差闭合差的调整，计算各水准点高程，反之，则返工重测。

四、三、四等水准测量的注意事项

（1）水准观测应该在标尺成像清晰、稳定时进行。观测中，必须用测伞遮挡阳光，迁站时应罩上仪器罩，避免仪器直接照射太阳。

（2）仪器尽量架设在土质坚硬地段，若土质较松软，必须踩实脚架腿，以免仪器下沉，影响观测精度；严禁为了增加标尺读数，把尺垫安置在沟边或壕沟中。

（3）在同一测站观测时，不应两次调焦。转动仪器的倾斜螺旋和测微螺旋时，其最后均应为旋进方向。

（4）每一测段的往测与返测，测站数均应为偶数，否则应加入标尺零点差改正，由往测转向返测时，两标尺必须互换位置并应重新整置仪器。

（5）迁站时，只能够进行后视尺移动，本站的前视尺不动，作为下一站的后视。

（6）除线路转弯处外，每一测站上的仪器和前视水准尺尽量在一条直线上。

任务五　微倾水准仪的检验与校正

任务目标：了解水准仪的主要轴线，掌握水准仪的检验内容与检验步骤，掌握水准仪的校正位置和方法等。

微倾水准仪有四条轴线，即望远镜的视准轴、管水准器轴、圆水准器轴、仪器旋转的竖轴。如图2-26所示，各个轴线之间需要满足以下条件：

（1）圆水准器轴平行于仪器竖轴（$L'L'\parallel VV$）。

（2）十字丝的横丝应垂直于仪器的竖轴（中丝应水平）。

（3）望远镜的视准轴应平行于管水准器轴（$LL\parallel CC$），同时望远镜的视准轴不因为调焦而变动位置。

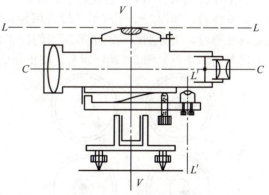

图2-26　微倾水准仪几何轴线之间的关系

水准仪检验实质是检查仪器各轴线是否满足应有的几何条件，校正是当仪器不满足各几何条件时对仪器进行调整使其满足相应的几何条件。

一、圆水准器轴平行于仪器竖轴的检验与校正

（一）检验目的

圆水准器检验的目的是使圆水准器轴平行于仪器竖轴。因为，这样可以使仪器竖轴处于

竖直位置，仪器旋转至任何方向都导致水准仪气泡居中，从而可以迅速安平仪器（粗平），提高作业效率。

（二）检验原理

假设仪器竖轴VV与圆水准器轴线$L'L'$之间有夹角α，虽然圆水准气泡居中，圆水准器轴已经处于铅垂位置，但是两轴是不平行的，如图2-27A所示。那么，将仪器旋绕轴旋转180°后，此时竖轴仍处于倾斜α角的位置，但是圆水准器轴从竖轴的右侧转到了左侧。圆水准器轴就倾斜了2α，从而形成气泡中点偏离中心点位置，如图2-27B所示，即仪器竖轴与圆水准器轴之间夹角变大，影响读数结果。

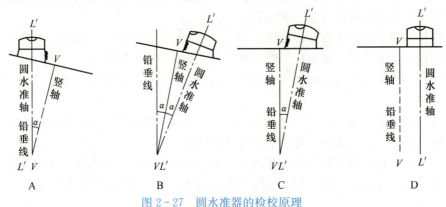

图2-27 圆水准器的检校原理

（三）检验方法

安置仪器后，转动脚螺旋使水准仪气泡居中，如图2-28所示；松开水平制动螺旋，将仪器（即望远镜）旋转180°，若气泡居中，说明条件满足（即圆水准器平行于竖轴）；否则，气泡中点就会偏离零点，说明两轴是不平行的，需要校正。

（四）校正方法

在上述检验的基础上，首先转动脚螺旋使气泡回到偏离零点的一半位置，此时仪器竖轴处于铅垂位置，如图2-28C所示，然后用校正针先松动一下圆水准仪器底下中间一个大一点的连接螺丝，再分别拨动圆水准器下的校正螺旋（图2-29），使气泡居中，此时，圆水准器轴与竖轴平行如图2-28D所示。校正完毕后，应记住把中间一个连接螺旋再旋紧。

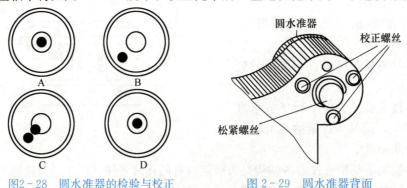

图2-28 圆水准器的检验与校正　　图2-29 圆水准器背面

二、十字丝横丝垂直于仪器竖轴的检验与校正

（一）检校目的

十字丝横丝检验校正的目的是使十字丝横轴垂直于仪器竖轴。

(二)检验原理

如果十字丝横丝不垂直于仪器的竖轴,当竖轴处于竖直位置时,十字丝横丝是不水平的,而横丝的不同部位在水准尺上的读数不相同。

(三)检验方法

安置仪器并整平后,从望远镜视场内选择一个清晰目标点,用十字丝交点照准目标点,然后拧紧制动螺旋。转动水平微动螺旋用横丝一端对准远处一个明显标志点,如图 2-30 所示,缓缓转动。若标志始终沿着横丝上移动,则说明十字丝横丝垂直于竖轴,否则应进行校正。

(四)校正方法

校正方法因十字丝装置的形式不同而异。如图 2-31 所示的形式,旋下目镜端的十字丝护罩,用螺丝刀松开十字丝环的 4 个固定螺旋,按中丝倾斜的反方向小心地微微转动十字丝环,使横丝与目标点重合(即横丝水平),再重复检验直到达到要求,最后拧紧固定螺旋,旋回护罩。若此项误差不明显时,一般可不校正,外业观测时用十字丝的中央部位读数即可。

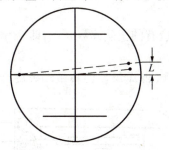

图 2-30 十字丝横丝的检验

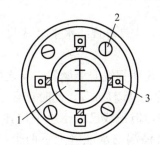

图 2-31 十字丝的校正装置
1. 十字丝分化板 2. 十字丝固定螺丝
3. 十字丝校正螺丝

三、水准管轴平行于视准轴的检验与校正

(一)检验目的

水准管轴检验的目的是使水准管轴平行于视准轴,从而令读数准确。

(二)检验原理

若水准管轴不平行于视准轴,它们在竖直面内投影会出现一个夹角 i,由于 i 角的影响产生读数误差称为 i 角误差,如图 2-32 所示,此项检验也称为 i 角检验。i 角检验的原因是当水准气泡居中时,视准轴相对于水平视线方向向上倾斜(有时向下)了 i 角,则视线(视准轴)在尺上读数偏差 $x\left(x=\dfrac{i''}{\rho}D\right)$,随着水准尺离开水准仪愈远,由此引起的读数误差也愈大。当水准仪至水准尺的前后视距相等时,即使存在 i 角误差,但因在两根水准尺上读数的偏差 x 相等,则所求高差不受影响。前后视距的差

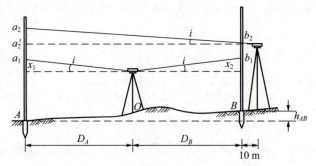

图 2-32 水准管平行于视准轴的检验

距增大,则 i 角误差对高差的影响也会随之增大。

(三) 检验方法

1. 选择场地 在平坦地面上选择大致成直线的 A、O、B 三点（距离 100 m 左右），并使 AO 和 OB 相等,大约相距 50 m,用木桩或尺垫作好标志。

2. 测出 A、B 两点间正确高差 在 O 点安置仪器,用双面尺法或双仪高法连续两次测出 A、B 两点高差。若这两个高差不大于 3 mm,取平均值作为正确高差 h_{AB}

$$h_{AB} = (a_1 - x_1) - (b_1 - x_1) = a_1 - b_1 \qquad (2-16)$$

3. 计算正确读数 在 B 点附近 10 m 处安置仪器,精平后读数 a_2 和 b_2,因仪器距离 B 点很近,读数 b_2 中的误差可忽略不计,因此,A 尺上的正确读数应为 $a'_2 = h_{AB} + b_2 = (a_1 - b_1) + b_2$

$a_2 = a'_2$,说明两轴平行,否则存在误差（测量上习惯于称为 i 角）。进行普通水准测量时,若 a_2 与 a'_2 相差大于 4 mm（即 $i > 20''$）,一般要进行校正。若 a_2 与 a'_2 相差小于 4 mm（即 $i < 20''$）,一般不需要进行校正。

(四) 校正方法

水准仪不动,先计算视线水平时 A 尺（远尺）上应有的正确读数 a'_2,即

$$a'_2 = b_2 + (a_1 - b_1) = b_2 + h_{AB} \qquad (2-17)$$

当 $a_2 > a'_2$,说明视线向上倾斜;反之向下倾斜。瞄准 A 尺,旋转微动螺旋,使十字丝中丝对准 A 上的正确读数 a'_2,此时符合水准气泡就不居中,但视线已处于水平位置。用校正针拨动目镜端的水准管上下两个校正螺丝,如图 2-33 所示,使符合水准气泡严密居中。

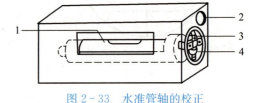

图 2-33 水准管轴的校正
1. 水准管 2. 气泡观测窗 3. 上校正螺丝 4. 下校正螺丝

校正时,应先松动左右两个校正螺旋,再根据气泡偏离情况,遵循"先松后紧"的规则,拨动上下两个螺丝,使符合气泡居中,校正完毕后,再重新固紧左右两个校正螺丝。

【例4】 如图 2-32 所示,取 AB 之长为 100 m,第一次安置仪器于 AB 中间的 O 点处得读数 $a_1 = 1.321$ m, $b_1 = 1.117$ m；第二次安仪器在 B 点附近10 m处,又得 $a_2 = 1.695$ m, $b_2 = 1.466$ m。计算过程及结果如表 2-6 所示。

表 2-6 水准管轴检校计算

第一次读数 (m)	仪器在 A、B 中间	第二次读数 (m)	仪器在 B 点一端	距离 (m)
a_1	1.321	a_2	1.695	$S_A = 110$
b_1	1.117	b_2	1.466	$S_B = 10$
h_{AB}	+0.204	h'_{AB}	+0.229	$D_{AB} = S_A - S_B = 100$

$\delta h_{AB} = h'_{AB} - h_{AB} = 0.025 \text{(m)} = +25 \text{(mm)}$ 说明两轴不平行,存在 i 角误差。计算方法为:

$x_A = \dfrac{\delta h_{AB}}{S_A - S_B} = 0.025 \text{(m)} = 25 \text{(mm)}$

$i'' = \dfrac{\delta h_{AB}}{S_A - S_B} \rho'' = \dfrac{a_2 - a'_2}{D_{AB}} \rho'' = \dfrac{0.025}{100} \cdot 206265'' = 51.57''$ ($i'' > 20''$ 需要校正)

$a_2 = a'_2 - x_A = 1.695 - 0.025 = 1.670 \text{(m)}$

正确读数 $a_2' = b_2 + h_{AB} = 1.670 (m)$。校正时，仪器位置不动，应该降低视线使其在 A 尺读数由原来的 1.695 m 下降到 1.670 m（正确读数），然后调节水准管上的校正螺丝使气泡居中。

> **知 识 拓 展**

全国职业技能大赛二等水准测量竞赛规程

（一）竞赛内容

1. 技能操作竞赛　采取技能操作考核的方式，参赛选手必须在规定的时间内完成规定的任务，上交合格成果。并按照成果质量和比赛用时作为竞赛的计分内容。

2. 理论考试　依据"工程测量员"国家职业标准中规定的高级技能（国家职业资格三级）应具备的知识和技能要求，结合高等院校测绘类专业及课程的教学和学生未来就业岗位需要的实际进行考核。采用机考方式，考试时间为 120 min（考试内容包括"二等水准测量""1∶500 数字测图"和"一级导线测量"）。

（二）竞赛规则

（1）参赛团队必须提前 30 min 进入赛场，到检录处检录，抽签决定比赛号位。未能检录者取消比赛资格。

（2）各队根据自己的比赛号位，在大赛工作人员的指引下，到现场熟悉比赛场地，同时做好比赛前的各项准备工作。

（3）开赛前仪器必须装箱，脚架收拢置地，队员列队待命，整齐着装。

（4）技能竞赛开始。裁判宣布开始，同时开始竞赛计时，计时精确到秒。参赛队不得在记录手簿上填写任何关于参赛队及队员信息，参赛队上交测量及计算成果，由裁判长对成果编号。

（5）技能竞赛结束。各参赛团队在完成外业、内业及检查工作后，由队长携成果资料向裁判报告，此时裁判计时结束，比赛结束。

（6）成果一旦提交就不能继续参赛。

（7）规定参赛个人应独立完成的工作任务不能由别人替代完成，违规者取消该团队参赛资格。

（8）参赛团队必须独立完成所有比赛内容，比赛过程中不能和外界交换信息（包括手机通讯）。

（9）参赛者提交的资料、成果必须内容齐全。

（10）竞赛过程中，选手须严格遵守操作规程，确保人身及设备安全，并接受裁判员的监督和警示。因选手因素造成设备故障或损坏，无法继续竞赛，裁判长有权决定终止该队竞赛；因非选手个人因素造成设备故障，由裁判长视具体情况做出裁决。参赛者必须尊重裁判，服从裁判指挥。

（11）参赛团队对裁判的裁定结果有疑义，可在赛后规定时间内向竞赛使用的所有仪器及附件均由参赛单位根据比赛要求准备。

（三）竞赛设备

（1）电子水准仪（科力达电子水准仪 DL07）：含木脚架 1 副、数码标尺 1 对及尺垫 2 个。

(2) 用于高程误差配赋计算的非可编程计算器1个。

(3) 50 m测绳（根据参赛队的需求配发）。

（四）竞赛场地

设置多条闭合水准路线。多个队同时开始比赛。每一条闭合水准路线由3个待求点和1个已知点组成。各队的比赛水准线路由各队抽签得到的待求点和1个已知点决定，长度约2 km。

（五）竞赛技术标准

《国家一、二等水准测量规范》（GB/T 12897—2006）。

（六）计分办法

(1) 成果全部符合限差要求和无违反记录规定者按竞赛评分成绩确定名次。水准测量中超限或违反记录规定的成果为二类成果，二类成果不参加评奖。

(2) 竞赛成绩主要从参赛队的作业速度、成果质量等方面考虑，采用百分制。其中成果质量按实施细则评定，作业速度按各组用时统一计算，裁判宣布竞赛开始计时，到上交成果计时结束，时间以秒为单位。得分计算方法：

$$S_i = \left(1 - \frac{T_i - T_1}{T_n - T_1} \times 40\%\right) \times 40$$

式中：T_1——所有参赛队中用时最少的时间；

　　　T_n——所有参赛队中不超过最大时长的队伍中用时最多的时间，第i组实际用时为T_i。

测量最大时长为1.5 h，凡超过最大时长的小组，终止操作。

(3) 在各赛项过程中，对于恶意造假或伪造原始数据者，直接取消该赛项成绩，有一项恶意造假取消各项成绩，即取消各项比赛资格。

（七）实施细则

1. 观测要求

(1) 采用单程观测，每测站两次高差，奇数站照准水准尺的顺序为：后—前—前—后；偶数站照准水准尺的顺序为：前—后—后—前。

(2) 水准测量各测段测站数必须为偶数。

(3) 测量员、记录员、扶尺员必须轮换，每人观测一测段、记录一测段。不按规定轮换的队伍取消比赛资格。

(4) 比赛采用手工记录及计算，记录必须用赛会发的记录手簿和计算表格，现场完成计算，不允许使用非赛会提供的计算器。

(5) 参赛队信息只在竞赛成果资料表封面填写，手簿内部不得填写与参赛队有关的任何信息，也不得在手簿内部填写与观测记录计算无关的任何信息，违者扣分。

(6) 每测站的记录和计算完成后方可迁站。

2. 技术要求

(1) 观测按相应的测量标准。

(2) 记簿应记录完整，符合规定，记录规定见附件（略）。手簿记录格式附件（略），高程误差配赋表格式见附件（略）。

(3) 测量限差要求按表2-7执行。

表 2-7 二等水准测量技术要求

视线长度（m）	前后视距差（m）	前后视距累积差（m）	视线高度（m）	两次读数所得高差之差（mm）	数字水准仪重复测量次数	测段、环线闭合差
≥3且≤50	≤1.5	≤3.0	≤2.80且≥0.55	≤0.6	≥2次	≤$4\sqrt{L}$

注：L 为闭合路线的总长度，以 km 为单位。

(4) 手簿记录格式及高程误差配赋表格式见附件（略）。

3. 上交成果　每个参赛队完成外业观测后，在现场完成高程误差配赋。上交成果为：二等水准测量竞赛成果资料。

4. 成果质量成绩评定标准　成果质量从观测质量和测量成果等方面考虑，总分 60 分。

(1) 观测质量。见表 2-8。

表 2-8 数字水准仪二等水准测量外业违规记录

评测内容	评分标准	处理
每人观测一测段、记录一测段	违规一次扣 5 分	
测站记录计算完成后迁站	违规一次扣 1 分	
记录转抄	每出现一次扣 2 分	定为二类
观测手簿用橡皮	每出现一次扣 5 分	
测站重测不变换仪器高	违规一次扣 2 分	
干扰其他队测量	造成必须重测后果的扣 10 分	
仪器设备	水准仪及标尺摔倒落地	直接取消资格
故意遮挡其他参赛队观测	裁判劝阻无效	直接取消资格

(2) 测量成果。见表 2-9、表 2-10。

表 2-9 数字水准仪二等水准测量成果评分

	评测内容	评分标准	处理
观测与记录	每一测段偶数测站	违规一次扣 5 分	二类
	测站超限	违规一处扣 1 分	二类
	观测记录	连环涂改 5 分	二类
	手簿缺少计算项	每出现一次扣 1 分	
	手簿计算错误	每出现一次扣 1 分	
	记录规范性	就字改字或字迹模糊影响识读一处扣 2 分	
	手簿划改	不用尺子的随意划线一处扣 1 分	
	划改后不注原因	不注错误原因的一处扣 0.5 分	
内业计算	水准路线闭合差	若闭合差超限扣 10 分	二类
	平差计算	一处计算错误扣 1 分	
	高程检查	与标准值比较不超过 5mm 不超限，超限一点扣 2 分	
	计算表整洁	每一处划改 0.5 分	

表2-10 二等水准测量记录

仪器型号_____ 观测者_____ 记录者_____ 校核者_____ 日期_____ 天气_____

测站编号	点号	后尺 上丝 下丝 后距 视距差d	前尺 上丝 下丝 前距 Σd	方向及尺号	标尺读数 基本分划	标尺读数 辅助分划	K+基-辅 (mm)	高差中数 (m)
1	ZQ8~ZQ9	158378	116581	后	133372	133371	1	
		108348	067332	前	091965	091765	0	
		50.030	49.249	后-前	041407	041406	1	
		0.781	−0.174	h	041407			
2	ZQ9~ZQ10	184381	107130	后	159441	159429	12	
		134451	057120	前	082130	082125	5	
		49.930	50.010	后-前	077311	077304	7	
		−0.08	−0254	h	077307			
3	ZQ10~ZQ11	200446	130477	后	175377	175383	−6	
		150270	079865	前	105198	105199	−1	
		50.176	50.612	后-前	070179	070184	−5	
		−0.436	−0.69	h	070182			

▶ 技 能 训 练

将全班按每组4~5人分为若干小组，每组按水准测量项目要求领取水准测量仪器与工具，在测量情景教学场地内分别进行：①水准仪的认识与操作；②闭合或附合水准路线测量；③三、四等水准测量；④水准仪的检验与校正等项目进行技能训练。

要求每组成员轮流安置仪器、轮流观测读数、轮流记录计算等，达到人人会操作仪器，会观测读数，会记录计算，会写项目测量报告，具体要求见水准测量相关内容。

▶ 思 考 与 练 习

1. 名词解释：高程测量、高差、水准点、水准器分划值、高差闭合差。
2. 转点的作用是什么？为什么说转点很重要？
3. 水准测量已经进行了测站校核，为什么还要进行水准路线校核？
4. 试述i角检验校正的方法步骤。
5. 绘出符合水准气泡居中和不居中的示意图。
6. 绘出在视场中读数为1.457和6.585的示意图。
7. 计算题：
(1) 计算表2-11中水准测量观测高差及各点高程。

表 2-11　水准测量观测高差和各点高程计算

测站	目标	后视读数（m）		前视读数（m）		高差（m）				改正后高差(m)	高程（m）
		黑面	红面	黑面	红面	黑面	红面	平均	改正数		
1	1	0.542	5.232								500.000
	2			1.157	5.944						
2	2	1.548	6.332								
	3			0.600	5.291						
3	3	1.452	6.239								
	4			1.013	5.802						
4	4	0.952	5.739								
	5			1.324	6.113						
5	5	2.135	6.923								
	6			1.240	6.026						
6	6	0.455	5.241								
	1			1.733	6.523						
∑(6)											

辅助计算：

（2）已知 A 点的高程 $H_A=489.454$ m，A 点立尺读数为 1.446 m，B 点读数为 1.129 m，C 点读数为 2.331 m，求此时仪器视线高程是多少？H_B 和 H_C 各为多少？

（3）填表计算：如表 2-12 所示的附和水准路线，BM_A 和 BM_B 为已知水准点，通过普通水准仪测量后测得的各测段观测高差及各测段的测站数，请填表计算各点高程。

表 2-12　附合水准路线高程计算

点号	测站数（n）	观测高差（m）	高差改正数（m）	改正后高差（m）	高程（m）	备注
BM_A	13	+1.331			106.543	已知
1						
2		+1.813				
3		−1.424				
BM_B	14	+1.340			109.578	已知
∑						

（4）已知 A、B 两点的高程分别为 24.185 m 和 24.175 m，AB 距离为 100 m，现将仪器安置于 A 点附近，读 A 尺上读数为 $a=1.865$ m，B 尺读数为 $b=1.855$ m。问：水准管轴是否平行于视准轴？如果不平行，当水准管气泡居中时，视准轴是向上还是向下倾斜？i 角是多少？如何校正？

项目三

角度测量

CELIANG

【项目提要】 主要介绍光学经纬仪、电子经纬仪的构造与使用方法，经纬仪进行水平角与竖直角的测量方法，经纬仪在施工测量中的具体运用以及经纬仪的检验与校正方法等内容。

【学习目标】 主要了解光学经纬仪、电子经纬仪的测角原理、主要功能和使用方法；了解经纬仪的测角误差和防止方法。掌握经纬仪的基本构造与使用方法；掌握经纬仪进行水平角、竖直角观测的基本方法与成果计算；掌握经纬仪的检验与校正方法等。

任务一 光学经纬仪的构造与使用方法

任务目标：了解光学经纬仪的构造，熟悉各部件的名称，掌握分微尺测微器及其读数方法和经纬仪的使用（对中、整平、瞄准和读数）方法。

光学经纬仪的种类按精度系列可分为 DJ_{07}、DJ_1、DJ_2、DJ_6、DJ_{15} 和 DJ_{60} 六个级别，其中"D""J"分别为"大地测量"和"经纬仪"的汉语拼音的第一个字母，下标数字表示仪器的精度，即一测回水平方向中误差的秒数。下面着重介绍适用于地形测量和一般工程测量中最为常用的 DJ_6 级经纬仪和 DJ_2 级经纬仪。

一、DJ_6 级光学经纬仪

（一）DJ_6 级光学经纬仪的构造

光学经纬仪主要由照准部、水平度盘和基座三部分组成，如图 3-1 所示为北京光学仪器厂生产的 DJ_6 级光学经纬仪。

1. 照准部 照准部为经纬仪上部可转动的部分，由望远镜、竖直度盘、横轴、支架、竖轴、水平度盘、读数显微镜及其光学读数系统等组成。

（1）望远镜。望远镜用于精确瞄准目标。它在支架上可绕横轴在竖直面内作仰俯转动，并由望远镜制动扳钮和望远镜微动螺旋控制。经纬仪的望远镜与水准仪的望远镜相同，由物镜、调焦镜、十字丝分划板、目镜和固定它们的镜筒组成。望远镜的放大倍率一般为 20～40 倍。

（2）竖直度盘。竖直度盘用于观测竖直角。它是由光学玻璃制成的圆盘，安装在横轴的一端，并随望远镜一起转动。在竖盘内部装有自动归零装置，只要将支架上的自动归零开关

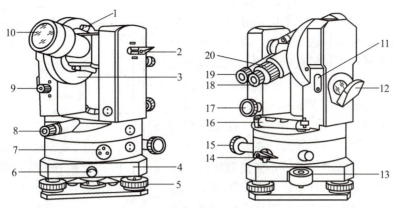

图 3-1 DJ₆ 级光学经纬仪

1. 粗瞄器 2. 望远镜制动螺旋 3. 竖盘 4. 基座 5. 脚螺旋 6. 固定螺旋 7. 度盘变换手轮
8. 光学对中器 9. 自动归零旋钮 10. 望远镜物镜 11. 指标差调位盖板 12. 反光镜
13. 圆水准器 14. 水平制动螺旋 15. 水平微动螺旋 16. 照准部水准管
17. 望远镜微动螺旋 18. 望远镜目镜 19. 读数显微镜 20. 对光螺旋

转到"ON",竖盘指标即处于正确位置。不测竖直角时,将竖盘指标自动归零开关转到"OFF",以保护其自动归零装置。

(3) 水准器。照准部上设有一个管水准器,有的仪器还装有一个圆水准器,与脚螺旋配合,用于整平仪器。和水准仪一样,圆水准器用作粗平,而管水准器则用于精平。

(4) 竖轴。照准部的旋转轴即为仪器的竖轴,竖轴插入竖轴轴套中,该轴套下端与轴座固连,置于基座内,并用轴座固定螺旋固紧,使用仪器时切勿松动该螺旋,以防仪器分离坠落。照准部可绕竖轴在水平方向旋转,并由水平制动扳钮和水平微动螺旋控制。图3-1所示的经纬仪,其照准部上还装有光学对中器,用于仪器的精确对中。

2. 水平度盘 水平度盘是由光学玻璃制成的圆盘,其边缘按顺时针方向刻有 0°～360°的分划,用于测量水平角。水平度盘与一金属的空心轴套结合,套在竖轴轴套的外面,并可自由转动。水平度盘的下方有一个固定在水平度盘旋转轴上的金属复测盘。复测盘配合照准部外壳上的转盘手轮,可使水平度盘与照准部结合或分离。按下转盘手轮,复测装置的簧片便夹住复测盘,使水平度盘与照准部结合在一起,当照准部旋转时,水平度盘也随之转动,读数不变;弹出转盘手轮,其簧片便与复测盘分开,水平度盘即与照准部脱离,当照准部旋转时,水平度盘则静止不动,读数改变。

有的经纬仪没有复测装置,而是设置一个水平度盘变位手轮,转动该手轮,水平度盘即随之转动。

3. 基座 基座是在仪器的最下部,它是支撑整个仪器的底座。基座上安有三个脚螺旋和连接板。转动脚螺旋可使水平度盘水平。通过架头上的中心螺旋与三脚架头固连在一起。此外,基座上还有一个连接仪器和基座的轴座固定螺旋,一般情况下,不可松动轴座固定螺旋,以免仪器脱出基座而摔坏。

(二) DJ₆ 级光学经纬仪的读数方法

DJ₆ 级光学经纬仪的水平度盘和竖直度盘的分划线通过一系列的棱镜和透镜作用,成像于望远镜旁的读数显微镜内,观测者用读数显微镜读取读数。由于测微装置的不同,DJ₆ 级光学经纬仪的读数方法分为下列两种。

1. 分微尺测微器及其读数法 北京光学仪器厂生产的 DJ_6 级光学经纬仪采用的是分微尺读数装置。通过一系列的棱镜和透镜作用，在读数显微镜内，可以看到水平度盘和竖直度盘的分划以及相应的分微尺像，如图 3-2 所示。度盘最小分划值为 $1°$，分微尺上把度盘为 $1°$ 的弧长分为 60 格，所以分微尺上最小分划值为 $1'$，每 $10'$ 作一注记，可估读至 $0.1'$ 即 $6''$。

读数时，打开并转动反光镜，使读数窗内亮度适中，调节读数显微镜的目镜，使度盘和分微尺分划线清晰，然后，"度" 可从分微尺中的度盘分划线上的注字直接读得，"分" 则用度盘分划线作为指标，在分微尺中直接读出，并估读至 $0.1'$，两者相加，即得度盘读数。如图 3-2 所示，水平度盘的读数为 $130°+01'30''=130°01'30''$；竖盘读数为 $87°+22'00''=87°22'$。

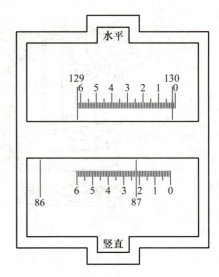

图 3-2 分微尺测微器读数窗视场

2. 单平板玻璃测微器的读数方法 北京光学仪器厂生产的 DJ_6-1 型光学经纬仪，采用这种读数方法读数。图 3-3 所示为单平板玻璃测微器的读数窗视场，读数窗内可以清晰地看到测微盘（上）、竖直度盘（中）和水平度盘（下）的分划像。度盘凡整度注记，每度分两格，最小分划值为 $30'$；测微盘把度盘上 $30'$ 弧长分为 30 大格，一大格为 $1'$，每 $5'$ 一注记，每一大格又分三小格，每小格 $20''$，不足 $20''$ 的部分可估读，一般可估读到四分之一格，即 $5''$ 或估读到十分之一格，即 $2''$。

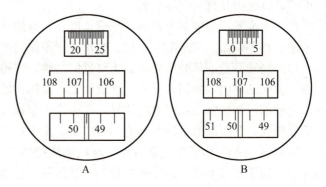

图 3-3 单平板玻璃测微器读数窗视场

读数时，打开并转动反光镜，调节读数显微镜的目镜，然后转动测微轮，使一条度盘分划线精确地平分双线指标，则该分划线的读数即为读数的度数部分，不足 $30'$ 的部分再从测微盘上读出，并估读到 $5''$，两者相加，即得度盘读数。每次水平度盘读数和竖直度盘读数都应调节测微轮，然后分别读取，两者共用测微盘，但互不影响。

图 3-3A 中，水平度盘读数为 $49°30'+22'40''=49°52'40''$。

图 3-3B 中，竖直度盘读数为 $107°+01'40''=107°01'40''$。

二、DJ_2 级光学经纬仪

（一）DJ_2 级光学经纬仪的构造

图 3-4 为 DJ_2 级光学经纬仪的外形图，该仪器与 DJ_6 级光学经纬仪相比，在轴系结构和读数设备上均不相同。DJ_2 级光学经纬仪一般都采用对径分划线影像符合的读数设备，即

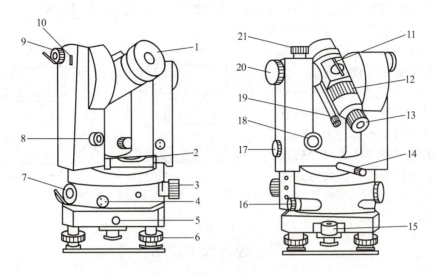

图 3-4 DJ₂ 级经纬仪结构

1. 望远镜物镜   2. 照准部水准管   3. 度盘变换手轮   4. 水平制动螺旋   5. 固定螺旋   6. 脚螺旋
7. 水平度盘反光镜   8. 自动归零旋钮   9. 竖直度盘反光镜   10. 指标差调位盖板   11. 粗瞄器
12. 对光螺旋   13. 望远镜目镜   14. 光学对中器   15. 圆水准器   16. 水平微动螺旋   17. 换像手轮
18. 望远镜微动螺旋   19. 读数显微镜   20. 测微轮   21. 望远镜制动螺旋

将度盘上相对 180°的分划线，经过一系列棱镜和透镜的反射与折射后，显示在读数显微镜内，应用双平板玻璃或移动光楔的光学测微器，使测微时度盘分划线做相对移动，并用仪器上的测微轮进行操纵。采用对径符合和测微显微镜原理进行读数。

DJ₂ 级光学经纬仪读数设备有如下两个特点：

（1）采用对径读数的方法能读得度盘对径分划线的读数平均值，从而消除了照准部偏心的影响，提高了读数的精度。

（2）在读数显微镜中，只能看到水平度盘读数或竖盘读数，可通过换像手轮分别读数。

（二）DJ₂ 级光学经纬仪的读数方法

图 3-5 所示为一种 DJ₂ 级光学经纬仪读数显微镜内符合读数法的视窗。读数窗中注记正字的为主像，倒字的为副像。其度盘分划值为 20′，左侧小窗内分微尺影像。分微尺刻划由 0′～10′，注记在左边。

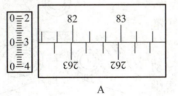
A

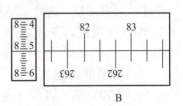
B

图 3-5 DJ₂ 光学经纬仪读数法视场

最小分划值为 1″，按每 10″注记在右边。读数时，先转动测微轮，使相邻近的主、副像分划线精确重合如图 3-5B 所示，以左边的主像度数为准读出度数，再从左向右读出相差 180°的主、副像分划线间所夹的格数，每格以 10′计。然后在左侧小窗中的分微尺上，以中央长横线为准，读出分数，10 秒数和秒数，并估读至 0.1″，三者相加即得全部读数。如图 3-5B 所示的读数为 82°28′51″。应该注意，在主、副像分划线重合的前提下，也可读取度盘主像上任何一条分划线的度数，但如与其相差 180°的副像分划线在左边时，则应减去两分划线所夹的格数乘 10′，小数仍在分微尺上读取。例如图 3-5B 所示，在主像分划线中读取 83°，因副像263°分划线在其左边4格，故应从83°中减去40′，最后读数为：83°−40′+8′51″=82°28′51″，与根据先读82°分划线算出的结果相同。

近年来生产的DJ₂级光学经纬仪采用了新的数字化读数装置。如图3-6所示，中窗为度盘对径分划影像，没有注记；上窗为度和整10′注记，并用小方框标记整10′数；下窗读数为分和秒。读数时先转动测微手轮，使中窗主、副像分划线重合，然后进行读数。如图3-6所示读数为64°15′22.6″。

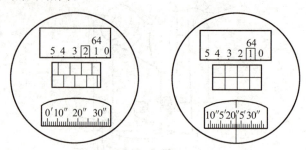

图3-6 DJ₂级经纬仪"光学数字化"读数视场

三、经纬仪的使用

经纬仪的基本操作为：对中、整平、瞄准和读数。

（一）对中

对中的目的是使仪器度盘中心与测站点标志中心位于同一铅垂线上。操作步骤为：

（1）张开脚架，调节脚架腿，使其高度适宜，并通过目估使架头水平、架头中心大致对准测站点。

（2）从箱中取出经纬仪安置于架头上，旋紧连接螺旋，并挂上锤球。如锤球尖偏离测站点较远，则需移动三脚架，使锤球尖大致对准测站点，然后将脚架尖踩实。

（3）略微松开连接螺旋，在架头上移动仪器，直至锤球尖准确对准测站点，最后再旋紧连接螺旋。

（二）整平

整平的目的是调节脚螺旋使水准管气泡居中，从而使经纬仪的竖轴竖直，水平度盘处于水平位置。其操作步骤如下：

（1）旋转照准部，使水准管平行于任一对脚螺旋（图3-7A）。转动这两个脚螺旋，使水准管气泡居中。

（2）将照准部旋转90°，转动第三个脚螺旋，使水准管气泡居中（图3-7B）。

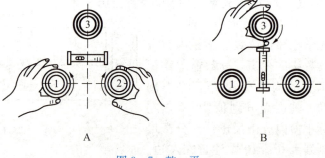

图3-7 整 平

（3）按以上步骤重复操作，直至水准管在这两个位置上气泡都居中为止。使用光学对中器进行对中、整平时，首先通过目估初步对中（也可利用锤球），旋转对中器目镜调焦螺旋看清分划板上的刻划圆圈，再拉伸对中器的目镜筒，使地面标志点成像清晰。转动脚螺旋使标志点的影像移至刻划圆圈中心。然后，通过伸缩三脚架腿，调节三脚架的长度，使经纬仪圆水准器气泡居中，再调节脚螺旋精确整平仪器。接着通过对中器观察地面标志点，如偏离刻划圆圈中心，可稍微松开连接螺旋，在架头移动仪器，使其精确对中，此时，如水准管气泡偏移，则再整平仪器，如此反复进行，直至对中、整平同时完成。

(三) 瞄准

瞄准目标的步骤如下:

1. 目镜对光 将望远镜对向明亮背景,转动目镜对光螺旋,使十字丝成像清晰。

2. 粗略瞄准 松开照准部制动螺旋与望远镜制动螺旋,转动照准部与望远镜,通过望远镜上的瞄准器对准目标,然后旋紧制动螺旋。

3. 物镜对光 转动位于镜筒上的物镜对光螺旋,使目标成像清晰并检查有无视差存在,如果发现有视差存在,应重新进行对光,直至消除视差。

4. 精确瞄准 旋转微动螺旋,使十字丝准确对准目标。观测水平角时,应尽量瞄准目标的基部,当目标宽于十字丝双丝距时,宜用单丝平分,如图3-8A所示;目标窄于双丝距时,宜用双丝夹住,如图3-8B所示;观测竖直角时,用十字丝横丝的中心部分对准目标位,如图3-8C所示。

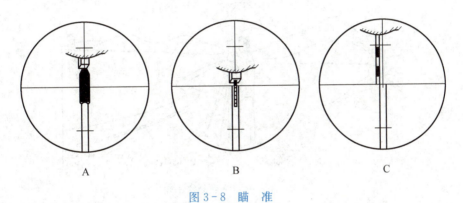

图 3-8 瞄 准

(四) 读数

读数前应调整反光镜的位置与开合角度,使读数显微镜视场内亮度适当,然后转动读数显微镜目镜进行对光,使读数窗成像清晰,再按上节所述方法进行读数。

任务二 水平角测量

任务目标:了解水平角的测角原理,掌握测回法和全圆方向观测法的观测程序,掌握水平角的读数与记录计算方法,并对测量结果进行正确的精度评价。

一、水平角测量原理

水平角测量是确定地面点位的基本工作之一,空间相交的两条直线在水平面上的投影所夹的角度称为水平角。如图3-9所示,A、O、B为地面上任意三点,将其分别沿垂线方向投影到水平面P上,便得到相应的A_1、O_1、B_1各点,则O_1A_1与O_1B_1的夹角β,即为地面上OA与OB两条直线之间的水平角。为了测出水平角的大小,设想在过O点的铅垂线上任一点o_2处,放置一个按顺时针注记的全圆量角器(相当于

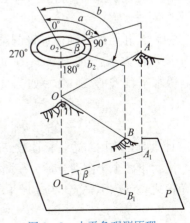

图 3-9 水平角观测原理

水平度盘），使其中心与 o_2 重合，并置成水平位置，则度盘与过 OA、OB 的两竖直面相交，交线分别为 o_2a_2 和 o_2b_2，显然 o_2a_2、o_2b_2 在水平度盘上可得到读数，设分别为 a、b，则圆心角 $\beta=b-a$，就是 $\angle A_1O_1B_1$ 的值。

二、水平角的测量方法

常用的水平角观测的方法有测回法和全圆方向观测法两种。

（一）测回法

竖盘在望远镜视准轴的左侧，称为盘左，也称正镜；竖盘在视准轴方向的右侧则称为盘右，也称为倒镜。测回法适用于观测两个方向之间的单个水平角。如图 3-10 所示，欲测出地面上 OA、OB 两方向间的水平角 β，可按下列步骤进行观测：

图 3-10　测回法观测水平角

（1）在角顶 O 点安置经纬仪，在 A、B 点上分别竖立花杆。

（2）以盘左位置照准左边目标 A，配置度盘得水平度盘读数 $a_左$（如为 $0°1'10''$），记入表 3-1（观测手簿）第 4 栏相应位置。

（3）松开照准部和望远镜制动螺旋，顺时针转动照准部，瞄准右边目标 B，得水平度盘读数 $b_左$（如为 $145°10'25''$），记入观测手簿相应栏内。

则盘左所测的角值为：

$$\beta_左 = b_左 - a_左 = 145°10'25'' - 0°1'10'' = 145°09'15''$$

以上完成了上半个测回。为了检核及消除仪器误差对测角的影响，应该以盘右位置再作下半个测回观测。

（4）松开照准部和望远镜制动螺旋，纵转望远镜成盘右位置，先瞄准右边目标 B，得水平度盘读数 $b_右$（如为 $325°10'50''$），记入手簿；逆时针方向转动照准部，瞄准左边目标 A，得水平度盘读数 $a_右$（如为 $180°01'50''$），记入手簿，完成了下半测回，其水平角值为：

$$\beta_右 = b_右 - a_右 = 325°10'50'' - 180°01'50'' = 145°09'00''$$

计算时，均用右边目标读数 b 减去左边目标读数 a，不够减时，应加上 $360°$。

上、下两个半测回合称为一测回。用 J_6 级经纬仪观测水平角时，上、下两个半测回所测角值之差（称不符值）应 $\leqslant \pm 40''$。达到精度要求取平均值作为一测回的结果。

$$\beta = \frac{1}{2}(\beta_左 + \beta_右) \qquad\qquad (3-1)$$

本例中，因 $\beta_左 - \beta_右 = 145°09'15'' - 145°09'00'' = 15'' \leq 40''$，符合精度要求，故 $\beta = \frac{1}{2}(\beta_左 + \beta_右) = \frac{1}{2}(145°09'15'' + 145°09'00'') = 145°09'08''$。

若两个半测回的不符值超过 $\pm 40''$ 时，则该水平角应重新观测。观测数据的记录格式及计算，见表 3-1。

表 3-1　水平角观测手簿（测回法）

仪器型号 DJ₆　　　观测者　　　　记录者　　　　日　期　2014.6.10

测点	竖盘位置	目标	水平度盘读数 (° ′ ″)	半测回角值 (° ′ ″)	一测回角值 (° ′ ″)	各测回平均角值 (° ′ ″)	备注
O	左	A	0 01 10	145 09 15	145 09 08	145 09 06	
		B	145 10 25				
	右	A	180 01 50	145 09 00			
		B	325 10 50				
O	左	A	90 02 35	145 09 00	145 09 03		
		B	235 11 35				
	右	A	270 02 45	145 09 05			
		B	55 11 50				

当精度要求较高时，可观测 n 个测回，为了消除度盘刻划不均匀误差，每测回应当变换度盘的起始位置。

（二）全圆方向观测法

在一个测站上，当观测方向在三个以上时，一般采用全圆方向观测法（在半测回中如不归零称方向观测法），即从起始方向顺次观测各个方向后，最后要回测起始方向，即全圆的意思。最后一步称为"归零"，这种半测回归零的方法称为"全圆方向法"，如图 3-11 所示 OA 为起始方向，也称零方向。

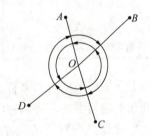

图 3-11　全圆法观测水平角

1. 观测步骤

（1）安置仪器于 O 点，盘左位置照准起始方向且使水平度盘读数略大于 0°，如图所示的 A 点，读取水平度盘读数 a。

（2）顺时针方向转动照准部，依次照准 B、C、D 各个方向，并分别读取水平度盘读数为 b、c、d，继续转动再照准起始方向，得水平度盘读数为 a'。这步观测称为"归零"，a' 与 a 之差，称为"半测回归零差"。J₆级经纬仪要求半测回归零差小于 24″。如归零差超限，则说明在观测过程中，仪器度盘位置有变动，此半测回应该重测。测量规范要求的限差参看表 3-3。

以上观测过程为全圆方向法的上半个测回。

（3）以盘右位置按逆时针方向依次照准 A、D、C、B、A，并分别读取水平度盘读数。以上为下半个测回，其半测回归零差不应超过限差规定。

每次读数都应按规定格式记入表 3-2 中。

表 3-2 水平角观测手簿（全圆方向观测法）

仪器型号 __DJ₆__ 观测者_____ 记录者_____ 日期__2014.6.10__

测回	测站	目标	水平度盘读数 盘左 ° ′ ″	水平度盘读数 盘右 ° ′ ″	2c=左−(右±180°) ″	平均读数 =1/2[左+(右±180°)] ° ′ ″	归零后之方向值 ° ′ ″	各测回归零方向值之平均值 ° ′ ″	备注
1	O	A	0 01 00	180 01 18	−18	(0 01 15) 0 01 09	0 00 00	0 00 00	
		B	91 54 06	271 54 00	+6	91 54 03	91 54 48	91 52 45	
		C	153 32 48	333 32 48	0	153 32 48	153 31 33	151 31 33	
		D	214 06 12	34 06 06	+06	214 06 09	214 04 54	214 05 00	
		A	0 01 24	180 01 18	+06	0 01 21			
2	O	A	90 01 12	270 01 24	−12	(90 01 27) 90 01 18	0 00 00		
		B	181 54 00	1 54 18	−18	181 54 09	91 52 42		
		C	243 32 54	63 33 06	−12	243 33 00	153 31 33		
		D	304 06 36	124 06 30	+6	304 06 33	214 05 06		
		A	90 01 36	270 01 36	0	90 01 36			

表 3-3 方向观测法水平角观测限差

项目 \ 仪器类型	DJ₂	DJ₆
半测回归零差	12″	18″
一测回 2c 变动范围	18″	24″
各测回同一归零方向值互差	12″	24″

上、下半测回合起来称为一测回。当精度要求较高时，可观测 n 个测回，为了消除度盘刻划不均匀误差，每测回应当变换度盘的起始位置。

2. 全圆方向观测法的计算与限差

（1）计算两倍照准误差 $2c$ 值。二倍照准误差是同一台仪器观测同一方向盘左、盘右读数之差，简称 $2c$ 值。它是由于视准轴不垂直于横轴引起的观测误差，计算公式为：

$$2c = 盘左读数 − (盘右读数 ± 180°)$$

对于 DJ_6 级经纬仪，$2c$ 值只作参考，不作限差规定。如果其变动范围不大，说明仪器是稳定的，不需要校正，取盘左、盘右读数的平均值即可消除视准轴误差的影响。

（2）一测回内各方向平均读数的计算。起始方向有两个平均读数，应再取其平均值，将算出的结果填入同一栏的括号内，如第一测回中的（0°01′15″）。

（3）一测回归零方向值的计算。将各个方向（包括起始方向）的平均读数减去起始方向的平均读数，即得各个方向的归零方向值。显然，起始方向归零后的值为 0°00′00″。

（4）各测回平均方向值的计算。每一测回各个方向都有一个归零方向值，当各测回同一方向的归零方向值之差不大于 24″（针对 DJ_6 级经纬仪），则可取其平均值作为该方向的最后结果。

（5）水平角值的计算。将右方向值减去左方向值即为该两方向的夹角。

任务三 竖直角测量

任务目标：了解竖直角的测角原理和竖直度盘的注记形式与竖直角度的计算和竖盘指标差的计算方法，掌握竖直角度观测程序与记录计算方法。

一、竖直角测量原理

竖直角是在同一竖直面内，目标方向线与水平线之间的夹角，简称竖角，竖直角也称倾斜角，用 α 表示。竖直角是由水平线起算量到目标方向的角度。其角值从 0°～±90°。当视线方向在水平线之上时，称为仰角，符号为正（＋）；视线方向在水平线之下时，称为俯角，符号为负（一）。

从竖直角概念可知，它是竖直面内目标方向与水平方向的夹角。所以测定竖直角时，其角值可从竖直面内的刻度盘（竖盘）上两方向读数之差求得。而该两个方向中的一个，必须是水平线方向。由于任何仪器当视线水平时，无论盘左还是盘右，其竖盘读数都是个固定数值。因此测竖直角时，实际上只要瞄准目标读出其竖盘读数，即可计算出竖直角。

二、竖直角测量方法

（一）竖直度盘的构造

竖直度盘简称竖盘，如图 3-12 所示，为 J_6 级经纬仪竖盘构造示意图，主要包括竖盘、竖盘指标、竖盘指标水准管和竖盘指标水准管微动螺旋。竖盘固定在横轴的一侧，随望远镜在竖直面内同时上、下转动；竖盘读数指标不随望远镜转动，它与竖盘指标水准管连接在一个微动架上，转动竖盘指标水准管微动螺旋，可使竖盘读数指标在竖直面内作微小移动。当竖盘指标水准管气泡居中时，指标应处于竖直位置，即在正确位置。一个校正好的竖盘，当望远镜视准轴水平、指标水准管气泡居中时，读数窗上指标所指的读数应是 90°或 270°，此读数即为视线水平时的竖盘读数。一些新型的经纬仪安装了自动归零装置来代替水准管，测定竖直角时，松开阻尼器钮，待摆稳定后，直接进行读数，提高了观测速度和精度。

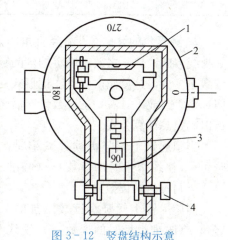

图 3-12 竖盘结构示意
1. 竖盘指标水准管 2. 竖盘 3. 竖盘指标
4. 竖盘指标水准管微动螺旋

竖盘的刻划注记形式很多，常见的光学经纬仪竖盘都为全圆式刻划，如图 3-13 所示，可分为顺时针和逆时针两种注记，盘左位置视线水平时，竖盘读数均为 90°，盘右位置视线水平时竖盘读数均为 270°。多数 J_6 级经纬仪采用的是顺时针注记的竖盘，如图 3-13A 所示。

（二）竖直角的观测

1. 竖直角的观测

（1）在测站 O 点上安置经纬仪，以盘左位置用望远镜的十字丝中横丝，瞄准目标上某一点 M。

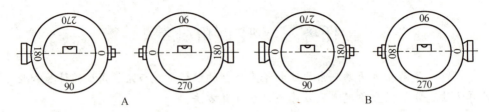

图 3-13 竖盘注记的形式

（2）转动竖盘指标水准管微动螺旋，使气泡居中。读取竖盘读数 L。

（3）倒转望远镜，以盘右位置再瞄准目标上 M 点。调节竖盘指标水准管气泡居中，读取竖盘读数 R。竖直角的观测记录手簿如表 3-4 所示。

表 3-4 竖直角观测手簿

仪器型号 DJ_6　　观测者 _____　记录者 _____　日 期 2014.6.10

测站	目标	竖盘位置	竖盘读数 (° ′ ″)	半测回竖直角	指标差 (″)	一测回竖直角 (° ′ ″)	备 注
O	A	左	80 20 36	9 39 24	+15	9 39 39	盘左时竖盘注记
		右	279 39 54	9 39 54			
	B	左	96 05 24	-6 05 24	+6	-6 05 18	
		右	263 54 48	-6 05 12			

2. 竖直角的计算　计算竖直角的公式，是由两个方向读数（即倾斜视线方向读数与水平视线方向读数）之差来确定的。问题在于应由哪个读数减哪个读数以及其中视线水平时的读数是多少，这就应由竖盘注记形式而确定。其判定方法，只需对所用仪器以盘左位置先将望远镜大致放平，看一下读数；然后将望远镜逐渐向上仰，再观察读数是增加还是减少，就可以确定其计算公式。

当望远镜上倾竖盘读数减小时，
竖角＝（视线水平时的读数）－（瞄准目标时的读数）；

当望远镜上倾竖盘读数增加时，
竖角＝（瞄准目标时的读数）－（视线水平时的读数）。

计算结果为"＋"是仰角，结果为"－"是俯角。

现以 J_6 级经纬仪中最常见的竖盘注记形式（图 3-14）来说明竖直角的计算方法。

由图 3-14 可知，在盘左位置、视线水平时的读数为 90°，当望远镜上倾时读数减小；在盘右位置、视线

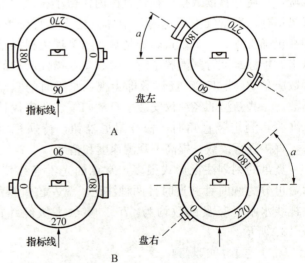

图 3-14 竖直角计算示意

水平时的读数为 270°，当望远镜上倾时读数增加。如以"L"表示盘左时瞄准目标时的读

数,"R"表示盘右时瞄准目标时的读数,则竖直角的计算公式为:

$$a_左 = 90° - L$$
$$a_右 = R - 270°$$
(3-2)

一测回的角值为:$a = \frac{1}{2}(a_L + a_R) = \frac{1}{2}(R - L - 180°)$ (3-3)

【例 1】 求表 3-4 中 OA、OB 的竖直角。

根据式(3-3)可得:

$$a_{OA} = \frac{1}{2}(R - L - 180°) = \frac{1}{2}(279°39'54'' - 80°20'36'' - 180°)$$
$$= +9°39'39''$$

$$a_{OB} = \frac{1}{2}(R - L - 180°) = \frac{1}{2}(263°54'48'' - 96°05'24'' - 180°)$$
$$= -6°05'18''$$

$$a_左 = L - 90°$$ (3-4)
$$a_右 = 270° - R$$ (3-5)

一测回的角值为: $a = \frac{1}{2}(a_L + a_R) = \frac{1}{2}(L - R + 180°)$ (3-6)

(三)竖盘指标差

当望远镜的视线水平,竖盘指标水准管气泡居中时,竖盘指标所指的读数应为 90°或 270°,否则,其差值即称为竖盘指标差,以 x 表示,如图 3-15 所示。它是由于竖盘指标水准管与竖盘读数指标的关系不正确等因素而引起的。

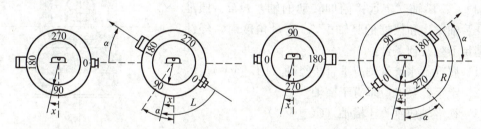

图 3-15 竖盘指标差的计算方法

竖盘指标差有正、负之分,当指标偏移方向与竖盘注记方向一致时,会使竖盘读数中增大一个 x 值,即 x 为正;反之,当指标偏移方向与竖盘注记方向相反时,则使竖盘读数中减小了一个 x 值,故 x 为负。图 3-15 中,指标偏移方向和竖盘注记方向一致,x 为正值,那么在盘左和盘右读数中都将增大一个 x 值。因此,若用盘左读数计算正确的竖直角 a,则

$$a = (90° + x) - L = a_L + x$$ (3-7)

若用盘右读数计算竖直角时

$$a = R - (270° + x) = a_R - x$$ (3-8)

由式(3-7)+式(3-8)得

$$a = \frac{1}{2}(a_L + a_R) = \frac{1}{2}(R - L - 180°)$$ (3-9)

式(3-9)说明利用盘左、盘右两次读数求算竖角,可以消除竖盘指标差对竖直角的影响。

由式（3-8）-式（3-7）得

$$x = \frac{1}{2}(a_R - a_L) = \frac{1}{2}(L + R - 360°) \quad (3-10)$$

由表3-4中的观测数据和式（3-10），可求出 OA、OB 方向的竖盘指标差分别为 $+15''$ 和 $+6''$。

在测量竖直角时，虽然利用盘左、盘右两次观测能消除指标差的影响，但求出指标差的大小可以检查观测成果的质量。同一仪器在同一测站上观测不同的目标时，在某段时间内其指标差应为固定值，但由于观测误差、仪器误差和外界条件的影响，使实际测定的指标差数值总是在不断变化，对于 DJ_6 级经纬仪该变化不应超过 $25''$。

任务四　经纬仪的检验与校正

任务目标： 掌握经纬仪的检验内容与检验步骤，掌握经纬仪的校正位置和校正方法等。

为了使经纬仪在测角时能测出符合精度要求的测量成果，测量前对所使用的仪器要进行检验校正。由于仪器在搬运、装箱、使用的各个过程中，使仪器各部分轴线之间应该保证的几何条件可能改变，因此，在使用仪器之前，进行检验校正，来调整轴线之间的几何关系。

如图3-16所示，经纬仪的几何轴线有：望远镜的视准轴 CC、横轴（望远镜俯仰转动的轴）HH、照准部水准管轴 LL 和仪器的竖轴 VV。测量角度时，经纬仪应满足下列几何条件：

(1) 照准部水准管轴应垂直于竖轴（$LL \perp VV$）。
(2) 十字丝竖丝应垂直于横轴。
(3) 视准轴应垂直于横轴（$CC \perp VV$）。
(4) 横轴应垂直于竖轴（$HH \perp VV$）。
(5) 竖盘指标差应等于零。

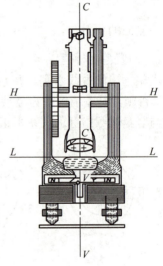

图3-16　经纬仪各轴线示意

一、照准部水准管轴应垂直于竖轴的检验与校正

1. 检验方法　将仪器大致整平后，转动照准部，使水准管与任意一对脚螺旋的连线平行，如图3-17A所示的 $ab // 12$，调节脚螺旋1、2，使水准管气泡居中；再转动照准部，使水准管 $ab // 13$（此时 a 端与1在同一侧），旋转脚螺旋3（不能转动1），使气泡居中，如图3-17B所示，这时2、3两脚螺旋已经等高；然后再转动照准部，使水准管 $ab // 32$，如图3-17C所示，此时若水准管气泡仍居中，则条件满足；若气泡偏离零点位置一格以上，则应进行校正。

2. 校正方法　校正时，用校正针拨动水准管校正螺丝，使其气泡精确居中即可。由于图3-17中A、B两步连续操作后，2、3脚螺旋已等高，因此，在校正时应注意不能再转动它们。

这项校正要反复进行几次，直至照准部转到任何位置，气泡均居中或偏离零点位置不超过半个格为止。对于圆水准器的检验校正，可利用已校正好的水准管整平仪器，此时若圆水

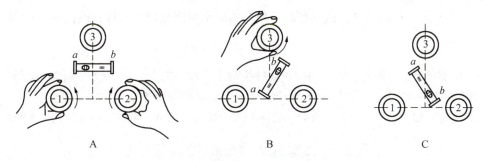

图 3-17 管水准器的检验与校正

准气泡偏离零点位置,则用校正针拨动其校正螺丝,使气泡居中即可。

二、十字丝纵丝垂直于横轴的检验与校正

1. 检验方法 整平仪器,以十字丝的交点精确瞄准任一清晰的小点 p,如图 3-18 所示。拧紧照准部和望远镜制动螺旋,转动望远镜微动螺旋,使望远镜作上、下微动,如果所瞄准的小点始终不偏离纵丝,则说明条件满足;若十字丝交点移动的轨迹明显偏离了 p 点,如图 3-18 所示的虚线所示,则需进行校正。

2. 校正方法 卸下目镜处的外罩,即可见到十字丝分划板校正设备,如图 3-19 所示。松开四个十字丝分划板套筒压环固定螺钉,转动十字丝套筒,直至十字丝纵丝始终在 p 点上移动,然后再将压环固定螺钉旋紧。

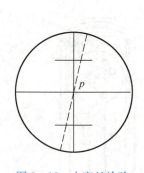

图 3-18 十字丝检验

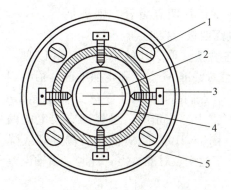

图 3-19 十字丝分划板校正设备
1. 压环螺丝 2. 十字丝分划板 3. 十字丝校正螺丝
4. 分划板座 5. 压环

三、视准轴垂直于横轴的检验与校正

视准轴不垂直于横轴所偏离的角度称为照准误差,一般用 c 表示。它是由于十字丝交点位置不正确所引起的。因照准误差的存在,当望远镜绕横轴旋转时,视准轴运行的轨迹不是一个竖直面而是一个圆锥面。所以当望远镜照准同一竖直面内不同高度的目标时,其水平度盘的读数是不相同的,从而产生测角误差。因此,视准轴必须垂直于横轴。

1. 检验方法 整平仪器后,以盘左位置瞄准远处与仪器大致同高的一点 p,读取水平度盘读数 a_1;纵转望远镜,以盘右位置仍瞄准 p 点,并读取水平盘读数 a_2;如果 a_1 与 a_2 相差 180°,即 $a_1 = a_2 \pm 180°$,则条件满足,否则应进行校正。

2. 校正方法 转动照准部微动螺旋，使盘右时水平度盘读数对准正确读数

$$a = \frac{1}{2}[a_2 + (a_1 \pm 180°)]$$

这时十字丝交点已偏离 p 点。用校正拨针拨动十字丝环的左右两个校正螺丝，见图 3-18、图 3-19，一松一紧使十字丝环水平移动，直至十字丝交点对准 p 点为止。

由此检校可知，盘左、盘右瞄准同一目标并取读数的平均值，可以抵消视准轴误差的影响。

四、横轴垂直于竖轴的检验与校正

若横轴不垂直于竖轴，视准轴绕横轴旋转时，视准轴移动的轨迹将是一个倾斜面，而不是一个竖直面。这对于观测同一竖直面内不同高度的目标时，将得到不同的水平度盘读数，从而产生测角误差。因此，横轴必须垂直于竖轴。

1. 检验方法 在距一洁净的高墙 20~30 m 处安置仪器，以盘左瞄准墙面高处的一固定点 p（视线尽量正对墙面，其仰角应大于 30°），固定照准部，然后大致放平望远镜，按十字丝交点在墙面上定出一点 A，如图 3-20A 所示；同样再以盘右瞄准 p 点，放平望远镜，在墙面上定出一点 B，如图 3-20B 所示。如果 A、B 两点重合，则满足要求，否则需要进行校正。

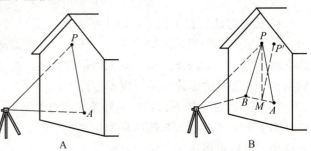

图 3-20 横轴垂直轴的检验与校正

2. 校正方法 取 AB 的中点 M，并以盘右（或盘左）位置瞄准 M 点，固定照准部，抬高望远镜使其与 p 点同高，此时十字丝交点将偏离 p 点而落到 p' 点上。校正时，可拨动支架上的偏心轴承板（图 3-21），使横轴的右端升高或降低，直至十字丝交点对准 p 点，此时，横轴误差已消除。

图 3-21 所示为 DJ_6 级光学经纬仪常见的横轴校正装置。校正时，打开仪器右端支架的护盖，放松三个偏心轴承板校正螺钉，转动偏心轴承板，即可使得横轴右端升降。由于光学经纬仪的横轴是密封的，测量人员只要进行此项检验即可，若需校正，应由专业检修人员进行。

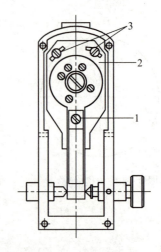

图 3-21 偏心板校正
1. 偏心轴承板校正螺钉　2. 偏心轴承板
3. 偏心轴承板校正螺钉

五、竖盘指标差的检验与校正

观测竖直角时，采用盘左、盘右观测并取其平均值，可消除竖盘指标差对竖直角的影响，但在地形测量时，往往只用盘左位置观测碎部点，如果仪器的竖盘指标差较大，就会影响测量成果的质量。因此，应对其进行检校消除。

1. 检验方法 安置仪器,分别用盘左、盘右瞄准高处某一固定目标,在竖盘指标水准管气泡居中后,各自读取竖盘读数 L 和 R。根据式(3-10)计算指标差 x 值,若 $x=0$,则条件满足,否则应进行校正。

2. 校正方法 检验结束时,保持盘右位置和照准目标点不动,先转动竖盘指标水准管微动螺旋,使盘右竖盘读数对准正确读数 $R-x$,此时竖盘指标水准管气泡偏离居中位置,然后用校正拨针拨动竖盘指标水准管校正螺钉,反复进行,使气泡居中为止。

任务五 电子经纬仪

任务目标:了解电子经纬仪的特点和各部件的名称及作用,掌握电子经纬仪的设置与使用方法。

电子经纬仪的出现标志着经纬仪已经发展到了一个新的阶段。现以南方测绘仪器公司生产的 ET-02/05/05B 电子经纬仪为例,说明如下。

一、电子经纬仪的特点

南方测绘仪器公司生产的 ET-02/05 电子经纬仪结构合理、美观大方、功能齐全、性能可靠、操作简单、易学易用,很容易实现仪器的所有功能,而且还具备如下特点:

图 3-22 ET-02/05 电子经纬仪
1. 基座锁定钮 2. 水平微动手轮 3. 水平制动手轮 4. 长水准器 5. 望远镜物镜 6. 提把
7. 提把固定螺丝 8. 粗瞄准器 9. 仪器中心标记 10. 测距仪数据接口 11. 显示器 12. 操作键盘
13. 基座 14. 基座脚螺旋 15. 圆水准器 16. 电子手簿接口 17. 对中器目镜 18. 对中器调焦手轮
19. 望远镜调焦手轮 20. 望远镜目镜 21. 电池盒按钮 22. 机载电池盒 23. 垂直制动手轮
24. 垂直微动手轮 25. 电源开关 26. 照明开关 27. 基座底板

(1) 可与南方测绘仪器公司生产的 ND 系列测距仪和其他厂家生产的 6 种测距仪联机,组成组合式全站仪,连接和使用均十分方便。

(2) 可与南方测绘仪器生产的电子手簿联机,完成野外数据的自动采集,组成多功能全站仪。

(3) 按键操作简单,仅用 6 个功能键即可实现任一功能,并且可以将测距仪的距离数据显示在电子经纬仪的显示屏上。

(4) 望远镜十字丝和显示屏有照明光源，便于在黑暗环境中操作。

二、使用方法

(一) 仪器的安置

电子经纬仪的安置包括对中和整平，其方法与光学经纬仪相同，在此不再重述。

(二) 仪器的初始设置

本仪器具有多种功能项目供选择，以适应不同作业性质对成果的需要。因此，在作业之前，均应对仪器采用的功能项目进行初始设置。

1. 设置项目

(1) 角度测量单位：360°、400 gon（出厂设为360°）。

(2) 竖直角0方向的位置：水平为0°或天顶为0°（仪器出厂设天顶为0°）。

(3) 自动断电关机时间为：30 min 或 10 min（出厂设为30 min）。

(4) 角度最小显示单位：1″或5″（出厂设为1″）。

(5) 竖盘指标零点补偿选择：自动补偿或不补偿（出厂设为自动补偿，05型无自动补偿器，此项无效）。

(6) 水平角读数经过0°、90°、180°、270°时蜂鸣或不蜂鸣（出厂设为蜂鸣）。

(7) 选择与不同类型的测距仪连接（出厂设为与南方ND3000连接）。

2. 设置方法

(1) 按住 CONS 键，打开电源开关，至三声蜂鸣后松开 CONS 键，仪器进入初始设置模式状态。此时，显示屏的下行会显示闪烁着的八个数位，它们分别表示初始设置的内容。八个数位代表的设置内容详见表3-5。

表3-5 初始设置的内容

数位代码		显示屏上行显示的表示设置内容的字符代码	设置内容
第1、2数位	11	359°59′59″	角度单位：360°
	01	399.99.99	角度单位：400 gon
	10	359°59′59″	角度单位：360°
第3数位	1	$HO_T=0$	竖直角水平为0°
	0	$HO_T=90$	竖直角天顶为0°
第4数位	1	30 OFF	自动关机时间为30 min
	0	10 OFF	自动关机时间为10 min
第5数位	1	STEP 1	角度最小显示单位1″
	0	STEP 5	角度最小显示单位5″
第6数位	1	TLT. ON	竖盘自动补偿器打开
	0	TLT. OFF	竖盘自动补偿器关闭
第7数位	1	90°BEEP	象限蜂鸣
	0	DIS. BEEP	象限不蜂鸣

（续）

数位代码		显示屏上行显示的表示设置内容的字符代码	设置内容
		可与之连接的测距仪型号	
第 8 数位	0	S. 2L2A	索佳 RED2L（A）系列
	1	ND3000	南方 ND3000 系列
	2	P. 20	宾得 MD20 系列
	3	DII600	徕卡系列
	4	S. 2	索佳 MIN12 系列
	5	D3030	常州大地 D3030 系列
	6	TP. A5	拓普康 DM 系列

（2）按 MEAS 或 TRK 键使闪烁的光标向左或向右移动到要改变的数字位。

（3）按 ▲ 或 ▼ 键改变数字，该数字所代表的设置内容在显示屏上行以字符代码的形式予以提示。

（4）重复（2）和（3）操作，进行其他项目的初始设置直至全部完成。

（5）设置完成后按 CONS 键予以确认，把设置存入仪器内，否则仪器仍保持原来的设置。

（三）水平角观测

设角顶点为 O，左边目标为 M，右边目标为 N。观测水平角 $\angle NOM$ 的方法如下：

（1）在 O 点安置仪器。对中、整平后，以盘左位置用十字丝中心照准目标 M，先按 R/L 键，设置水平角为右旋（HR）测量方式，再按两次 OSET 键，使目标 M 的水平度盘读数设置为 $0°00'00''$，作为水平角起算的零方向；顺时针转动照准部，以十字丝中心照准目标 N，读取水平度盘读数。如显示屏显示 $\begin{array}{l} V93°08'20'' \\ HR87°18'40'' \end{array}$，则水平度盘读数为 $87°18'40''$，由于 M 点的读数为 $0°00'00''$，故显示屏显示的读数也就是盘左时 $\angle MON$ 的角值。

（2）倒镜。以盘右位置照准目标 N，先按 R/L 键，设置水平角为左旋（HL）测量方式，再按两次 OSET 键，使目标 N 的水平度盘读数设置为 $0°00'00''$；逆时针转动照准部，照准目标 M，读取显示屏上的水平度盘读数，也就是盘右时 $\angle MON$ 的角值。

（3）若盘左、盘右的角值之差在误差容许范围内，取其平均值作为 $\angle MON$ 的角值。

（四）竖直角观测

1. 指示竖盘指标归零（V OSET） 操作：开启电源后，如果显示"b"，提示仪器的竖轴不垂直，将仪器精确置平后"b"消失。仪器精确置平后开启电源，显示"V OSET"，提示应将竖盘指标归零。其方法为：将望远镜在垂直方向上下转动 1～2 次，当望远镜通过水平视线时，将指示竖盘指标归零，显示出竖盘读数，仪器可以进行水平角及竖直角测量。

2. 竖直角的零方向设置 竖直角在作业开始前就应依作业需要而进行初始设置，选择天顶方向为 $0°$ 或水平方向为 $0°$，两种设置的竖盘结构如图 3-23 所示。

3. 竖直角观测 竖直角在开始观测前若设置水平方向为 $0°$，则盘左时显示屏显示的竖

盘读数即为竖直角,如显示屏显示:
V 22°30′25″
HR85°25′05″ 则视准轴方向的竖直角+22°30′25″(为俯角时,竖角等于读数减去360°);用测回法观测时,$V=\frac{1}{2}(L+R\pm 180°)$。

$x=\frac{1}{2}(L+R-180°$ 或 $540°)$,若设置天顶方向为0°,则显示屏显示的读数为天顶距,可根据竖直角的计算方法换算成竖直角,指标差的计算方法同光学经纬仪。若指标差 $|x|\geqslant 10″$,则应进行校正。

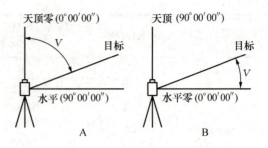

图 3-23 天顶距与垂直角

三、注意事项

(1) 日光下测量应避免将物镜直接瞄准太阳,若在太阳下作业应安装滤光器。

(2) 避免在高温或低温下存放和使用仪器,亦应避免温度骤变(使用时气温变化除外)时使用仪器。

(3) 仪器不使用时,应将其装入箱内,置于干燥处,并注意防震、防尘和防潮。

(4) 若仪器工作处的温度与存放处的温度差异太大,应先将仪器留在箱内,直到它适应环境温度后再使用仪器。

(5) 仪器长期不使用时,应将仪器上的电池卸下分开存放。电池应每月充电一次。每次取下电池盒时,都必须先关掉仪器电源。充电要在 0~45 ℃ 温度范围内充电,超出此范围可能充电异常,尽管充电器有过充保护回路,但过充会缩短电池寿命,因此在充电结束后应将插头从插座中拔出。如果充电器与电池连接好,指示灯却不亮,此时充电器或电池可能被损坏,应修理。充电电池可重复充电 300~500 次,电池完全放电会缩短其使用寿命。请不要将电池存放在高温、高热或潮湿的地方,更不要将电池短路,否则会损坏电池。

(6) 仪器运输时,应将仪器装于箱内,并避免挤压、碰撞和剧烈震动,长途运输最好在箱子周围使用软垫。

(7) 仪器安装至三脚架或拆卸时,要一手握住仪器,一手装卸,以防仪器跌落。

(8) 外露光学器件需要清洁时,应用脱脂棉或镜头纸轻轻擦净,切不可用其他物品擦拭。

(9) 不可用化学试剂擦拭塑料部件及有机玻璃表面,可用浸水的软布擦拭。

(10) 仪器使用完毕后,用绒布或毛刷清除仪器表面灰尘。仪器被雨水淋湿后,切勿通电开机,应及时用干净软布擦干并在通风处放一段时间。

(11) 作业前应仔细全面检查仪器,确信仪器各项指标、功能、电源、初始设置和改正参数均符合要求时再进行作业。

(12) 即使发现仪器功能异常,非专业维修人员不可擅自拆开仪器,以免发生不必要的损坏。

任务六 角度测量的误差分析及注意事项

任务目标:了解经纬仪角度测量误差产生的原因与分析方法,掌握角度测量应注意的事项。

一、角度测量的误差

角度测量的误差主要来源于仪器误差、人为操作误差以及外界条件的影响等几个方面。应当认真分析这些误差，找出消除或减小误差的方法，从而提高观测精度。

由于竖直角主要用于三角高程测量和视距测量，在测量竖直角时，只要严格按照操作规程作业，采用测回法消除竖盘指标差对竖角的影响，测得的竖直角值即能满足对高程和水平距离的求算。因此，下面只分析水平角的测量误差。

(一) 仪器误差

1. 仪器制造加工不完善所引起的误差 如照准部偏心误差、度盘分划误差等。经纬仪照准部旋转中心应与水平度盘中心重合，如果两者不重合，即存在照准部偏心差，在水平角测量中，此项误差影响也可通过盘左、盘右观测取平均值的方法加以消除。水平度盘分划误差的影响一般较小，当测量精度要求较高时，可采用各测回间变换水平度盘位置的方法进行观测，以减弱这一项误差影响。

2. 仪器校正不完善所引起的误差 如望远镜视准轴不严格垂直于横轴、横轴不严格垂直于竖轴所引起的误差，可以采用盘左、盘右观测取平均值的方法来消除，而竖轴不垂直于水准管轴所引起的误差则不能通过盘左、盘右观测取平均值或其他观测方法来消除，因此，必须认真做好仪器此项检验、校正。

(二) 观测误差

1. 对中误差 仪器对中不准确，使仪器中心偏离测站中心的位移称为偏心距，偏心距将使所观测的水平角值不是大就是小。经研究已经知道，对中引起的水平角观测误差与偏心距成正比，并与测站到观测点的距离成反比。因此，在进行水平角观测时，仪器的对中误差不应超出相应规范规定的范围，特别对于短边的角度进行观测时，更应该精确对中。

2. 整平误差 若仪器未能精确整平或在观测过程中气泡不再居中，竖轴就会偏离铅直位置。整平误差不能用观测方法来消除，此项误差的影响与观测目标时视线竖直角的大小有关，当观测目标与仪器视线大致同高时，影响较小；当观测目标时，视线竖直角较大，则整平误差的影响明显增大，此时，应特别注意认真整平仪器。当发现水准管气泡偏离零点超过一格以上时，应重新整平仪器，重新观测。

3. 目标偏心误差 由于测点上的目标倾斜而使照准目标偏离测点中心所产生的偏心差称为目标偏心误差。目标偏心是由于目标点的标志倾斜引起的。观测点上一般都是竖立标杆，当标杆倾斜而又瞄准其顶部时，标杆越长，瞄准点越高，则产生的方向值误差越大；边长短时误差的影响更大。为了减少目标偏心对水平角观测的影响，观测时，标杆要准确而竖直地立在测点上，且尽量瞄准标杆的底部。

4. 瞄准误差 引起误差的因素很多，如望远镜孔径的大小、分辨率、放大率、十字丝粗细、清晰等，人眼的分辨能力，目标的形状、大小、颜色、亮度和背景，以及周围的环境，空气透明度，大气的湍流、温度等，其中与望远镜放大率的关系最大。经计算，DJ_6级经纬仪的瞄准误差为$\pm 2''\sim\pm 2.4''$，观测时应注意消除视差，使十字丝成像清晰。

5. 读数误差 读数误差与读数设备、照明情况和观测者的经验有关。一般来说，主要取决于读数设备。对于$6''$级光学经纬仪，估读误差不超过分划值的$1/10$，即不超过$\pm 6''$。

如果照明情况不佳，读数显微镜存在视差，以及读数不熟练，估读误差还会增大。

（三）外界条件的影响

影响角度测量的外界因素很多，大风、松土会影响仪器的稳定；地面辐射热会影响大气稳定而引起物像的跳动；空气的透明度会影响照准的精度，温度的变化会影响仪器的正常状态等。这些因素都会在不同程度上影响测角的精度，要想完全避免这些影响是不可能的，观测者只能采取措施及选择有利的观测条件和时间，使这些外界因素的影响降低到最小的程度，从而保证测角的精度。

二、角度测量的注意事项

用经纬仪测角时，往往由于粗心大意而产生错误，如测角时仪器没有对中整平，望远镜瞄准目标不正确，度盘读数读错，记录记错和拧错制动螺旋等，因此，角度测量时必须注意下列几点：

（1）仪器安置的高度要合适，三脚架要踩牢，仪器与脚架连接要牢固；观测时不要手扶或碰动三脚架，转动照准部和使用各种螺旋时，用力要轻。

（2）对中、整平要准确，测角精度要求越高或边长越短的，对中要求越严格；如观测的目标之间高低相差较大时，更应注意仪器整平。

（3）在水平角观测过程中，如同一测回内发现照准部水准管气泡偏离居中位置，不允许重新调整水准管使气泡居中；若气泡偏离中央超过一格时，则需重新整平仪器，重新观测。

（4）观测竖直角时，每次读数之前，必须使竖盘指标水准管气泡居中或将自动归零开关设置"ON"位置。

（5）标杆要立直于测点上，尽可能用十字丝交点瞄准标杆或测钎的基部；竖角观测时，宜用十字丝中丝切于目标的指定部位。

（6）不要把水平度盘和竖直度盘读数弄混淆；记录要清楚，并当场计算校核，若误差超限应查明原因并重新观测。

（7）观测水平角时，同一个测回里不能转动度盘变换手轮或按水平度盘复测扳钮。

▶ 技 能 训 练

将全班按每组4～5人分为若干小组，每组按角度测量项目要求领取角度测量仪器与工具，在测量情景教学场地内分别进行：①经纬仪的认识与操作；②水平角测量；③竖直角测量；④经纬仪的检验与校正等项目进行技能训练。

要求每组成员轮流安置仪器、轮流观测读数、轮流记录计算等，达到人人会操作仪器，会观测读数，会记录计算，会写项目测量报告，具体要求见角度测量相关内容。

▶ 思 考 与 练 习

1. 什么是水平角？用经纬仪照准同一竖直面内不同高度的两个点，水平度盘上读数是否相同？测站与不同高度的两点所组成的夹角是不是水平角？

2. DJ_6级光学经纬仪主要由哪几个部分组成？各部分的作用是什么？

3. 如何消除瞄准目标时存在的视差？如何消除读数显微镜内存在的视差？

4. 为了计算方便，观测水平角时，要使某一起始方向的水平度盘读数为 $0°00'00''$，应如何进行操作？

5. 试分述用测回法与全圆方向观测法测量水平角的操作步骤。

6. 用经纬仪测量水平角时，为什么要用盘左和盘右观测并取其平均值？

7. 在水平角的观测过程中，盘左、盘右照准同一目标时，是否要照准目标的同一高度？为什么？

8. 什么是竖直角？用经纬仪照准同一竖直面内不同高度的两个点，在竖直度盘上的读数差是否就是竖直角？

9. DJ_6 级光学经纬仪的检验主要有哪几项？有没有先后次序？为什么？

10. 什么是竖盘指标差？如何检验校正？

11. 根据表 3-6 中观测数据，完成所有的计算工作。

表 3-6　水平角观测手簿（测回法）

测回	测站	目标	竖盘位置	水平度盘读数 (° ′ ″)	半测回角值 (° ′ ″)	一测回角值 (° ′ ″)	平均值 (° ′ ″)	备注
1	O	A	左	0 03 06				
		B		78 49 54				
		A	右	180 03 36				
		B		258 50 06				
2	O	A	左	90 10 12				
		B		168 57 06				
		A	右	270 10 30				
		B		348 57 12				

12. 表 3-7 是一竖直角观测记录表，将计算结果填入表中相应位置。

表 3-7　竖直角观测手簿

测站	目标	竖盘位置	竖盘读数 (° ′ ″)	半测回竖直角 (° ′ ″)	指标差 (″)	一测回竖直角 (° ′ ″)	备注
O	A	左	65 30 06				盘左时竖盘注记
		右	294 30 18				
	B	左	91 17 30				
		右	268 42 54				

13. 测站 O 点的观测数据如表 3-8 所示，完成计算工作。

表 3-8　水平角观测手簿（全圆方向观测法）

回	测站	目标	水平度盘读数		$2c$ ($''$)	平均读数 ($°\ '\ ''$)	归零后之方向值 ($°\ '\ ''$)	各测回归零方向值之平均值 ($°\ '\ ''$)	略图或角值
			盘 左 ($°\ '\ ''$)	盘 右 ($°\ '\ ''$)					
1	O	A	00 01 00	180 01 12					
		B	72 22 36	252 22 48					
		C	184 35 48	04 35 54					
		D	246 46 24	66 46 24					
		A	00 01 06	180 01 18					
2	O	A	90 01 00	270 01 06					
		B	162 22 24	342 22 18					
		C	274 35 48	94 35 36					
		D	336 46 42	156 46 48					
		A	90 01 12	270 01 18					

项目四

距 离 测 量

CELIANG

> 【项目提要】 主要介绍距离测量的工具与直线定线方法、使用钢尺量距、视距测距、红外测距的基本方法与成果计算，罗盘仪测量方位角等内容。
>
> 【学习目标】 掌握直线定线与直线定向、钢尺量距、视距测距等距离测量的基本方法，掌握钢尺量距的成果计算，掌握视线水平与视线倾斜时视距计算公式，掌握视距测量的基本方法，掌握罗盘仪测量方位角的方法等内容。

任务一　地面点的标志与直线定线

任务目标：了解地面点的标志与丈量工具的名称，掌握直线定线和直线丈量的一般方法与丈量结果的计算。

距离测量是测量的基本工作之一。在地形图测绘和园林等工程建设中，都需要丈量地面上两点间的水平距离。地面上 A、B 两点间的水平距离，就是指通过 A 点、B 点的铅垂线投影到水平面的直线长度。如图 4-1 所示，D 就是地

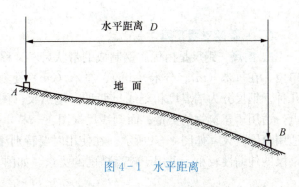

图 4-1　水平距离

面点 A、B 间的水平距离。要丈量地面上两点间的水平距离，首先要了解地面点位的标志和丈量工具。

一、地面点的标志和丈量工具

（一）地面点的标志

地面点的标志，其作用一是表示点在地面上的位置，二是便于安置仪器、工具，以利于观测。标志的种类较多，根据用途不同及保留时间的长短，可分为临时标志和永久标志。临时性标志，常用长 20~30 cm，粗约为 5 cm 的木桩打入地下，并在桩顶钉一小钉或刻一"+"，以便精确表示点位，如图 4-2A 所示。如遇岩石、桥墩等固定地物，也可在其上凿一"+"字作为标志，如图 4-2B 所示。

永久性标志，一般采用石桩或混凝土桩，桩顶刻一"+"字或将铜、铸铁、瓷等做的标

志镶嵌在顶面内，以标志点位，如图 4-2C 所示。标石的大小及埋设要求，在测量规范中有详细的说明。如点位布设在硬质的柏油或水泥路面上时，可用长 5～20 cm、粗 0.5～1 cm、顶部呈半球形且刻"+"字的铁桩打入地面。地面标志都应有编号、等级、所在地、点位略图及委托保管的情况。这种记载点位情况的资料称为点之记，如图 4-3 所示。

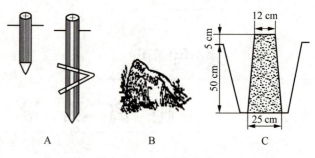

图 4-2 地面点的标志

为了便于观测，应在点位上竖立标杆，有些还在标杆顶系一彩色小旗，从远处看起来更为醒目，如图 4-4 所示。

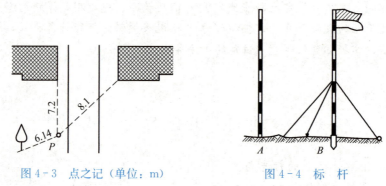

图 4-3 点之记（单位：m） 　　　图 4-4 标　杆

（二）距离丈量工具

1. 钢尺　钢尺是由优质钢制成的带状尺，又称钢卷尺。钢尺最小分划以毫米（mm）为单位，在每米（m）、分米（dm）、厘米（cm）处刻有标记，其长度有 20 m、30 m、50 m 等几种。钢尺分为端点尺和刻线尺两种。端点尺（图 4-5B）是以尺的最外端作为尺长的零点，适用于建筑物的丈量；而刻线尺（图 4-5A）是以尺头的一横刻划线作为尺长的零点，适用范围较大，如图 4-5 所示。在使用时要特别注意尺子的零点位置，以免发生量距错误。钢尺的伸缩性较小，可用于较高精度的丈量，如图 4-6A 所示。

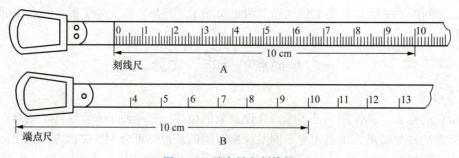

图 4-5 端点尺和刻线尺

2. 皮尺　用麻丝和金属丝制成的带状尺，不用时卷入皮壳或塑料壳内，如图 4-6B 所示。基本分划为厘米，在分米和整米处作注记。它一般是端点尺，其长度有 15 m、20 m、

30 m、50 m 等几种。由于皮尺伸缩性较大，只适用于较低精度的丈量。

3. 玻璃纤维卷尺　高精度的玻璃纤维卷尺是用玻璃纤维束与聚氯乙烯树脂等新材料、采用新工艺制造的新产品，其精度略高于钢卷尺，在劳动强度、工作效率、价格和使用寿命等方面也优于钢卷尺。

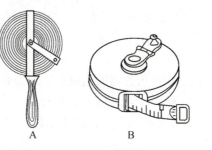

图 4-6　钢尺、皮尺和测绳
A. 钢尺　B. 皮尺　C. 测绳

4. 测绳　测绳由细棉线与金属丝制成的线状绳尺，长度有 50 m、100 m 几种。每米有铜箍，刻有米数注记。测绳比皮尺精度还低，一般适用于低精度的勘测工作，如图 4-6C 所示。

5. 标杆　标杆长 2～3 m，用圆木或合金制成，杆身做成红白相间，每节长为 20 cm，因此又称花杆，如图 4-7A 所示。标杆底装有锥形铁脚以便插入土中，或对准点的中心。标杆可用于标定直线、标志点位，以及粗略测高差。

6. 测钎　测钎用粗铁丝加工制成，长 20～30 cm，上端弯成环形，下端磨尖，常用于标定尺的端点和计算整尺的段数，也可作为瞄准的标志。一般 11 根为一组，穿在铁环中，如图 4-7B 所示。

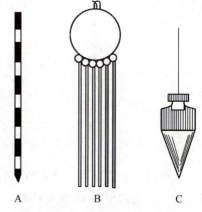

图 4-7　标杆、测钎和锤球
A. 标杆　B. 测钎　C. 锤球

7. 垂球　垂球由金属制成，似圆锥形，上端系有细线，是对点、标点、投点的工具，有时为了克服地面起伏的障碍，常挂在垂球架上使用，如图 4-7C 所示。

二、直线定线

在丈量 A、B 两点距离时，如距离较长，一个尺段不能完成测量时，为了使尺子能在直线上进行丈量，就要在 A、B 两点间的直线上标定一些点，然后再进行分段丈量。在已知两点的直线方向线上确定一些点，用以标定这条直线的工作，称为直线定线。

直线定线的方法一般采用目测定线，在精度要求高时可用经纬仪定线。下面介绍目测定线常用的方法。

（一）两点间定线

如图 4-8 所示，A、B 为地面上相互通视的两点，现要在该方向两点之间定出 1 等点。定线由甲、乙两人进行，先在 A、B 两点各插一标杆，甲站在 A 点标杆标本标杆后 1～2 m 处，通过 A 点标杆瞄 B 点标杆。乙拿标杆在 1 点附近按甲的指挥，左右移

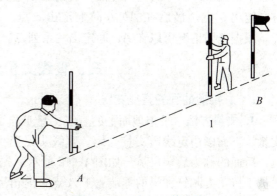

图 4-8　两点间目估定线

动标杆，直到 1 点标杆在 A、B 方向线上，然后将标杆垂直插在 1 点上，即定出 1 点，同法依次定出另外点。定线工作也可与丈量工作同时进行。

(二) 两点延长线上定线

如图 4-9 所示，设 A、B 为直线的两端点，现需将直线 AB 延长。观测者在 AB 的延长线方向适当距离 1 处立标杆，观测自己所立标杆是否与 A、B 两标杆复合，经左右移动标杆，直到 1 点标杆在 A、B 方向线上，即定出 AB 上的 1 点，同法再定出其他点。

(三) 过山头定线

如图 4-10 所示，A、B 两点位于山坡两侧，互不通视，现在要在 A、B 的连线上标定出 C、D 点，可采用逐渐接近法进行目估定线。

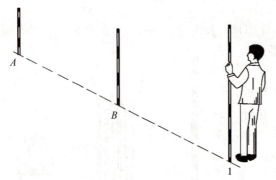

图 4-9 两点延长线上定线

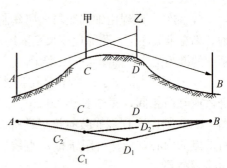

图 4-10 过山头定线

定线时，先在 A、B 两点立标杆，然后甲乙两人持标杆于山坡上，各自能看到 B、A 两点的地方，先由甲在 C_1 处立标杆，按照 C_1B 的方向，指挥乙在 D_1 立标杆，使 C_1、D_1、B 三标杆在一直线上。再由乙按照 D_1A 的方向，指挥甲移动 C_1 点标杆到 C_2 处，使 D_1、C_2、A 三标杆在一直线上。这样互相指挥逐渐接近直线，直到 C、B、D 三标杆在一直线上，D、C、A 三标杆也在一直线上结束，这时 A、B、C、D 四点就在一条直线上，完成定线。

(四) 过山谷定线

如图 4-11 所示，过山谷定线，其方法与两点间定线相同，只是山谷地势低，由 A 看 B 时，不可能看到中间一系列标杆，因此定线时，由谷顶逐渐向谷低进行作业。先在 A、B 立标杆，观测者甲根据 AB 的方向定出 a 点，再由乙根据 BA 方向定出 b 点，最后在 Ab 方向上定出 c 点。这样，根据地面情况可以在 AB 间定出一系列点。

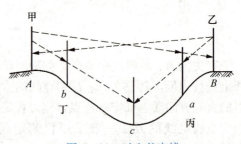

图 4-11 过山谷定线

三、直线丈量的一般方法

(一) 平坦地面的直线丈量

1. 丈量方法 平坦地面上的直线丈量工作可以先直线定线后再丈量，也可以边定线边丈量。下面以边定线边丈量介绍。直线丈量至少由 2 人进行，其中走在前面的称为前司尺员，后面的称为后司尺员。如图 4-12 所示，先在 A、B 两点立标杆，标出直线方向。后司尺员手持 1 支测钎和尺的零端立于 A 点，前司尺员手持 5 支或 10 支测钎和尺的终端，直线方向前进，在后司尺员的指挥下定线，然后前司尺员把尺铺在直线方向上，2 人同时把尺拉

紧、拉直、抬平、拉稳,当后司尺员把尺的零点对准 A 点时喊"好",前司尺员在尺的终端

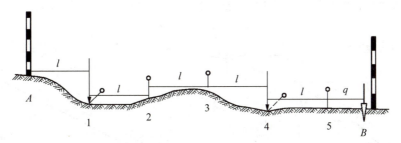

图 4-12 平坦地面直线丈量

刻线处竖直插 1 支测钎,得 1 点,这样便量完一个整尺段的距离。后司尺员拿起原有的 1 支测钎,同前司尺员一起把尺抬起共同前进,当后司尺员以达 1 点时喊"停",依同样方法丈量第二尺段。量毕,后司尺员拔起第 1 点的测钎,继续向前丈量,直至不足整尺段时,前司尺员把某一适当整分划对准 B 点,后司尺员读出厘米数和毫米数,求出不够整尺段的余数。在计数测钎数时,不足整尺段的 1 支测钎不计算在内。则 AB 的水平距离为:

$$D = n \cdot l + q \tag{4-1}$$

式中:l——整尺段长度;
n——测钎数,即整尺段数;
q——不足整尺的零尺段长。

2. 丈量精度的评定 为了防止错误和提高丈量的精度,通常丈量工作,必须往返丈量。由 A 点量到 B 点为往测,由 B 点量至 A 点为返测,并将两次结果加以比较,其结果的差数称为较差。较差本身并不能说明丈量的精度,必须与所量长度联系起来一并考虑,所以直线丈量精度通常采用较差与往返丈量的平均长度之比值来衡量,并化成分子为 1 的分数,称为相对误差(K)。相对误差(K)= $\dfrac{较差}{平均长度}$ = $\dfrac{1}{\dfrac{平均长度}{较差}}$

在一般情况下,平坦地区钢尺量距的相对误差不应大于 1/3 000;在量距困难的地区,相对误差不应大于 1/2 000。如果超出该范围,应重新进行丈量。

例如:AB 往测距离为 198.576 m,返测距离为 198.534 m,平均长度为 198.555 m,较差为 0.042 m,则

$$K = \frac{0.042}{198.555} \approx \frac{1}{4\,700} < \frac{1}{3000}$$

所以 AB 的长度取往返测量平均值 198.555 m。

(二)倾斜地面的直线丈量

1. 平量法 当地面倾斜,但地面起伏不大时,沿倾斜地面丈量距离,一般将尺子抬平进行丈量。丈量时就由高向低整尺段或分段丈量。如图 4-13 所示,在直线 A、B 两端立标杆,当丈量由 B 向 A 进行时,甲把尺的零点对准地面 B 点,指挥乙将尺拉在 AB 的方向线上抬平,并用垂球投点在地面上的 1 点,并插上测钎,用尺子读出这段距离。丈量各段水平距离到 A 点为止。各段距离之和即为 AB 的水平距离。当地面坡度较大时,尺段可缩小到适当长度进行丈量。在实际测量中,由于从低向高处测量较不方便,所以返测时也从高向低处作业丈量。

2. 斜量法 当地面倾斜比较均匀时，如图 4-14 所示，可沿地面斜坡量出倾斜距离 L，并用罗盘仪或经纬仪测出地面倾斜角 θ，然后按式（4-2）计算水平距离：

$$D = L \cdot \cos\theta \qquad (4-2)$$

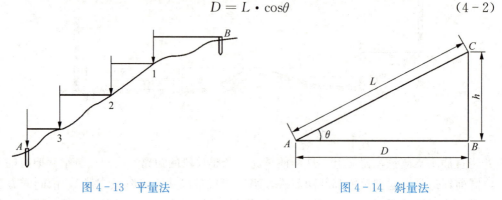

图 4-13　平量法　　　　　　　　图 4-14　斜量法

（三）注意事项

直线丈量是一项繁重而又细致的工作，为了提高距离丈量的精度和避免产生错误，在具体的工作中应注意下列事项：

（1）丈量前应对丈量的工具进行检验，并认清尺子的零点位置。

（2）为了减少定线对丈量产生的误差，必须按照定线的要求去做。

（3）丈量时定线要直，拉力要均匀，做到尺平、直、稳。尺子不能打结或有扭折。

（4）丈量至终点量余长时，注意尺上注记的方向，以免造成错误。

（5）计算全长时，应校核一下手中的测钎数，注意最末一段余长的测钎不应计算在内。

（6）避免读错和听错，记录要清晰，不得涂改，记好后要回读检核，以防止记错。

（7）注意爱护丈量工具，钢尺不得在地面上拖行，更不能被车辆碾压或行人践踏；拉尺时，不要用力硬拉，以免将尺子拉断；钢尺用完后，应擦净上油，以防生锈。

任务二　钢尺测量

任务目标：掌握钢尺量距的基本方法、钢尺量距的成果整理与钢尺量距的结果应用等内容。

一、钢尺量距方法

项目四任务一中介绍的是一般丈量方法，量距精度只能达到 1/1 000～1/5 000。若量距精度要求在 1/5 000 以上时，则应在外界条件良好的情况下，用弹簧秤施加一定的拉力进行丈量，同时考虑尺长、温度和倾斜对丈量的影响。现将钢尺精密丈量的方法介绍如下：

（一）定线打分段桩

如图 4-15 所示，若精确丈量 AB 之间的距离，先将经纬仪安置在 A 点，对中整平后，瞄准 B 点标杆底部定线。在 AB 方向线上依次定出比一整尺段略短的各尺段木桩，如图所示的 1、2、3、4 各木桩。把

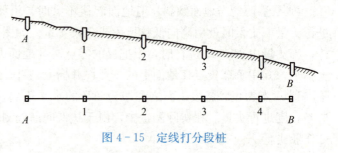

图 4-15　定线打分段桩

木桩打入地面，桩顶高出地面 2～4 cm，再用经纬仪在木桩桩顶精确定线。用铅笔尖再定出两点，使两点间距在 2～3 cm，连接两点并作连线的垂线，垂足即为标定的点位。

（二）丈量相邻桩顶间的斜距

用检定过的钢尺丈量相邻两木桩之间的距离。丈量工作组由五人组成，两人拉尺，两人读数，一人指挥兼记录、测温度。丈量时，将钢尺放在相邻两木桩的十字交点处，施加检定钢尺时的标准拉力，一般为 100 N，拉稳后在 A、1 两端同时读取数据，记入表 4-1 中，尺的读数根据精度要求，读到 0.5 mm 或 1 mm。两端尺读数之差就是所测线段的名义斜距。每尺段要用不同的尺位读取三次读数，三次算出的尺段长度其较差如不超过 2～3 mm，取其平均值作为丈量结果。每量一个尺段，均要测量温度，温度值按要求读至 0.5 ℃ 或 1 ℃。同法丈量各尺段长度，当往测完毕后，再进行返测。

（三）测量相邻桩顶的高差

以上所测的距离是桩顶间的倾斜距离，为了改算成水平距离，还需要用水准测量的方法测出相邻桩顶的高差。水准测量一般在量距前或量距后往返观测一次，以资检核。往返尺段高差较差根据量距精度要求不同而异。量距精度为 1/40 000 时，高差较差不应超过 ±5 mm；量距精度为 1/10 000～1/20 000 时，高差较差不应超过 ±10 mm。若符合要求，取其平均值作为观测结果。

二、钢尺量距的成果整理

（一）尺子方程式

钢尺由于制造上的误差以及受温度和拉力等因素的影响，其实际长度与名义长度往往不符。为了改正量取的名义长度，获得实际距离，故需要对使用的钢尺进行检定。通过检定，求出钢尺在标准拉力（30 m 钢尺为 100 N）、标准温度（通常为 20 ℃）下的实际长度，给出在标准拉力下尺长随温度变化的函数关系式，这种关系式称尺长方程式。在计算中为了免除拉力改正，在丈量过程中应施加标准拉力。普通钢尺的尺长方程式一般形式为：

$$l_t = l_0 + \Delta l_0 + \alpha(t - t_0) \cdot l_0 \tag{4-3}$$

式中：l_t——钢尺在标准拉力 F 下，温度为 t 时的实际长度；

l_0——钢尺的名义长度；

Δl_0——在标准拉力、标准温度下钢尺名义长度的改正数，等于实际长度减去名义长度；

α——钢尺的线膨胀系数，即温度每变化 1 ℃，单位长度的变化量，其值取 $1.15×10^{-5}$～$1.25×10^{-5}$ m/(m·℃)；

t——量距时的钢尺温度，℃；

t_0——标准温度，通常为 20 ℃。

（二）各尺段平距的计算

精密量距中，每一实测的尺段长度，都需要进行尺长改正、温度改正、倾斜改正，以求出改正后的尺段平距。

1. 尺长改正 依式（4-3），尺段 l 的尺长改正数 Δl 的计算式为：

$$\Delta l = \frac{\Delta l_0}{l_0} \cdot l \tag{4-4}$$

表 4-1 中，钢尺的实际长度为 30.002 5 m，名义长度为 30 m，Δl_0 为 0.002 5 m，则

A—1 尺段的尺长改正数 Δl 为：

$$\Delta l = \frac{0.0025}{30} \times 29.934 = +0.0025 \text{ m}$$

2. 温度改正　依式（4-3），尺段 l 的温度改正数 Δt 为：

$$\Delta t = \alpha(t - t_0)l \tag{4-5}$$

表 4-1 中，钢尺的线膨胀系数 α 为 1.25×10^{-5} m/（m·℃），量距时 t 为 26.5 ℃，标准温度 t_0 为 20 ℃，则 A—1 尺段的温度改正数 Δt 为：

$$\Delta t = 1.25 \times 10^{-5} \times (26.5 - 20) \times 29.934 \approx +0.0024 \text{ m}$$

表 4-1　精密量距记录计算

尺段编号	次数	钢尺读数（m）		尺段长度（m）	温度（℃）	高差（m）	尺长改正数（mm）	温度改正数（mm）	高差改正数（mm）	改正后尺段平距（m）
		前尺读数	后尺读数							
A—1	1	29.939	0.005	29.934	26.5	-0.15	+2.5	+2.4	-0.37	29.9385
	2	29.950	0.016	29.934						
	3	29.957	0.024	29.933						
	平均	29.949	0.015	29.934						
1—2	1	29.102	0.001	29.101	27.5	-0.17	+2.5	+2.4	-0.5	29.1044
	2	29.180	0.081	29.099						
	3	29.191	0.092	29.099						
	平均	29.158	0.058	29.100						
...	...	...	...	...		...	...	...	...	...
4—B	1	8.324	0.004	8.320	27.5	+0.07	+0.69	+0.68	-0.29	8.3221
	2	8.336	0.015	8.321						
	3	8.350	0.028	8.322						
	平均	8.337	0.016	8.321						
总和				67.355			+5.69	+5.48	-1.16	67.365

3. 倾斜改正　如图 4-16 所示，设 l 为实量斜距，h 为尺段两端点间的高差，现将 l 改算成水平距离 d，需要加入倾斜改正数 Δh，从图中可以看出：

$$\Delta h = d - l = \sqrt{l^2 - h^2} - l$$
$$= l \cdot \left[\left(1 - \frac{h^2}{l^2}\right)^{\frac{1}{2}} - 1\right]$$

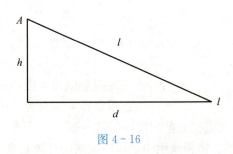

图 4-16

将该式用级数展开得：

$$\Delta h = l \cdot \left[\left(1 - \frac{h^2}{2l^2} - \frac{1}{8}\frac{h^4}{l^4} - \cdots\right) - 1\right]$$

当高差 h 较小时，可只取第一项，即：

$$\Delta h = -\frac{h^2}{2l} \tag{4-6}$$

表 4-1 中，A-1 尺段高差为 -0.15 m，则该尺段的倾斜改正数 Δh 为

$$\Delta h = -\frac{(-0.15)^2}{2 \times 29.934} = -0.000\,37 \text{(m)}$$

因斜距总比水平距离要长，故倾斜改正数值 Δh 为负值。

4. 计算改正后的尺段平距 d

$$d = l + \Delta l + \Delta t + \Delta h \tag{4-7}$$

表 4-1 中，A-1 尺段的平距 d 为

$$d = 29.934 + 0.002\,5 + 0.002\,4 - 0.000\,37 = 29.938\,5 \text{(m)}$$

(三) 计算总距离

各尺段的水平距离求和，即为总距离。往、返总距离算出后，按相对误差评定精度。当精度符合要求时，取往、返测量的平均值作为距离丈量的最后结果。

三、钢尺量距的误差分析

1. 定线误差 分段丈量时，距离也应为直线，定线偏差使其成为折线，与钢尺不水平的误差性质一样使距离量长了。前者是水平面内的偏斜，而后者是竖直面内的偏斜。

2. 尺长误差 钢尺必须经过检定以求得其尺长改正数。尺长误差具有系统积累性，它与所量距离成正比。精密量距时，钢尺虽经检定并在丈量结果中进行了尺长改正，其成果中仍存在尺长误差，因为一般尺长检定方法只能达到 0.5 mm 左右的精度。在一般量距时可不作尺长改正。

3. 温度误差 由于用温度计测量温度，测定的是空气的温度，而不是钢尺本身的温度。在夏季阳光曝晒下，此两者温度之差可大于 5 ℃。因此，钢尺量距宜在阴天进行，并要设法测定钢尺本身的温度。

4. 拉力误差 钢尺具有弹性，会因受拉力而伸长。量距时，如果拉力不等于标准拉力，钢尺的长度就会产生变化。精密量距时，用弹簧秤控制标准拉力，一般量距时拉力要均匀，不要或大或小。

5. 尺子不水平的误差 钢尺量距时，如果钢尺不水平，总是使所量距离偏大。精密量距时，测出尺段两端点的高差，进行倾斜改正。常用普通水准测量的方法测量两点的高差。

6. 钢尺垂曲和反曲的误差 钢尺悬空丈量时，中间下垂，称为垂曲。故在钢尺检定时，应按悬空与水平两种情况分别检定，得出相应的尺长方程式，按实际情况采用相应的尺长方程式进行成果整理，这项误差在实际作业中可以不计。

在凹凸不平的地面量距时，凸起部分将使钢尺产生上凸现象，称为反曲。如在尺段中部凸起 0.5 m，由此而产生的距离误差，这是不能允许的。应将钢尺拉平丈量。

7. 丈量本身的误差 它包括钢尺刻划对点的误差、插测钎的误差及钢尺读数误差等。这些误差是由人的感官能力所限而产生，误差有正有负，在丈量结果中可以互相抵消一部分，但仍是量距工作的一项主要误差来源。

任务三　视距测量

任务目标：了解视距测量的原理，掌握视距测量的方法，掌握视线水平与视线倾斜时的视距、高差计算方法等内容。

一、视距测量的原理

视距测量是用有视距装置的测量仪器,按光学和三角学原理,能同时测定两点间水平距离和高差的测量方法。作业时,利用望远镜内十字丝分划板上的两条视距丝在标尺上截取的长度,求得测站与测点之间的距离。如果同时测定竖直角、中丝读数和仪器高,就可以计算出水平距离和高差。

同钢尺量距相比,视距测量一般不受地形起伏限制,有方法简单、工作效率高的优点。但是,视距测量的测量精度较低,其测距精度约为 1/300。因此,这种测量方法只能用于精度要求较低的地形测量中。

二、视线水平时的视距公式

如图 4-17 所示,欲测 T、E 两点之间的距离和高差,安置仪器于 T 点,E 点上立视距尺。当望远镜视线水平时瞄准 E 点所立的标尺。根据望远镜成像原理,从视距丝 a、b 发出的平行于望远镜光轴的光线,经过物镜 a'、b' 后,分别截于尺上的 A、B 处,A 和 B 的长度即为视距尺间隔,用 l 表示,利用 p 为两视距丝在分划板上的距离,F 为物镜焦点,f 为物镜焦距,c 为物镜至仪器中心的距离。当视线水平时并与标尺垂直时,$\triangle a'Fb' \sim \triangle AFB$ 则:

$$\frac{d}{f} = \frac{AB}{a'b'} = \frac{l}{p}, d = \frac{f}{p} \cdot l$$

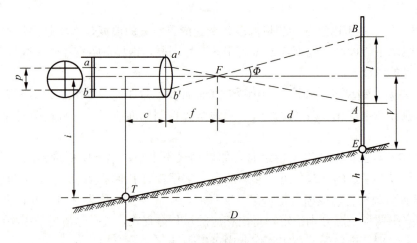

图 4-17 视线水平时视距原理

p. 上、下两视距丝的间距 l. 视距间隔(即尺上 A、B 两点读数之差)
c. 仪器中心到物镜的距离 f. 物镜的焦距 d. 焦点 F 到视距尺的距离
D. 仪器中心到尺子的距离

因此,水平距离为:

$$D = d + (f + c) = \frac{f}{p} \cdot l + (f + c)$$

设

$$\frac{f}{p} = K, (f + c) = q$$

则

$$D = K \cdot L + q \tag{4-8}$$

这就是外对光望远镜计算水平距离的公式。

式中:K——视距乘常数,通常为 100;

q——视距加常数,对于外对光望远镜的 q 一般为 0.3 m 左右;内对光望远镜的 $q \approx 0$。

因此,内对光望远镜计算水平距离的公式为:
$$D = K \cdot L \tag{4-9}$$

测定 T、E 两点之间的高差时,由图中可以看出,只要量仪器高 i,从望远镜读得中丝读数 v,即可求得高差:
$$h = i - v \tag{4-10}$$

三、视线倾斜时的视距公式

在实际测量中,由于地形起伏和通视条件的影响,往往必须望远镜视线倾斜才能看到标尺,读取尺间隔。如图 4-18 所示,仪器安置在 M 点,视距尺竖立于 N 点上,望远镜倾斜瞄准视距尺,上、下两端视距丝截尺于 A、B 两点,并测得竖直角 α。由于尺子不垂直于视线,所以不能直接用式(4-8)和式(4-9)来求得倾斜距离 D'。

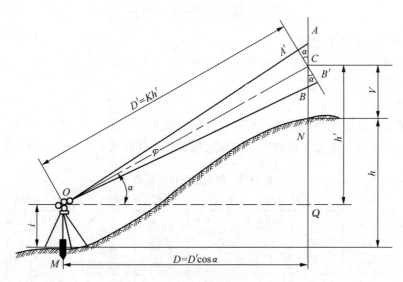

图 4-18 视线倾斜时视距原理

设想通过尺上 C 点有一根倾斜尺子与视线垂直,上、下视距丝截尺于 A'、B' 两点,图 4-18 为内对光望远镜,则 $D' = K \cdot (A'B')$。实际上,观测的视距间隔是 AB,而不是 $A'B'$,因此,要找出 $A'B'$ 与 AB 的关系就可以解决这一问题。

由于通过视距丝的两条光线的夹角 φ 很小,约为 $34'$,所以 $\angle AA'C$ 和 $\angle BB'C$ 可当作直角看待,则:
$$A'C = AC \cdot \cos \alpha$$
$$B'C = BC \cdot \cos \alpha$$
$$A'B' = A'C + B'C = AB \cdot \cos \alpha = l \cdot \cos \alpha$$

所以
$$D' = Kl \cdot \cos \alpha$$

从图 4-18 中可以看知,直角三角形 OCQ 中 D' 与 D 的关系是
$$D = D' \cdot \cos \alpha$$

故得
$$D = Kl \cdot \cos^2 \alpha \tag{4-11}$$

式（4-11）为内对光望远镜视线倾斜时计算水平距离的公式。

从图 4-18 中可以看出，高差 h 为：

$$h = h' + i - v$$

$$h' = Kl \cdot \sin\alpha \cdot \cos\alpha$$

$$h = Kl \cdot \sin\alpha \cdot \cos\alpha + i - v$$

所以

$$= \frac{1}{2}Kl \cdot \sin 2\alpha + i - v \tag{4-12}$$

式（4-12）为内对光望远镜视线倾斜时计算高差的公式。

式中：i——仪器高；

v——十字丝中丝在尺上的读数。在实际作业中，可使十字丝中丝对准标尺上读数等于 i 处，即 $v=i$，则得：

$$h = \frac{1}{2}Kl \cdot \sin 2\alpha \tag{4-13}$$

四、视距测量的方法

（一）视距测量的观测步骤

(1) 安置仪器于测站，对中、整平。

(2) 量取仪器高 i 至厘米。

(3) 在测点立视距尺。

(4) 用望远镜瞄准视距尺上某一高度，分别读取上、中、下丝读数，然后调节竖盘水准管微倾螺旋，使指标水准管气泡居中，读取竖盘读数，并将其观测的值记录于表 4-2。

表 4-2 距测量记录计算表

测站点：N 测站高程：1 142.60 m 仪器型号：DJ_6 仪器高：1.30 m

测点	下丝读数 上丝读数 (m)	视距间隔 (m)	中丝读数 (m)	竖盘读数 (°′)	竖直角 (°′)	高差主值 (m)	$i-v$ (m)	水平距离 (m)	测点高程 (m)	已知高程 (m)
M	2.030 1.000	1.030	2.500	75 39	+14 21	+23.77	-1.2	96.67	59.19	35.42

（二）视距测量的计算

先根据上、下丝读数和竖直读数，计算出尺间隔 l 和竖直角 α。再根据式（4-11）和式（4-12）计算水平距离和高差，并可计算出高程。过去视距测量计算工作常采用视距计算表、视距计算盘、视距计算尺等工具进行计算，现在计算常采用电子计算器计算。

【例1】 使用 J_6 级经纬仪并在盘左位置测得尺间隔为 1.030 m，中丝读数为 2.500 m，i 为 1.540 m，竖盘读数为 75°39′，已知高程 35.420 m，求平距 D、高差 h 和测点高程。

$$D = Kl \cdot \cos^2\alpha = 100 \times 1.03 \times \cos^2(90° - 75°39') = 96.67 \text{(m)}$$

$$h = \frac{1}{2}Kl \cdot \sin 2\alpha + i - v$$

$$= \frac{1}{2} \times 100 \times 1.03 \times \sin(2 \times 75°39') + 1.54 - 2.50$$

$$= +23.77 \text{(m)}$$

任务四 红外测距仪

任务目标：了解红外测距仪的测距原理，掌握红外测距仪各部件的名称与红外测距仪的测距方法等内容。

红外测距仪又称为红外光电测距仪，是电磁波测距仪的一种。测距仪可减轻测距繁重的体力劳动，提高量距的精度和效率。

一、红外测距仪的测距原理

如图 4-19 所示，欲测定 A、B 两点间的距离 D，先安置测距仪于 A 点，安置反射镜于 B 点。测距仪发射的调制光波，射向反射镜后被反射回仪器的接收系统。

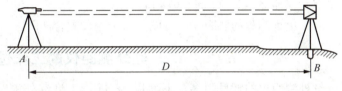

图 4-19 测距原理

设光速为 c，光波往、返于 A、B 间的时间为 t，则距离 D 为

$$D = \frac{1}{2} c \cdot t \qquad (4-14)$$

式中：c——光在大气中的传播速度，约等于 3×10^8 m/s；

t——电磁波在所测距离的往返传播时间，s。

通过式（4-14）可以看出，测定距离的精度取决于测定时间 t 的精度。若要保证 ±1 cm 的测距精度，则要求测定时间精确到 6.7×10^{-11} s，这在实际测量中是很难保证的。因此，在测距精度要求较高时，常采用相位测距，即把距离和时间的关系改为距离和相位的关系，通过测定相位来求得距离。

如图 4-20 所示，测距仪在 A 点发射调制光，在待测的 B 点安置反光棱镜，调制光波的频率为 f，周期为 T，相位移 φ，波长的个数为 φ/2π，整波的波长为 λ，N 为欲测 A、B 两点间的距离，调制光从发射到接收经过了往返路程，用 2D 表示，则：

$$2D = \lambda \frac{\phi}{2\pi} = \lambda \frac{2\pi N + \Delta \phi}{2\pi}$$

$$D = \frac{\lambda}{2}(N + \Delta N) \qquad (4-15)$$

式中：N——整尺段数；

ΔN——不足一整尺段的余长。

测距仪对于相位 φ 的测定是采用将接收测线上返回的载波相位与机内固定的参考相位在相位计中比相的方法。相位计只能分辨 0~2π 的相位变化，即只能测出不足一个整周期的相位差 Δφ，而不能测出整周数 N 值。例如，测尺长度为 10 m 时，只能测出小于 10 m 的距离；测尺长度为 1 000 m 时，只能测出小于 1 000 m 的距离。仪器测相精度一般为 1/1 000，1 km 的测尺精度只有米级。测尺越长，精度越低。为了兼顾测程和精度，目前测距仪常采用多个调制频率（即 n 个测尺）进行测距。用短测尺（称为精尺）可测出精确的小数，用长测尺（称为粗尺）可测出距离的整数。将两者衔接起来，就解决了长距离测距数字直接显示的问题。

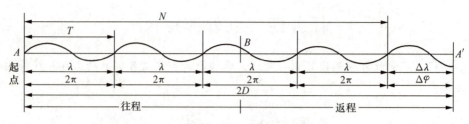

图 4-20　相位法测距往返程波形展开

【例 2】　某双频测距仪，测程为 2 km，它有精、粗两个测尺，精尺长 10 m（载波频率 $f_1=15$ MHz），粗尺长 2 000 m 载波频率 $f_2=75$ kHz）。用精尺测 10 m 以下的数，用粗尺测 10 m 以上的数。如实测距离为 1 245.672 m，粗测距离 1 245 m 取前三位，精测距离 5.672 m，四位全取；仪器显示距离 1 245.672 m。

对于更远测程的测距仪，可以设几个测尺配合测距。

二、红外测距仪的工作过程

红外测距仪的型号很多，下面以 DCH₃-1 型红外测距仪为例介绍红外测距仪的测距过程。

（一）DCH₃-1 型红外测距仪的主要技术指标

1. 最大测程　1 000 m（单棱镜），3 000 m（三棱镜）。最小测程为 0.2 m。

2. 精度　测距的中误差为 $\pm(3\text{ mm}+2\times10^{-8}D)$。

3. 测量时间　单次测量为 10 s，跟踪测量为 0.5 s。

4. 温度范围　$-20\sim50$ ℃。

5. 整机功耗　6 W。

（二）工作过程

测距仪的主要部分包括主机、电池及反射棱镜。主机可以通过夹紧装置、连接器与光学经纬仪连成一体使用，如图 4-21 所示。

具体工作过程：

（1）在待测距离的两端分别安置红外测距仪和反射棱镜，用光学对中器对中，误差不大于 1 mm。将反射棱镜目估对准主机，经纬仪瞄准反射棱镜架，如图 4-22 所示。打开气压表，并将温度计置于地面 1 m 以上的通风处，测气温。

（2）用经纬仪瞄准反射棱镜的黄色靶心后，读、记天顶距，进行角度测量。

（3）按动测距仪操作面板上的 ON 键接通电源，仪器进行自检，首先显示 BOLF CHINA，然后依次显示："0000000，1111111，…，9999999，0000000"；再进行内部校验，自检合格后显示 ⊿ 和 0.000 m。这时，仪器处于待测状态；若仪器工作不正常，则显示 ERROR。

（4）瞄准棱镜后按 SIG 键，有回光信号时，显示屏上出现横道线"—"。同时听到蜂鸣器音响信号，也出现回光信号标记了。回光信号超强，出现的横道线越多，蜂鸣器声音超高。

（5）按 STA 状态键，选择测距方式。

（6）按 SET 置数键，输入天顶距、水平角、温度、气压值等。

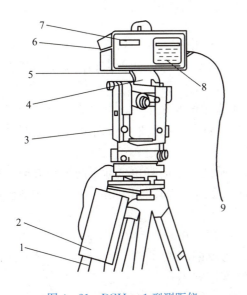
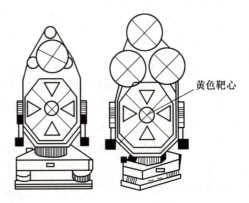

图 4-21 DCH₃-1 型测距仪　　　　　图 4-22 反射棱镜

1. 三脚架　2. 电池　3. 光学经纬仪　4. 连接器
5. 夹紧装置　6. 测距仪　7. 显示屏
8. 键盘　9. 电源电缆线

（7）按 MEAS 键，启动测量，显示最后一瞬的测量结果。

（8）按 FUC 功能键，根据测得斜距和置入的角度，自动计算其结果，显示 ⊿| 和高差主值、△及水平距离值、x 和 x 增量值、y 和 y 增量值。

（9）电池充电，充电器有两根电缆线，一根接 220 V，一根接电池盒，充完后的电池为 10～11 V，一次充电时间 10～14 h。

三、测距边长改正计算

测量误差可分为两部分，一部分是与距离 D 成比例的误差，即光速值误差、大气折射率误差和测距频率误差；另一部分是与距离无关的误差，即测相误差、加常数误差、对中误差。周期误差有其特殊性，它与距离有关，但不成比例，仪器设计和调试时可严格控制其数值，实用中如发现其数值较大而且稳定，可以对测距成果进行改正。

任务五　直线定向

任务目标：了解直线定向的概念，掌握直线定向的方法，掌握正反方位角的推算与罗盘仪测量方位角的方法等内容。

一、直线定向

（一）直线定向概念

在平面图和地形图测量中，确定地面上两点之间的相对位置，仅知道两点之间的水平距离是不够的，还必须确定此直线与标准方向之间的水平夹角。确定一直线与标准方向之间角度关系称为直线定向。基本方向线，测量上称为标准方向线，一条直线的方向，通常用它与标准方向之间的角度来表示。所以确定直线的方向，即是确定直线与标准方向之间的角度关系。

(二)标准方向的种类

1. 真子午线方向　通过地球表面某点的真子午线的切线方向,称为该点的真子午线方向(真南北方向)。真子午线北端所指的方向为真北方向。真子午线方向是用天文测量方法或用陀螺经纬仪测定的。

2. 磁子午线方向　地球表面某点上的磁针在地球磁场的作用下,自由静止时其轴线所指的方向(磁南北方向)。磁针北端所指的方向为磁北方向。磁子午线方向可用罗盘仪测定。在小面积测图中常采用磁子午线方向作为标准方向。

3. 坐标纵轴方向　通过地面上某点平行于该点所处的平面直角坐标系的纵轴方向,称为坐标纵轴方向。坐标纵轴北端所指的方向为坐标北方向。如假定坐标系,则用假定的坐标纵轴(x轴)作为标准方向。

以上三个标准方向的北方向,总称为"三北方向",在一般情况下,它们是不一致的,如图4-23地磁南、北极偏离地球南、北极,所以一点的磁子午线方向和真子午线方向并不一致,而有一个偏离角度,这个角度称为磁偏角,用δ来表示。凡是磁子午线方向偏在真子午线北方向以东者称为东偏,其角值为正;偏在真子午线北方向以西者称为西偏,其角值为负,如图4-24所示。我国西北地区磁偏角为+6°左右,东北地区磁偏角为-10°左右。地球表面某点的真子午线方向与坐标纵轴方向之间的夹角,称为子午线收敛角,用γ来表示,如图4-25所示。凡坐标纵轴北端在真子午线以东者,γ为正值;以西者,γ为负值。地面上某点的坐标纵轴方向与磁子午线方向间的夹角称为磁坐偏角,以δ_m表示。磁子午线北端在坐标纵轴以东者,δ_m取正值;反之,δ_m取负值。

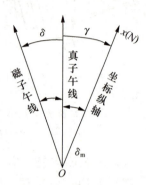

图4-23　三北方向关系

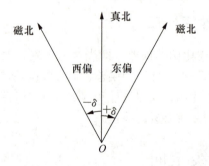

图4-24　磁偏角的正负

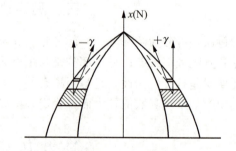

图4-25　子午线收敛角

二、直线方向的表示方法

表示直线方向的方法有方位角和象限角两种。

(一)方位角

由标准方向的北端起,顺时针方向到某一直线的水平夹角,称为该直线的方位角,其角值在0°～360°。

如图4-26所示,直线OA、OB、OC、OD的方位角分别为30°、150°、210°、330°。

根据基本方向的不同,方位角可分为真方位角(A)、磁方位角(A_m)和坐标方位角(α)。如图4-27所示,三种方位角之间的关系为

$$A = A_m + \delta$$
$$A = \alpha + \gamma$$

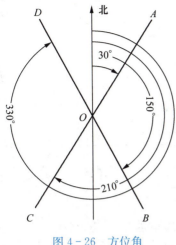

图 4-26 方位角

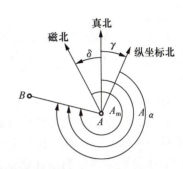

图 4-27 三种方位角的关系

【例2】已知直线 AB 的磁方位角为 50°10′，A 点的磁偏角为东偏 3°08′，子午线收敛角为西偏 2°05′，问直线 AB 的坐标方位角和磁坐偏角各为多少？

解：
$\alpha_{AB} = A_m + \delta - \gamma = 50°10′ + 3°08′ - (-2°05′) = 55°23′$
$\delta_m = 55°23′ - 50°10′ = +5°13′$

（二）象限角

由标准方向的北端或南端起，顺时针或逆时针到某一直线所夹的水平锐角，称为该直线的象限角，以 R 来表示。象限角的角值在 0°~90°。象限角不但要写出角值大小，还应注明所在的象限。测量中的象限顺序和数学中的象限顺序相反。如图 4-28 所示，直线 OA、OB、OC、OD 的象限角分别为 NE30°、SE30°、SW30°、NW30°。象限角和方位角一样，可分为真象限角、磁象限角和坐标象限角三种。

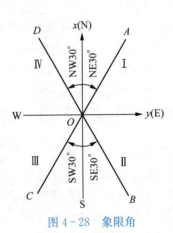

图 4-28 象限角

（三）方位角与象限角的关系

方位角和象限角的定义，同一条直线的方位角和象限角存在着固定的关系，如表 4-3 所示。

表 4-3 方位角与象限角的换算关系

象限		根据方位角 α 和象限角 R	根据象限角求方位角 α
编号	名称		
Ⅰ	北东（NE）	$R = \alpha$	$\alpha = R$
Ⅱ	南东（SE）	$R = 180° - \alpha$	$\alpha = 180° - R$
Ⅲ	南西（SW）	$R = \alpha - 180°$	$\alpha = 180° + R$
Ⅳ	北西（NW）	$R = 360° - \alpha$	$\alpha = 360° - R$

三、正反方位角的推算

在测量工作中,我们把直线的前进方向称为正方向,反之,称为反方向。如图 4-29 所示,A 为直线的起点,B 为直线的终点,通过 A 点的坐标纵轴与直线 AB 所夹的坐标方位角 $α_{AB}$ 称为直线的正坐标方位角,而 BA 直线的坐标方位角 $α_{BA}$ 称为反坐标方位角。因为各点的纵坐标轴的方向都是相互平行的,所以直线 AB 的正坐标方位角 $α_{AB}$ 反坐标方位角 $α_{BA}$ 相差 $180°$,即:

$$α_{AB} = α_{BA} ± 180°$$

由于真子午线之间与磁子线之间在赤道两侧各点不平行,所以正、反真方位角和磁方位角不存在上述关系。但是当地面两点之间距离不远时,通过两点的子午线可视为是平行的,此时,同一直线的正、反真(或磁)方位角也可以认为相差 $180°$。所以,在小区测量时,常用罗盘仪进行作业测量。

如图 4-30 所示,已知 CB 与 CD 两直线的方位角分别为 $α_{CB}$ 和 $α_{CD}$,则这两条直线的水平夹角为

$$β = α_{CD} - α_{CB}$$

因此,计算两直线的方位角的方法为:站在角的顶点,面向所求夹角的方向,该夹角等于右侧直线的方位角减去左侧直线的方位角,不够减加 $360°$。

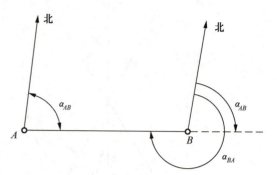

图 4-29 正反方位角

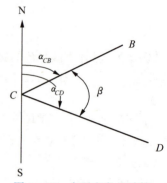

图 4-30 水平夹角的计算

四、罗盘仪及罗盘仪的使用

罗盘仪是主要用来测定直线的磁方位角或磁象限角的仪器,也可以粗略地测量水平角和竖直角,还可以进行视距测量。罗盘仪测定的精度虽然不高,但其构造简单,使用方便,通常在园林等测量中经常使用。罗盘仪由于构造不同,常用的有望远镜罗盘仪和手持罗盘仪。现介绍望远镜罗盘仪。

(一)罗盘仪的构造

罗盘仪由望远镜、磁针、刻度盘和水准器等部分组成,如图 4-31 所示。

1. 望远镜 望远镜是罗盘仪的照准设备,由物镜、目镜和十字丝分划板三部分组成。在望远镜的左侧附有竖盘,可测量倾斜角,同时还有用作控制望远镜转动的制动螺旋和微动螺旋。

2. 磁针 磁针是一个长条形的人造磁铁,置于圆形罗盘盒的中央顶针上,可以自由转动。不用时可以旋转磁针制动螺旋,将磁针抬起而被磁针制动螺旋下面的杠杆压紧在圆盒的玻璃盖上,避免磁针帽与顶针的碰撞和磨损。磁针帽内镶有玛瑙或硬质玻璃,下表面磨成光滑的凹形球面。磁针两端的磁力最强点称为磁极。两磁极的连线称为磁轴。磁轴受地球磁场的吸引,指向南面的为南端,指向北面的为北端。由于磁针两端受到地球磁极的引力不同,使磁针在自由静止时不能保持水平,在北半球中纬度,磁针的北端会向下倾斜与水平面形成

一个角度，该角称为磁倾角。为了消除磁倾角的影响，保持磁针两端的平衡，常在磁针南端缠绕几周金属丝以达到磁针的平衡。这也是区别磁针南前端的重要标志之一。

3. 刻度盘 刻度盘为一铝或铜制的圆环，装在罗盘盒的内缘。盘上最小分划为1°或30′，并每隔10°作一注记。刻度盘的注记形式有两种，即方位罗盘和象限罗盘，方位罗盘是由0°～360°是按逆时针方向注记的，它可以直接测出磁方位角，所以称为方位式刻度盘；象限罗盘则是由0°直径的两端起，分别对称地向左右两边各该划注记到90°，它可直接测出磁象限角，所以称为象限式刻度盘。用罗盘仪测定磁方位角时，刻度盘是随着瞄准设备一起转动的，而磁针是静止不动的，在这种情况下，为了能直接读出与实地相符合的方位角，现在罗盘仪是按逆时针顺序注记，东西方向的注字与实地也相反。

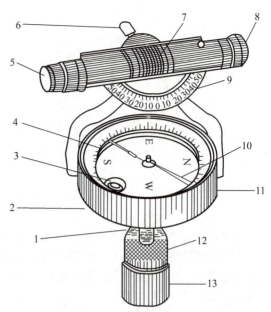

图4-31 罗盘仪的构造

1. 水平制动螺旋 2. 磁针制动螺旋 3. 圆水准器 4. 水平度盘
5. 目镜 6. 望远镜制动螺旋 7. 对光螺旋 8. 望远镜物镜
9. 竖直度盘 10. 磁针 11. 磁盘盒 12. 球臼 13. 连接螺旋

4. 水准器和球臼 在罗盘盒内装有一个圆水准器或两个互相垂直的水准管，当圆水准器内的气泡位于中心位置，或两个水准管内的气泡同时居中，此时，罗盘盒处于水平状态。球臼螺旋在罗盘盒的下方，配合水准器可使罗盘盒处于水平状态；在球臼与罗盘盒之间的连接上安有水平制动螺旋，以控制罗盘的水平转动。

（二）罗盘仪测定磁方位角

用罗盘仪测定直线的磁方位角，要经过安置仪器、放下磁针、瞄准目标和读数四个步骤。

1. 安置仪器 将仪器安置在直线的端点上，进行对中和整平。对中时，在三脚架下方悬挂一垂球，移动三脚架使垂球尖对准地面点的中心。对中的目的是使罗盘仪水平度盘的中心和地面点在同一条铅垂线上。对中容许误差为2 cm。整平时，松开球臼螺旋，用手前后、左右摆动刻度盘，使度盘内的水准器气泡居中，然后拧紧球臼螺旋，此时罗盘仪刻度盘处于水平状态。

2. 放下磁针 仪器水平后，旋松磁针制动螺旋，使磁针自由支承在顶针上，在地磁影响下磁针变为静止，指向磁南北极。

3. 瞄准目标 松开水平制动螺旋和望远镜制动螺旋，旋转望远镜，瞄准直线另一端竖立的目标。瞄准时要通过目镜对光、粗略瞄准、物镜对光和精确瞄准。为了减少瞄准误差，应使十字丝交点瞄准目标基部中心。

4. 读数 如图4-32所示，待磁针静止后，可直接读取直线的磁方位角。读数时，当望远镜的物镜在度盘的0°刻划线上方时，读磁针指北端所指的读数；当望远镜的物镜在度盘的180°刻划线上方时，读磁针指南端所指的读数。读数可直接读1°，估读至30′。

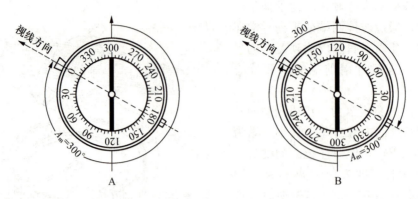

图 4-32 罗盘仪测定磁方位角示意

为了防止错误和提高观测成果的精度,往往在测得直线正磁方位角之后,还要测反磁方位角。在直线不太长的情况下,可以把两端点的磁子午线方向认为是平行的。若测得正、反方位角相差为±(180°±1°)之内可按下式取其平均值作为最后的结果。否则应查明原因,重新观测。

$$A_m = \frac{1}{2}[A_{m正} + (A_{m反} \pm 180°)]$$

(三)使用罗盘仪注意事项

(1) 在磁铁矿区或离高压线、无线电天线、电视转播台等较近的地方不宜使用罗盘仪,有电磁干扰现象。

(2) 观测时一切铁器等物体,如斧头、钢尺、测钎等不要接近仪器。

(3) 读数时,眼睛的视线方向与磁针应在同一竖直面内,减少读数误差。

(4) 在磁力异常的地区,不能使用罗盘仪测图,应用经纬仪或平板仪等测图,使其不受磁力异常的影响。

(5) 观测完毕后搬动仪器时,应固定磁针,以防损坏磁针。

▶ 技 能 训 练

将全班按每组4~5人分为若干小组,每组按距离测量项目要求领取距离测量仪器与工具,在测量情景教学场地内分别进行:①直线定线与距离测量;②经纬仪视距测量;③罗盘仪的认识与使用;④红外测距仪的认识与使用等项目进行技能训练。

要求每组成员熟练掌握直线定线(含经纬仪定线)与钢尺丈量,掌握经纬仪视距和红外测距仪测距,熟练掌握直线定向与罗盘仪的使用等内容,具体要求见距离测量相关内容。

▶ 思 考 与 练 习

1. 名词解释:直线定线、直线定向、磁子午线方向、磁方位角、坐标方位角、象限角。
2. 试述平坦地面直线丈量的方法。
3. 丈量AB、CD两段水平距离。AB往测为126.780 m,返测为126.735 m;CD往测为357.235 m,返测为357.190 m。问哪一段丈量精度更高?为什么?两段距离的丈量结果各为多少?

4. 叙述罗盘仪测定磁方位角的方法。

5. 罗盘仪安置在 O 点,测得 OA 的方位角为 $223°30'$,OB 的方位角为 $145°30'$,求锐角 $\angle AOB$ 的角值。

6. 叙述视距测量的作业方法。

项目五

全站仪及其应用

CELIANG

【项目提要】 主要介绍全站仪的主要特点与基本功能,仪器构造与基本操作,全站仪的应用测量、检验与校正等内容。

【学习目标】 了解全站仪的主要特点与功能,熟悉全站仪各部件的名称,掌握全站仪的基本操作与角度测量、距离测量、坐标测量和放样测量等内容。

任务一 全站仪的构造与使用

任务目标:了解全站仪的主要特点与功能,熟悉全站仪各部件的名称,掌握键盘功能与显示符号的作用,掌握全站仪的基本操作与使用方法。

一、全站仪的主要特点与功能

(一)全站仪主要特点

全站型电子速测仪简称全站仪。全站仪是由机械、光学、电子元件组合而成的测量仪器。由于只需一次安置,便可以完成测站上所有的测量工作,故被称为全站仪。

全站仪在目前的各项工程测量中,是性能稳定、功能先进、实用性强且应用范围较广的测量仪器之一,它具备了功能丰富、数字键盘操作快速、强大的内存管理、自动化数据采集、望远镜镜头更轻巧、特殊测量程序及中文界面和菜单,且拥有数字化测量能力等特点。

(二)全站仪的基本功能

全站仪是通过测量斜距、水平角和竖直角,经过内置程序自动计算平距、高差、高程及坐标值,可以进行距离、角度、坐标放样测量和其他特殊功能的测量工作,并可以自动实现数字化测图工作。

1. **测角功能** 测量水平角、竖直角或天顶距。
2. **测距功能** 测量平距、斜距或高差。
3. **坐标测量** 在已知点上架设仪器,根据测站点和定向点的坐标或定向方位角,对任何一目标点进行观测,获得目标点的三维坐标值。
4. **悬高测量** 可将反射镜立于悬物的垂点下,观测棱镜,再抬高望远镜瞄准悬物,即可得到悬物到地面的高度。
5. **对边测量** 可迅速测出棱镜点到测站点的平距、斜距和高差。
6. **后方交会** 仪器测站点坐标可以通过观测两坐标值存储于内存中的已知点求得。

7. 距离放样 可将设计距离与实际距离进行差值比较迅速将设计距离放到实地。

8. 坐标放样 已知仪器点坐标和后视点坐标或已知仪器点坐标和后视方位角,即可进行三维坐标放样,需要时也可进行坐标变换。

9. 面积测量 即利用全站仪采集到的各地块界址点的坐标,根据全站仪的内存程序,计算地块面积。

10. 测量的记录、通信传输功能

这些是全站仪所必须具备的基本功能。当然,不同厂家和不同系列的仪器产品,在外形和功能上略有区别,这里不再详细列出。

二、全站仪的构造与辅助设备

(一) 全站仪的构造

全站仪主要由电子经纬仪、红外测距仪和电子记录部分组成。

图 5-1 速测全站仪

从结构上分,全站仪有"组合式"和"整体式"两种,如图 5-1 所示,是一种"组合式"的全站仪,也称为速测全站仪,它是由电子测距、电子经纬仪和电子记录手簿三个独立构件组合而成,其优点是组合灵活、多样,构件损坏时可进行代换,但操作烦琐,测量精度不稳定,测量功能有限。一般说的"全站仪",多指"整体式",如图 5-2 所示,它具有:操作简便,测量精度高且稳定,程序测量功能强大并可持续开发;其电子记录部分已逐渐发展为电子微处理器,其自动操作程度越来越高,数字化测量前景广阔。

按数据存储方式分,全站仪有内存型和电脑型两种。内存型全站仪的功能扩充只能通过软件升级来完成;电脑型全站仪的功能可以直接通过二次开发来实现。

全站仪是通过测量斜距、水平角和竖直角,通过内置程序自动计算平距、高差、高程及坐标值,可以进行距离、角度、坐标放样测量和其他特殊功能的测量工作,并可以自动实现数字化测图工作。

1. NTS-320 型全站仪构造 不同的全站仪有不同的具体构成,NTS-320 型全站仪是我国南方测绘仪器公司生产的较先进的国产全站仪,其构造如图 5-2 所示。

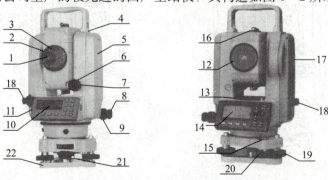

图 5-2 NTS-320 型全站仪

1. 目镜 2. 望远镜调焦螺旋 3. 望远镜把手 4. 电池锁紧杆 5. 电池 NB-20A 6. 垂直制动螺旋 7. 垂直微动螺旋 8. 水平微动螺旋 9. 水平制动螺旋 10. 显示屏 11. 数据通信接口 12. 物镜 13. 管水准器 14. 显示屏 15. 圆水准器 16. 粗瞄器 17. 仪器中心标志 18. 光学对中器 19. 脚螺旋 20. 圆水准器校正螺旋 21. 基座固定钮 22. 底板

2. GTS-330型拓普康全站仪构造　GTS-330系列全站仪外观与NTS-320型全站仪相似，图5-3从正、反两面表示出仪器的各个部件。GTS-330型拓普康电子全站仪有自动加热器，当气温低于0℃时，仪器内装的加热器就自动工作，以保持显示屏正常显示，加热器开/关的设置方法依据菜单模式下的操作方法进行。

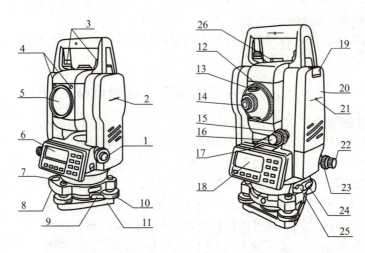

图5-3　GTS-330型拓普康全站仪

1. 光学对中器　2. 仪器中心标志　3. 提手固定螺旋　4. 定线点指示器　5. 物镜　6. 显示屏　7. 圆水准器
8. 圆水准器校正螺旋　9. 基座固定钮　10. 脚螺旋　11. 底板　12. 望远镜调焦螺旋　13. 望远镜把手
14. 目镜　15. 垂直制动螺旋　16. 垂直微动螺旋　17. 管水准器　18. 显示屏　19. 电池锁紧杆　20. 机载电池
21. 仪器中心标志　22. 水平制动螺旋　23. 水平微动螺旋　24. 外接电池接口　25. 串行信号接口　26. 粗瞄器

3. R-300型宾得电子全站仪构造　图5-4是R-300型宾得电子全站仪，它是目前最优秀品质的全站仪，它具有自动调焦功能和较高、较宽的多种调整幅度等优势。

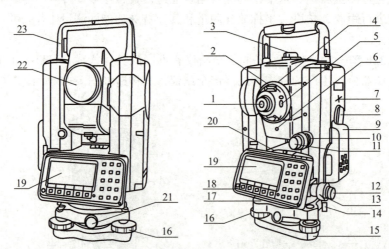

图5-4　R-300型宾得电子全站仪

1. 目镜　2. 电动调焦　3. 瞄准器　4. 望远镜调焦螺旋　5. AF按钮　6. 显示屏　7. 仪器中心标志
8. 电池安装锁卡　9. 电池盒　10. 垂直制动螺旋　11. 垂直微动螺旋　12. 水平微动螺旋
13. 水平制动螺旋　14. 拆卸旋钮　15. 底板　16. 脚螺旋　17. 圆水准器　18. 键盘　19. 显示屏
20. 管水准器　21. 光学对中器　22. 物镜　23. 手柄

（二）全站仪测量工具

全站仪测量工具主要有三角基座、棱镜组和对中杆组。

1. 三角基座　如图5-5所示。全站仪在经纬仪的基座基础上，增加了三角基座锁定钮、锁定钮固定螺丝和定向凹槽等结构，通过仪器固定脚和定向凸起标志，使基座与仪器或棱镜组可分可合，从而大大减少了测量中的对中操作次数，提高了测量工作效率。

2. 棱镜组　全站仪的棱镜组一般有单棱镜组和三棱镜组两种，如图5-6中所示。

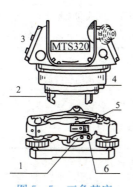

图5-5　三角基座
1. 三角基座锁定钮　2. 仪器固定脚　3. 仪器
4. 定向凸起标记　5. 定向凹槽　6. 锁定钮固定螺丝

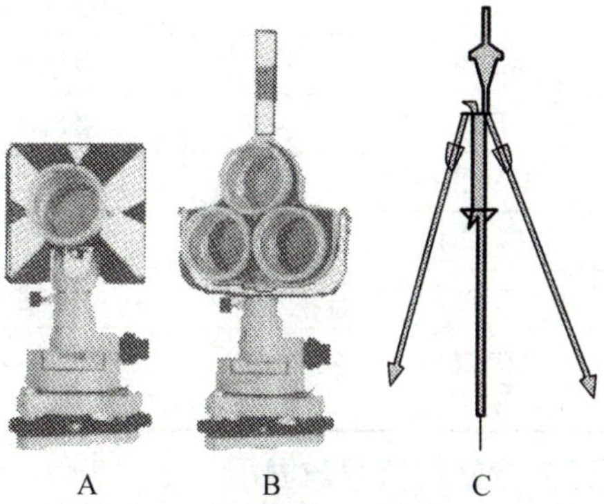

图5-6　棱镜组、对中杆组
A. 单棱镜组　B. 三棱镜组
C. 对中杆组

棱镜组有棱镜、光学对中器、圆水准器、基座和觇标组成。它是全站仪测量中的目标标志工具，要求进行对中、整平操作。

3. 对中杆组　如图5-6中所示，全站仪的对中杆组有支架、圆水准器和对中杆组成。支架由两脚架和中间锁杆构成，两脚架间夹角可任意调整；对中杆有高度刻度，上可套接棱镜和觇标，可上下升降；调整支架上的两脚架可使对中杆组中的圆水准器气泡居中，确保对中杆组垂直。在精度许可的情况下，可方便快捷地明确测量目标。

三、全站仪的操作键

全站仪的操作键一般在显示屏上，根据其操作功能常分为普通操作键和软键盘。

（一）全站仪键盘功能

NTS-320全站仪屏幕采用全中文4行×20列的液晶显示屏，其操作显示器如图5-7所示。其操作键功能见表5-1。

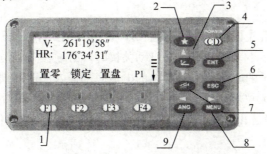

图5-7　NTS-320操作显示器
1. 功能键F1～F4　2. 星键　3. 坐标测量（▲上移键）　4. 电源开关键　5. 回车键
6. 退回键　7. 距离测量（▼下移键）　8. 菜单键（▶右移键）　9. 角度测量（◀左移键）

表 5-1 NTS-320 全站仪操作键功能说明

按键	名称	功能
∠	坐标测量键	进入坐标测量模式（△上移键盘）
◢	距离测量键	进入距离测量（DIST）模式（▽下移键）
ANG	角度测量键	进入角度测量模式（◁左移键）
MENU	菜单键	在菜单模式和测量模式间进行切换（▷右移键）
ESC	退出键	返回上一级状态或返回测量模式
POWER	电源开关键	电源开关
F1～F4	软键（功能键）	对应于显示的软键信息
ENT	回车键	确认
★	星键	进入星键模式

（二）全站仪符号与显示

全站仪屏幕经常显示的符号说明见表 5-2。

表 5-2 常用符号说明

显示符号	内容	显示符号	内容
V%	垂直角（坡度显示）	E	东向坐标
HR	水平角（右角）	Z	高程
HL	水平角（左角）	*	EDM（电子测距）正在进行
HD	水平距离	m	以米为单位
VD	高差	ft	以英尺*为单位
SD	倾斜距离（简称斜距）	fi	以英尺与英寸**为单位
N	北向坐标		

四、全站仪的使用

NTS-320 全站仪的使用基本操作有电池装卸、安置仪器、开机、瞄准、各参数设置与输入、各测量模式按键操作和测量数据存录。

（一）电池装卸

全站仪取用后，应首先检查电池的电量。NTS-320 全站仪是在整平开机后自动显示电量信息，当信息提示电量不多或开机后又自动关机时，必须在关机情况下更换电池，按下电池锁紧杆，取下电量不足的电池，将充好电的电池底部插入仪器的槽中，按压电池盒顶部的电池锁紧杆，使电池卡入仪器中固定归位。NTS-320 全站仪采用的是 NB-20A 的电池和配套的 NC-20A 充电器。电池的充电应按说明书进行操作。全站仪野外测量时应带备用电池。

---

* 英尺为非法定计量单位，1 英尺（ft）=12 英寸（in）=30.48 cm。

** 英寸为非法定计量单位，1 英寸（in）=2.54 cm。

(二) 安置仪器

全站仪的安置包括对中、整平和仪器就位。全站仪安置中，多采用光学对中器对中法，达到精平对中标准；进行距离测量时，并要求测量目标处同样进行对中整平、安置棱镜组，后通过目测，调整棱镜的俯、仰角大小，让棱镜与仪器望远镜粗略位于同一直线上。

(三) 开机、瞄准

全站仪安置后，可长按 POWER 键，打开全站仪的电源开关，屏幕出现不正常字符，翻转望远镜后，仪器自动进入（或按 ANG 键进入）角度测量模式。在角度测量模式下，通过粗瞄器照准目标处棱镜，对物镜和目镜进行调焦，使目标处棱镜成像清晰，制动水平和竖直螺旋，调整水平和竖直微动螺旋，精确瞄准目标处棱镜的中心。

(四) 参数设置与输入

全站仪测量前，应注意测量各参数的设置与输入。

1. 基本参数设置 NTS-320 全站仪的基本参数有单位设置、模式设置和其他设置，它是按住 F4+POWER 键开机后自动进入基本设置状态，通过按键操作来完成。注意设置完成后，按 F4 键确认后可永久保存，即关机后，所进行的设置在重新开机后，没有重新设置前一直不变，作为本机的默认设置。

星键模式下可进行对比度调节、照明、倾斜和 S/A 设置。按星键后，通过按 △ 键或 ▽ 键，直接调整液晶显示的对比度；照明指选择开关背景光；倾斜指选择开关倾斜改正；S/A 则是对棱镜常数和温度大气压进行设置。

2. 数字的输入 NTS-320 全站仪一般有棱镜常数（PSM）、大气改正值（PPM）、大气温度和大气压（T-P）等参数的输入；以及仪器高、棱镜高、水平角归零设置值、测站点、后视点、各备用点坐标值、放样数据等大量的测量数字需要进行输入。由此可见，数字输入工作是全站仪操作使用的基础工作。

(1) 数据的输入。如图 5-8A 和图 5-9A 所示是全站仪进入角度测量模式下的显示屏和软键的平面图；按 F3 键，选置盘，进入水平角设置的输入状态，显示屏切换到图 5-8B 和图 5-9B，在 B 状态下，按 F1 键，进入数字输入状态，屏幕切换到图 5-9C；在 C 状态下，按 F3 键，屏幕切换到 D，在 D 状态下，按 F1 键，数据"9"被输入完成，屏幕自动切回到 C；又可继续在 C 状态下，按 F3 键，再按 F2 键，数据"0"就被输入完成；屏幕自动切回到 C 后，按 F4 键，相当于按了"回车"键，完成角度设置值 90°00′00″ 数据输入的确认操作，屏幕自动切换到 A 状态，数据输入工作完成。

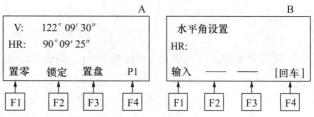

图 5-8 角度测量屏显

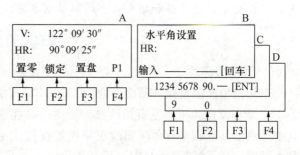

图 5-9 角度归零输入屏显

(2) 字符的输入。如图 5-10A 所示为 NTS-320 全站仪通过按 MNUE 键→F4 键→F1

键→F3 键后进入选择文件状态。在选择文件状态下，按 F1 键，屏幕切换到图 5-11A，在 A 状态下，按△键或▽键，屏幕将自动地在图 5-11A、B、C 和 D 中切换；若屏幕切换到图 5-10B 状态；在图 5-10B 状态下，按 F1 键，屏幕切换到图 5-10C 状态，按 F3 字符"O"被输入完成，屏幕自动切回到图 5-10B；其他字符可同理输入。对已输入数字修改，通过按▷或◁键将光标移到待修改的数字上后，再次重新输入即可。

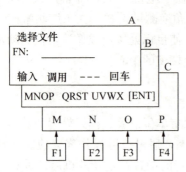

图 5-10　选择文件屏显

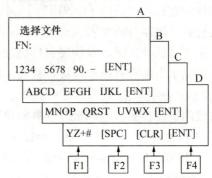

图 5-11　文件名输入屏显

（五）测量模式按键操作

NTS-320 全站仪各测量模式下的按键操作，以软键操作为主，方便、简捷。其软键功能是根据测量模式不同而变化。只需要在各测量模式下，根据显示屏中的第四行中的中文或字符提示，按下该中文或字符所垂直对应的软键（F1~F4）即可完成。其中，在屏幕第四行第四列出现 P 或 P_n（$n=1$、2、3、…）时，表明当前测量状态或模式下，屏幕有多页（Pages）（大于 2 页），按 F4 可进行页面间切换。

（六）测量数据存录

NTS-320 全站仪测量过程中，其数据分测量数据和坐标数据；全站仪测量数据的保存有自动存储（简称为存）和笔录存储（简称为录）两种方法。存录若要求测量中进行测量数据的自动存储，则应在建立文件的前提下进行，否则，所有测量数据应通过笔录来完成保存工作。测量数据进行自动存储时应注意电子数据的安全备份工作。

任务二　全站仪的应用测量

任务目标： 能够正确使用全站仪进行角度、距离和坐标测量的方法与测量结果评价应用，掌握全站仪点放样和距离放样的测量基本方法等内容。

一、全站仪角度测量

（一）角度测量

全站仪角度测量操作简捷方便。NTS-320 全站仪角度测量默认状态一般指：角度单位为 1°，最小读数为 1″，垂直角读数为天顶式垂直零，水平角蜂鸣声关，垂直角倾斜改正开。其中，最小读数和垂直角倾斜改正项设置在按主菜单（MENU）键后进行，其他项设置在基本设置（按 F4 键开机）中进行。

全站仪角度测量操作如下：在测站对中、整平安置仪器开机后，上、下和左、右转动望远镜，自动进入角度测量模式（若是其他测量模式下则按角度测量键进入），瞄准目标 A，屏幕则显示出该方向的水平角方向角值和竖直角值,如图5-12A所示。

图5-12是NTS-320全站仪角度测量模式下的三个界面菜单,它们之间通过按F4键进行切换。

水平角的测量方法与光学经纬仪水平角测量方法一致。

(二)"归零"操作

全站仪水平角测量中的"归零"操作具备了光学经纬仪的所有功能。NTS-320全站仪水平角测量中的"归零"操作如下:

1. 0°00′00″的设置 在图5-12A状态下,按F1键,即可将该方向的水平角方向值设置为0°00′00″。设置完成后,没有误差。

2. 非零"归零"值设置 非零"归零"值设置有两种方式。

(1)置盘状态设置:在图5-12(或图5-9)A状态下,按F3键,选置盘,进入水平角设置的输入状态,显示屏切换到图5-9B;在B状态下,按F1键,进入数字输入状态,屏幕切换到图5-9C;在C状态下,按F3键,屏幕切换到D;在D状态下,按F1键,数据"9"被输入完成,屏幕自动切回到C;又可继续在C状态下,按F3键,再按F2键,数据"0"就被输入完成;屏幕自动切回到C后,按F4键,相当于按了"回车"键,完成角度设置值90°00′00″数据输入的确认操作,屏幕自动切换到图5-12(或图5-9)A状态,即完成了该方向水平方向角值"归零"值"90°00′00″"的设置操作。

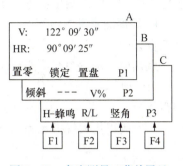

图5-12 角度测量三菜单屏显

(2)锁定状态设置:在图5-12A状态下,松开水平制动,水平转动全站仪的照准部,使HR值变为90°01′00″后,锁紧水平制动,调整水平微动螺旋,使HR值变为90°00′00″后,按F2键,进入锁定状态,屏幕切换到图5-13,转动全站仪的照准部,重新瞄准目标A后,按F3键,选[是]进行确认,则目标A的水平方向角值为90°00′00″,完成了该"归零"值的设置操作。该状态下操作与光学经纬仪中的复测扳手操作相似。

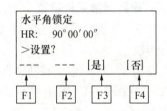

图5-13 锁定状态设置菜单屏显

(三)各种显示量间的切换

NTS-320全站仪角度测量模式下,其显示量切换有:水平角的左角(HL)与右角(HR)间切换(L/R)、垂直角(V)与斜率(%)间切换(V%)和天顶零与水平零间切换(竖直)三种。

在图5-12C状态下,每按一次F2键,HR与HL间就切换一次;在图5-12C状态下,每按一次F3键,天顶零与水平零间就切换一次;在图5-12B状态下,每按一次F3键,V与%间就切换一次。

天顶零与水平零间切换,显示出来的V值含义不同。天顶零与水平零V值含义分别如图3-23A和B所示。

二、全站仪距离测量

(一)距离测量设置

全站仪距离测量涉及很多参数与变量,在进行电子测距前必须完成这些参数与变量值的确定工作——距离测量设置。距离测量设置有两大类：基本设置和变量设置。

1. 距离测量基本设置 NTS-320 全站仪距离测量基本设置是在按 F4 键开机后进行。单位设置中有：距离单位为 m，温度单位为 ℃，大气压单位为 kPa。

默认模式设置中有：测距模式（精测/跟踪）中为精测；距离测量显示顺序（HD&VD/SD）中为 HR、HD、VD；N 次测量/复测中为复测；当选取 N 次测量时，测量次数为 3；测距蜂鸣（开/关）中为开；两差改正（0.14/0.20/关）中为 0.14；关测距时间为 30 s。

两差改正指大气折光和地球曲率改正。在水准测量中，大气折光的影响和地球曲率的影响之和为 $f = c - r = 0.43\dfrac{D^2}{R}$。全站仪距离测量中，若不考虑大气折光的影响和地球曲率的影响，则平距和高差的计算有：

$$HD = SD \times \cos\alpha$$
$$h = SD \times \sin\alpha \tag{5-1}$$

若考虑大气折光的影响和地球曲率的影响，则平距和高差的计算有：

$$HD = SD \times \left[\cos\alpha + \sin 2\alpha \times SD \times \dfrac{K-2}{4R}\right]$$
$$h = SD \times \left[\sin\alpha + \cos^2\alpha \times SD \times \dfrac{1-K}{2R}\right] \tag{5-2}$$

式中：α——为从水平面起算的竖直角 V；

R——地球半径，取 6 370 km；

K——大气折光系数。

2. 距离测量变量设置 全站仪距离测量的变量设置一般在距离测量模式下进行。

图 5-14 是 NTS-320 全站仪角度测量模式下的两个界面菜单，它们之间通过按 F4 键进行切换。

在图 5-14A 中，按 F3 键，选 S/A 功能，进入测距参数设置状态，屏幕切换为图 5-15。在图 5-15 测距参数设置状态下，按 F1 键，选棱镜功能，完成棱镜常数改正值（PSM）为－30；按 F2 键，选 PPM 功能，完成大气改正（PPM）为 0.0，一般情况下，不进行此项设置；按 F3 键，选 T-P 功能，完成温度为 t ℃（t 为测距时的大气温度），大气压一般为 101.3 kPa 不作调整，大气改正（PPM）则根据式（5-3）由全站仪自动计算完成设置。

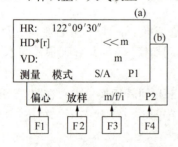

图 5-14 角度测量二菜单屏显

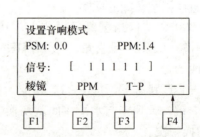

图 5-15 测距参数设置菜单屏显

$$PPM = 273.8 - 0.290\,0 \times \dfrac{P}{1 + 0.003\,66t} \tag{5-3}$$

式中：PPM——大气改正系数；

P——大气压，kPa；

t——测距时大气温度，℃。

(二) 距离测量

全站仪在距离测量设置完成后,即可进行距离测量。

NTS-320 全站仪距离测量操作如下:在测站对中、整平安置仪器开机后,上、下和左、右转动望远镜,全站仪自动进入角度测量模式,在目标 A 处对中、整平安置棱镜组,瞄准目标 A 处棱镜中心,按距离测量键,全站仪从角度测量模式切换到距离测量模式,屏幕如图 5-14A 所示,在图 5-14A 状态下,按 F3 键,完成距离测量变量设置,屏幕自动切换到图 5-14A,按 F1 键,进行距离测量,电子距离测量过程中,*出现在屏幕上,同时伴有蜂鸣声,在 8~30 s 后,显示测量结果。在测量结果录取后应切换到角度测量模式下,以节约全站仪的电量。

(三) 距离放样测量

NTS-320 全站仪具有距离放样测量功能。其测量操作如下:

在图 5-14B 状态下,按 F2 键,选放样功能后,屏幕切换到图 5-16A,距离放样有三种模式:平距、高差和斜距,一般是平距模式。在图 5-16A 状态下,按 F1 键,选平距模式,屏幕切换到图 5-16B;在图 5-16B 状态下,按 F1 键,屏幕切换到图 5-16C,根据数字输入方法,将平距设置为要放样的数值后回车确认。以上各操作可简写为:F2…放样→F1…平距→F1…输入→135.568→回车。

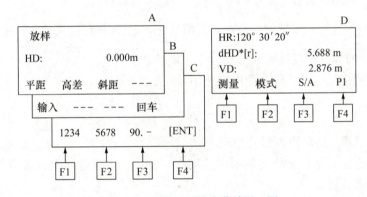

图 5-16 放样测量模式菜单屏显图

在距离放样设置完成后,瞄准估算出的放样点位处的棱镜中心,测量开始,屏幕显示如图 5-16D 所示,其中,dHD 值为估算出的放样点与计算出的放样点间的平距差,沿着该方向向外移动棱镜(若 dHD 值为负值,则棱镜应向里移),直到 dHD 值为 0.000 m 时为止,则棱镜所处点位即为要放样的标准点位。

从距离放样模式返回正常距离测量模式,只需将距离放样数据设置为零。

NTS-320 全站仪还具有偏心测量模式,其功能和操作参考其使用说明书。

(四) 测距精度

全站仪测距属于电磁波测距,按测距大小有中、短程之分,短程为 3 km 以下,中程为 3~15 km;按测距精度有Ⅰ级、Ⅱ级和Ⅲ级之分。

1. 仪器的标称精度 仪器的标称精度 m_D 根据规范有:

$$m_D = (a + b \times D) \tag{5-4}$$

式中:m_D——测距中误差,mm;

a——标称精度中的固定误差,mm;

b——标称精度中的比例误差系数,mm/km;

D——测距长度,km。

【例1】 NTS-320全站仪,当其测距为1.5 km时,其标称精度为:
$$m_D = a + b \times D = 3 + 5 \times 1.5 = 10.5 \text{(mm)}$$
测距精度标准见表5-3。

表5-3 仪器精度标准(测距长度为1 km时)

仪器精度等级	Ⅰ级	Ⅱ级	Ⅲ级
m_D(mm)	≤5	5~10	10~20

2. 测距边的精度 测距边的精度可用三个量来评定:单位权中误差、实际测距中误差和平均测距中误差。

(1)单位权中误差:单位权中误差用μ表示。
$$\mu = \sqrt{\frac{[Pdd]}{2n}} \qquad (5-5)$$

式中:μ——单位权中误差,mm;

d——各边往返距离的较差,mm;

n——测距的边数;

P——各边距离测量的先验权,其值为$\frac{1}{\sigma_D^2}$,σ_D为测距的先验中误差,可按测距仪的标称精度计算;

(2)实际测距中误差:实际测距中误差用m_{Di}表示。
$$m_{Di} = \mu \times \sqrt{\frac{1}{P_i}} \qquad (5-6)$$

式中:P_i——第i边距离测量先验权。

(3)平均测距中误差:平均测距中误差用M_{Di}表示。当测量网中各边边长相差不大时,可用式(5-7)来计算。
$$M_{Di} = \sqrt{\frac{[dd]}{2n}} \qquad (5-7)$$

三、全站仪坐标测量

(一)坐标测量原理

全站仪坐标测量主要根据电子测距测量的斜距,结合角度测量的水平角和竖直角,通过三角关系由程序自动计算来完成。

如图5-17所示,目标点的三维坐标计算公式有:
$$\left. \begin{array}{l} x = x_0 + S \times \cos\alpha \times \cos A_后 = x_0 + D \times \cos A_后 \\ y = y_0 + S \times \cos\alpha \times \sin A_后 = y_0 + D \times \sin A_后 \\ z = z_0 + S \times \sin\alpha - i + v = z_0 + D \times \tan\alpha - i + v \end{array} \right\} \qquad (5-8)$$

式中:x_0, y_0, z_0——测站坐标;

x, y, z——目标点坐标;

S——测站到目标点间斜距;

$A_后$——测站与目标点连线的方位角;

α——测量目标时的竖直角（水平零）；
i——棱镜高；
v——仪器高；
D——平距。

如图 5-17 所示，后视点坐标为 (x_1, y_1, z_1)，后视方位角为 $A_后$，后视点与测站连线和目标与测站连线间的水平角为 β。它们之间关系有：

$$A_后 = \tan^{-1}\frac{y_1 - y_0}{x_1 - x_0} = \tan^{-1}\frac{\Delta y}{\Delta x} \tag{5-9}$$

$$A_前 = A_后 + \beta_左 - 180° \tag{5-10}$$

（二）全站仪坐标测量设置

全站仪坐标测量设置是在坐标测量模式下进行的。

如图 5-18 所示为 NTS-320 全站仪坐标测量的三个界面菜单，它们之间通过按 F4 键进行切换。

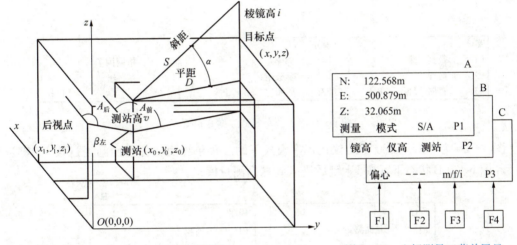

图 5-17 坐标测量原理　　　　图 5-18 坐标测量三菜单屏显

全站仪坐标测量是在测距和测角的基础上完成的，因此，坐标测量设置应是在测距和测角时的设置基础上进行。坐标测量与测距和测角设置不同的变量设置有测站点坐标设置、仪器高设置、棱镜高设置和后视方位角设置。

测站点坐标设置，在图 5-18B 状态下，操作如下：F3…测站→F1（△键或▽键选择 N、E、Z 输入测站点坐标值）→F4…ENT。

同理可完成仪器高、棱镜高的输入设置操作。在以上各设置完成后，进行后视方位角设置，其操作如下：全站仪瞄准后视点，将该方向水平角方向值设置为 $A_后$ 值即完成了后视方位角设置工作。

（三）全站仪坐标测量

全站仪在坐标测量设置完成后，即可进行坐标测量。

NTS-320 全站仪坐标测量操作如下：在测站对中、整平安置仪器开机后，上、下和左、右转动望远镜，全站仪自动进入角度测量模式，在目标 A 处对中、整平安置棱镜组，按坐标测量键，全站仪从角度测量模式切换到坐标测量模式，屏幕如图 5-18A 所示，完成坐标测量设置后，瞄准后视点，通过置盘设置 $A_后$ 值，再瞄准目标 A 处棱镜中心，在图 5-18A

状态下，按 F1 键盘，进行测量功能，屏幕显示测量结果——目标 A 点的三维坐标。

任务三　全站仪的程序测量

任务目标：能够正确使用全站仪进行悬高测量（包括有棱镜悬高测量和无棱镜悬高测量）、对边测量和放样测量等测量基本方法。

全站仪的程序测量让全站仪的功能不断地强大，同时大大提高了测量工作效率。程序测量是数字化仪器在一定的测量程序指导下，逐步完成测量操作，自动完成数据的存储、转换、代入计算，从而完成某一特定测量任务或测量功能。NTS－320 全站仪的程序测量有：悬高测量、对边测量、Z 坐标测量、面积测量和点到线测量等。

图 5－19 为 NTS－320 全站仪开机后，按 MENU 键进入主菜单模式下的三个菜单界面，各界面间通过按 F4 键进行切换。

A

菜单		1/3
F1:	数据采集	
F2:	放样	
F3:	存储管理	P↓

B

菜单		2/3
F1:	程序	
F2:	参数组1	
F3:	照明	P↓

C

菜单		3/3
F1:	格网因子	
F2:	参数组 2	
		P↓

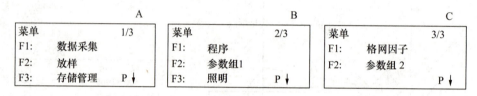

图 5－19　主菜单模式三菜单屏显

图 5－20 为 NTS－320 全站仪在程序模式下的二菜单界面，各界面间通过按 F4 键进行切换。图 5－20B 状态下，按 F1 键后进入到悬高测量模式。

A

程序		1/2
F1:	悬高测量	
F2:	对边测量	
F3:	Z 坐标	P↓

B

程序		2/2
F1:	面积	
F2:	点到线测量	
		P↓

图 5－20　程序测量二菜单屏显

一、全站仪悬高测量

悬高测量让人们能够方便地测量一些无法安置棱镜目标点的高度。

1. 悬高测量原理

（1）棱镜高已知时的悬高测量。如图 5－21 所示，当棱镜高为已知时，在 Rt△ACD 中。

$$HD = S \times \cos\alpha_2$$

$$CD = S \times \sin\alpha_2 = HD \times \tan\alpha_2$$

在 Rt△ACE 中

$$CE = HD \times \tan\alpha_1$$

由图 5－21 知：

$$VD = CE + i - CD$$

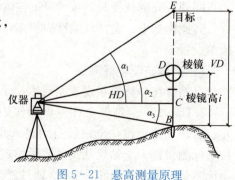

图 5－21　悬高测量原理

$$= HD \times \tan \alpha_1 + i - HD \times \tan \alpha_2 \tag{5-11}$$

(2) 棱镜高未知时的悬高测量。如图 5-21 所示，当棱镜高为未知时，在 Rt△ACE 中有：

$$CE = HD \times \tan \alpha_1$$

在 Rt△ACD 中

$$HD = S \times \cos \alpha_2$$
$$CD = S \times \sin \alpha_2 = HD \times \tan \alpha_2$$

在 Rt△ACB 中

$$CB = HD \times \tan \alpha_3$$

由图 5-21 知：

$$VD = CE + CB$$
$$= HD \times \tan \alpha_1 + HD \times \tan \alpha_3 \tag{5-12}$$
$$= HD \times (\tan \alpha_1 + \tan \alpha_3) = S \times \cos \alpha_2 \times (\tan \alpha_1 + \tan \alpha_3)$$

2. 悬高测量 全站仪的悬高有两种情况：一是棱镜高可以测量；二是棱镜高不能测量。

(1) 有棱镜高时的悬高测量。NTS-320 全站仪有棱镜高时的悬高测量操作如下：在图 5-20A 状态下，按 F1 键，进入悬高测量模式，屏幕切换到图 5-22A；接下来操作有：F1…输入镜高→F1…输入→输入镜高 1.588 后→F4…回车→瞄准棱镜中心 D→F1…测量→瞄准目标 E 后，屏幕切换到图 5-22D，目标点至地面的 VD 直接显示出来，

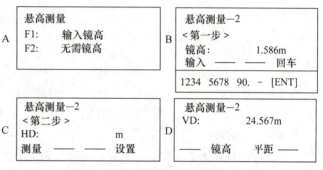

图 5-22 悬高测量-1 菜单屏显

完成悬高测量工作。在图 5-22D 状态下，按 F2 键，返回执行镜高输入状态；在图 5-22D 状态下，按 ESC 键，屏幕切换到程序菜单模式。

(2) 无棱镜高时的悬高测量。NTS-320 全站仪无棱镜高时的悬高测量操作如下：在图 5-20A 状态下，按 F1 键，进入悬高测量模式，屏幕切换到图 5-23A；接下来操作有：F2…无需镜高→瞄准棱镜中心 D→F1…测量（HD）结果显示出来，屏幕自动切换到图 5-23C→（瞄准目标的地面 B）F4…设置→瞄准目标 E，屏幕切换到

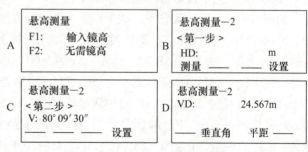

图 5-23 悬高测量-2 菜单屏显

图 5-23D，目标点至地面的 VD 直接显示出来，完成悬高测量工作。在图 5-23D 状态下，按 F2 键，返回执行瞄准棱镜中心操作；在图 5-23D 状态下，按 ESC 键，屏幕切换到程序菜单模式。

二、全站仪对边测量

在测量中，传统中我们选点、布点要求做到点与点通视，给我们测量带来了一些困难和

额外工作负担，有了对边测量，就能很轻松地解除这个选、布点的限制条件。

1. 对边测量原理 如图 5-24 所示，△DMF 中，根据余弦定律

$$dHD = MF = \sqrt{HD_{DA}^2 + HD_{DE}^2 - 2HD_{DA} \times HD_{DB} \times \cos\beta} \quad (5-13)$$

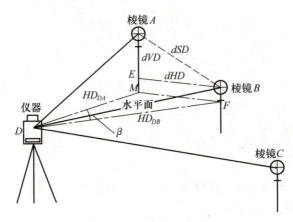

图 5-24 对边测量原理

在 Rt△ADM 中

$$AM = VD_{DA} = HD_{DA} \times \tan\alpha_{DA}$$

在 Rt△BDF 中

$$BF = VD_{DB} = HD_{DB} \times \tan\alpha_{DB}$$

在 Rt△ABE 中

$$dVD = AM - EM = AM - BF = HD_{DA} \times \tan\alpha_{DA} - HD_{DB} \times \tan\alpha_{DB}$$

$$dSD = \sqrt{dHD^2 + dVD^2} \quad (5-14)$$

2. 对边测量 NTS-320 全站仪对边测量有两个功能：一是 MLM-1（A-B，A-C），称起点式；二是 MLM-2（A-B，B-C），称为传递式。

NTS-320 全站仪对边测量操作如下：

如图 5-20A 所示状态下，按 F2 键，进入对边测量模式，屏幕自动切换到图 5-25A，按 F2…不使用文件；屏幕自动切换到图 5-25B，按 F2…不使用坐标格网因子；屏幕自动切换到图 5-25C，按 F1…MLM-1（A-B，A-C）；屏幕自动切换到图 5-25D，瞄准棱镜 A 中心，按 F1…测量，屏幕自动显示出 AD 间的平距；显示后按 F4…设置，屏幕切换图 5-25E，瞄准棱镜 B 中心，按 F1…测量，屏幕自动显示出 BD 间的平距；显示后按 F4…设置，屏幕切换图 5-25F，屏幕显示出 AB 间的平距和高差；按距离测量键，可显示斜距。要 A-C 间的平距，在图 5-25F 状态下，按 F3…平距，屏幕自动切换到图 5-25E，瞄准棱镜 C 后，按 F1…测量，屏幕自动显示出 CD 间的平距；显示后按 F4…设置，屏幕切换图 5-25F，屏幕显示出 AC 间的平距和高差；按距离测量键，可显示斜距。依次操作，可完成所有的对边测量工作。

MLM-2 功能操作与 MLM-1 功能操作基本相同。NTS-320 全站仪对边测量还可以直接输入坐标或利用坐标数据文件进行。

3. 格网因子计算 坐标格网因子（λ_h）是考虑地球表面上不同的点间平距在 WGS-84 大地坐标系中参考椭球体表面上的标高投影后平距的变化影响。一般情况下，可以不使用格

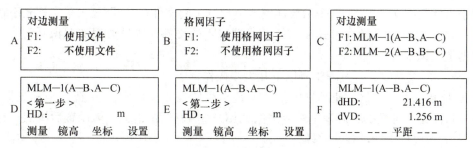

图 5-25 对边测量菜单屏显

网因子。

格网因子计算如式（5-15）至式（5-17）所示：

$$H_\lambda = \frac{R}{R+H} \quad (5-15)$$

$$\lambda_h = H_\lambda \times M_\lambda \quad (5-16)$$

有格网因子时距离计算有：

$$HD_g = HD \times \lambda_h \quad (5-17)$$

式中：R——地球半径；

H——平均海拔高度；

HD——地面上两点间的平距；

HD_g——坐标格网上两点间距离；

H_λ——高程因子。

比例尺因子（M_λ）为：0.990 000～1.010 000。

【例 2】 现有一比例尺为 1∶1 000，测量区域内平均海拔高度为 1 080.856 m，WGS-84 大地坐标系中计算出该测区的地球半径为 6 370 km，现地面上有两点间水平距离为 500 m，求该测区的格网因子和 HD_g。

解：坐标格网因子＝高程因子×比例尺因子

（1）计算测区的高程因子：

$$H_\lambda = \frac{6\,370 \times 10^3}{6\,370 \times 10^3 + 1\,080.856} \approx 0.999\,830$$

（2）计算坐标格网因子：

$$\lambda_h = H_\lambda \times M_\lambda = 0.999\,830 \times 1.000\,0 = 0.999\,8$$

（3）计算 HD_g：

$$HD_g = HD \times \lambda_h = 500 \times 0.999\,8 = 499.9(\text{m})$$

三、全站仪放样测量

NTS-320 全站仪放样模式有两个功能：一是测定放样点；二是利用内存中的已知坐标数据设置新点。若坐标数据未被存入内存，可以从键盘输入或通过计算机从传输电缆传入全站仪的机带内存中。

全站仪机带内存空间主要供数据采集模式和放样模式使用。内存数据有坐标数据文件和测量数据文件，为了便于内存文件管理，NTS-320 全站仪，显示文件时，在文件名前还附有文件识别符（＊、@、&）。对于测量数据文件，"＊"表示数据采集模式下被选定的文件；对于坐标数据文件："＊"表示放样模式下被选定的文件；"@"表示采集模式下被选定的文件；"&"表示用于放样模式和采集模式被选定的文件。测量数据类型识别符为"M"，坐标数据类型识别符为"C"。

NTS-320 全站仪放样过程中有以下几大步操作：

① 选择数据采集文件，使测量中采集的数据存储在该文件中；② 选择坐标数据文件，以方便进行测站坐标数据和后视坐标数据的调用；③ 设置测站点；④ 设置后视点，确定方位角；⑤ 输入放样坐标，开始放样。

1. 坐标数据文件的选择 图 5-26 为 NTS-320 全站仪放样模式下的两菜单界面，两菜单界面间切换通过按 F4 键进行。

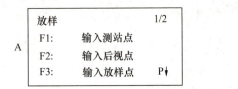
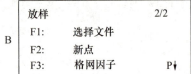

图 5-26 放样测量二菜单屏显

NTS-320 全站仪放样模式下，选择坐标数据文件的操作如下：

在图 5-26B 状态下，按 F1…选择文件，屏幕切换到图 5-27A；在图 5-27A 状态下，可按 F1…输入，直接输入选择的文件名即可；也可以按 F2…调用，屏幕切换图 5-27B 状态，在 B 状态下，通过▽键或△键选择文件"SOUTHDATA/C0228"，完成文件有选择操作。

图 5-27 选择文件菜单屏显

2. 设置测站点 图 5-28 是在图 5-26A 状态下，按 F1…输入测站点后的界面，它告诉人们，NTS-320 全站仪放样模式下，设置测站点有两种方法：一是利用内存中的坐标进行设置，设置时有两个途径：输入点号和调用坐标文件；二是直接输入测站点的坐标。

图 5-28 输入测站点菜单屏显

NTS-320 全站仪直接输入设置测站点操作如下：在图 5-28 状态下，按 F3…坐标→F1…输入→输入测站点的坐标（N，E，Z）值→F4…ENT→F1…输入仪器高→F4…回车；屏幕自动返回放样模式下的 1/2 界面，完成测站点的设置。

其他操作根据屏幕提示进行。

3. 设置后视点 NTS-320 全站仪放样模式下，设置后视点有三种方法：一是利用内存中的坐标文件设置后视点；二是直接输入后视点的坐标数据；三是直接输入后视方位角。三种方法间切换如下：如图 5-29D 所示为输入点号进行调用坐标文件；在 D 状态下，按 F3

键,屏幕切换到 E;在 E 状态下按 F3 键,屏幕切换到 F;在 F 状态下按 F3 键盘,屏幕切换到 D。

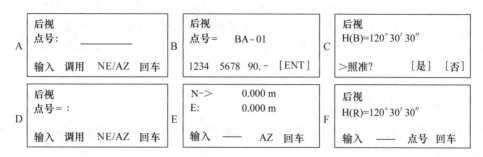

图 5-29 输入后视点操作屏显

NTS-320 全站仪利用内存的坐标数据设置后视点操作如下:在图 5-26A 状态下,可按 F2…输入后视点→(如图 5-29A、B、C 所示)F1…输入→(输入点号后)F4…ENT→(瞄准后视点)F3…是;完成后视点的设置,屏幕自动切换在图 5-26A。

4. 坐标放样测量 NTS-320 全站仪放样有两种方法,主要体现在输入放样点的方法上,一是通过点号调用内存中的坐标值作为放样点;二是直接键入放样点坐标值。

如图 5-30 所示,NTS-320 全站仪调用内存中的坐标放样操作如下:在图 5-26A 状态下,按 F3…输入放样点后的界面如图 5-30A 所示,F1…输入点号和镜高;按 F4…ENT 确认,屏幕自动切换到图 5-30B,仪器进行放样数据计算,瞄准目标放样点处棱镜,在 B 状态下→F1…角度,屏幕切换 C,调整棱镜方位,让 $dHR=0°00'00''$,表明方向正确;在 C 状态下,→F1…距离,屏幕切换到 D,HD 为实测平距,dHD 为放样距离与实测平距之差,调整棱镜远近,让 $dHD=0.000$ m,后在 D 状态下,→F1…模式,进行精测,直到 dHD、dHR、dZ 均为 0 时,则放样点的测设工作已经完成;在 D 状态下,→F3…坐标,放样点的坐标值显示出来;在 D 状态下,→F4…继续,进行下一个放样点的测设工作。若要退出,多次按 ESC 键,直到退出为止。

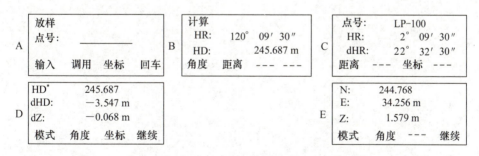

图 5-30 放样测量各操作屏显

全站仪的功能很强大,其他程序测量、数据采集和存储管理等,具体操作参见全站仪的使用操作说明书。

▶ 技 能 训 练

将全班按每组 4~5 人分为若干小组,每组按全站仪测量项目要求领取全站仪及工具,在测量情景教学场地内选择进行：①全站仪的认识与操作；②全站仪进行角度、距离与坐标测量；③全站仪进行悬高、对边与放样测量等项目进行技能训练。

要求每组成员熟练掌握全站仪的基本操作与常数设置，熟练掌握全站仪角度、距离和坐标测量，能够利用全站仪进行悬高测量、对边测量、面积测量和放样测量等。达到人人会操作仪器，会观测读数，会写项目测量报告，具体要求见全站仪测量相关内容。

▶ 思考与练习

1. 名词解释：全站仪、软键、标称精度、单位权中误差、实际测距中误差、速测全站仪、程序测量。
2. 简述全站仪角度测量中的非零"归零"操作。
3. 简述全站仪的数字输入操作。
4. 简述无棱镜高下的悬高测量操作。
5. 简述全站仪的坐标测量操作。
6. 全站仪有何优点？

项目六

小地区控制测量

CELIANG

【项目提要】 主要介绍控制测量的基本知识、小地区控制测量中常用的导线测量、小三角测量和三角高程测量等内容。

【学习目标】 了解控制测量的基本概念、基本原则和基本控制网的布设要求;掌握导线外业测量和内业计算、三角高程测量的基本方法与计算等内容。

任务一 控制测量概述

任务目标:要求学生了解控制测量布设的基本原则,熟悉平面控制测量与高程控制测量的基本要求与技术规范等内容。

一、控制测量及其布设原则

根据测量工作"从整体到局部,先控制后碎部"的测量原则,无论是进行地形图测绘,还是进行建筑的施工放线和竣工后各种安全监测,都应在测区内首先建立测量控制网。测量控制网是由在测区内若干个控制点按一定的规律和要求而构成的几何图形。

根据控制测量的范围和大小可分为国家控制网、城市控制网和小地区(面积在 15 km^2 以内)控制网;根据控制网作用不同又可分为平面控制网和高程控制网;按小地区平面控制测量的精度不同可分为首级控制网和图根控制网,首级控制网精度最高,图根控制网是直接为测图服务的。

测量控制网布设应遵循整体控制、局部加密,高级控制、低级加密的原则进行。国家控制网是在全国范围内建立的,它是全国各种比例尺测图的基本控制和基本建设的依据,同时为研究地球的形状和大小提供基础资料。实行多等级制,下一级控制网受上一级控制网控制,或是在上一级控制网基础上,进行加密构成。城市控制网一般以国家控制网为基础,根据需要,布设成不同等级的控制网;国家控制网和城市控制网,均由测绘部门负责完成,其成果可向有关机构按规定程序索取。

小地区测量控制网应依据国家或城市控制网进行布设,在条件不具备时,也可以设立独立控制网系统。

二、平面控制测量

平面控制网是按一定精度标准确定控制网点的平面位置,为建立平面控制网而进行的测量工作称为平面控制测量。平面控制网测量的常规方法一般有三角测量和导线测量两种，还可采用GPS（全球定位系统）测量方法。国家平面控制网测量常采用三角测量方法，并实行等级制，一般分为一、二、三、四等4个等级，各等级控制网间的关系如图6-1所示。各等级水准控制网关系如图6-2所示。

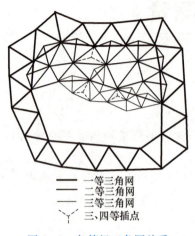

—— 一等三角网
—— 二等三角网
—— 三等三角网
⋎ 三、四等插点

图6-1　各等级三角网关系

≡ 一等水准路线
— 二等水准路线
— 三等水准路线
---- 四等水准路线

图6-2　各等级水准控制网关系

小地区平面控制网测量，应根据测量精度的不同要求，结合测区的大小和地形，采用小三角测量或导线测量方法，则应参考表6-1中要求进行建立。

表6-1　小面积首级控制和图根控制

测区面积（km^2）	首级控制	图根控制
1～15	一级小三角或一级导线	两级图根
0.5～2	一级小三角或一级导线	两级图根
0.5以下	图根三角或图根导线	

三、高程控制测量

建立高程控制网的主要方法是精密水准测量。水准测量分为一、二、三、四等（《工程测量规范》中把水准测量分为二、三、四、五等4个等级，规范号GB 50026—2007），精度依次逐级降低。一等水准测量精度最高，由它建立起来的一等水准网是国家高程控制网的骨干。二等水准网在一等水准环内布设，是国家高程控制网的测量基础。三、四等水准网是高程控制点的进一步加密，主要为测绘地形图和各种工程建设提供高程起算数据。三、四等水准测量路线应附合于高级水准点之间，并尽可能交叉，构成闭合环。1991年发布了《国家一、二等水准测量规范》（GB 12898—2006）、《国家三、四等水准测量规范》（GB 12898—2009）。

控制测量是各项具体测量工作的基础，其主要作用是控制测量误差传播和积累的限额，有效控制测量精度。其测量精度不够或错误，必然造成测量工作或整个工程建设的重大损失；其精度过高，必然使工作的费用超支而造成巨大浪费，因此，各等级测量控制网的选用，应严格根据规范标准，结合测量工作和工程建设的需要（精度和经济要求），科学地进行确定。

任务二　导线测量

任务目标：要求学生了解导线测量的主要技术要求，掌握导线外业测量的选点要求以及边长测量与角度测量的基本方法，掌握导线测量的内业计算和查找导线测量误差的方法等内容。

一、导线测量概述

在城镇建筑区以及其他通视条件较差的地区，平面控制大多采用导线测量。导线测量是在地面上按照一定的要求选定一系列的点（导线点），将相邻点联成直线而形成的几何图形，导线测量是依次测定各折线边（导线边）的长度和各转折角（导线角），根据起算数据，推算各边的坐标方位角，从而求出各导线点的坐标。导线测量的主要技术要求见表6-2。按导线的布设形式来分，导线可分为闭合导线（图6-3A）、附合导线（图6-3B）和支导线。

表6-2　导线测量的主要技术要求

等级	导线长度(km)	平均边长(km)	测角中误差(″)	测距中误差(mm)	测距相对中误差	测回数 DJ$_1$	测回数 DJ$_2$	测回数 DJ$_6$	方位角闭合差(″)	相对闭合差
三等	14	3	1.8	20	≤1/150 000	6	10	—	$3.6\sqrt{n}$	≤1/55 000
四等	9	1.5	2.5	18	≤1/80 000	4	6	—	$5\sqrt{n}$	≤1/35 000
一级	4	0.5	5	15	≤1/30 000	—	2	4	$10\sqrt{n}$	≤1/15 000
二级	2.4	0.25	8	15	≤1/14 000	—	1	3	$16\sqrt{n}$	≤1/10 000
三级	1.2	0.1	12	15	≤1/7 000	—	1	2	$24\sqrt{n}$	≤1/5 000

注：表中n为测站数。

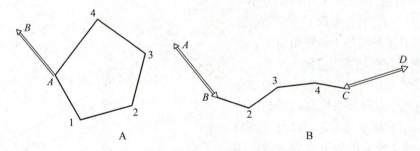

图6-3　导线布设示意

导线测量的工作可分为外业工作和内业计算，现分别介绍如下。

二、导线测量的外业工作

不论是哪一种类型的导线，其外业工作概括起来主要有：踏勘选点及建立标志、丈量边长、观测水平角、测定起始边的方位角或进行联接测量（测量联接边、联接角）。

（一）踏勘选点及建立标志

首先要根据测量的目的、测区的大小以及测图比例尺来确定导线的等级，然后再到测区内踏勘，根据测区的地形条件确定导线的布设形式，还要尽量利用已知的成果来确定布点方案。选定点位时，应注意以下几点：

(1) 相邻导线点间应通视良好，以便测角、量边。

(2) 点位应选在土质坚硬，便于保存标志和安置仪器的地方。

(3) 视野开阔，便于碎部测量和加密图根点。

(4) 导线边长应均匀，避免较悬殊的长边与短边相邻，长边不得大于 350 m，短边不宜小于 50 m。

(5) 点位分布要均匀，符合密度要求。图根控制测量中，测区内解析图根点个数应不小于表 6-3 中的规定。

表 6-3 不同比例尺图根控制点的密度要求

测图比例尺	1:500	1:1000	1:2000	1:5000
图幅尺寸（cm）	50×50	50×50	50×50	40×40
解析控制点（个数）	8	12	15	30

导线点选定之后，要用标志将点位在地面上固定下来，并统一编号，还要绘制"点之记"，以便日后寻找。

(二) 导线边长的测量

导线边长可用测距仪（或全站仪）直接测定，也可用钢尺丈量。若用测距仪测定，其精度较高，一般均能达到小地区导线测量精度的要求。若用钢尺丈量，应用检定过的钢尺按精密丈量方法进行往返丈量，图根导线边长测量相对误差小于或等于 1/3 000 时，取其平均值作为最后结果。

(三) 导线转折角测量

导线的转折角用经纬仪采用测回法观测。导线的等级不同，使用仪器类型不同，测回数也不同。导线的转折角有左角、右角之分，可以观测左角，也可以观测右角。图根导线转折角一般用 DJ_6 型经纬仪观测一测回，对中误差应小于 ±3 mm，上、下两半测回较差不超过 ±40″时，取其平均值作为最终角值。

(四) 测定联接角或方位角

如图 6-4 所示，当导线与高级控制点或同级已知坐标点间接联接时，还必须测出联接角 α、β 和联接边 D_{B1}，以便传递坐标方位角。建立独立的假定坐标系时，还必须测定起始边的方位角。方位角可采用罗盘仪测定起始边磁方位角。

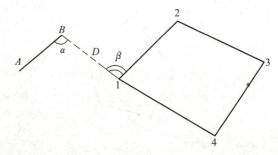

图 6-4 导线连测示意

三、导线测量的内业计算

导线测量的内业计算是根据外业边长的测量值、转折角观测值及已知起算数据推算导线点坐标值。为了计算的正确，首先应绘出导线草图，把检核后的外业测量数据及起算数据注记在草图上，并填写在计算表格中。

导线布设形式不同，其计算方法略异，闭合导线与附合导线计算步骤基本相同，其主要区别

是角度闭合差和坐标增量闭合差的计算方法不同,下面仅以闭合导线的内业计算为例加以说明:

(一) 闭合导线的计算

1. 角度闭合差计算与调整 闭合导线一律测内角,根据平面几何学原理,n 边形内角和应满足的条件:

$$\sum \beta_{理} = (n-2) \times 180° \qquad (6-1)$$

由于观测角不可避免地存在误差,使得实测内角总和 $\sum \beta_{测}$ 不等于理论内角总和 $\sum \beta_{理}$。其差值称为闭合导线的角度闭合差,以 f_β 表示,即:

$$f_\beta = \sum \beta_{测} - \sum \beta_{理} = \sum \beta_{测} - (n-2) \times 180° \qquad (6-2)$$

一般图根导线的角度闭合差容许值为:

$$f_{\beta容} = \pm 60''\sqrt{n} \qquad (6-3)$$

当 $|f_\beta|$ 小于或等于容许值时,可对角度闭合差进行调整,调整的方法是按相反的符号平均分配到各内角观测值中。具体计算见式 (6-4)。

如表 6-4 中有:栏 (2) 中各观测角求和有 $\sum \beta_i = 540°00'29''$

$$f_\beta = \sum \beta_{测} - \sum \beta_{理} = 540°00'29'' - (5-2) \times 180° = +29''$$

$f_{\beta容} = \pm 60''\sqrt{n} = \pm 60''\sqrt{5} = 134'' \geqslant 29''$ 说明测量结果符合精度要求,可按式 (6-4) 进行调整,即每个观测角的改正数应为:

$$v_\beta = \frac{-f_\beta}{n} \qquad (6-4)$$

根据分配原则,分配结果见表 6-4 中所示。

表 6-4 中栏 (4) 计算有: (4) = (2) + (3)。

2. 导线边坐标方位角的推算 根据已知边坐标方位角和调整后的角值,可按方位角的计算公式计算导线各边坐标方位角。

$$\alpha_{前} = \alpha_{后} \pm 180° ^{+\beta_{左}}_{-\beta_{右}} \qquad (6-5)$$

式中:$\alpha_{前}$、$\alpha_{后}$——分别为相邻导线前、后边的坐标方位角;

β——观测角。

$$\alpha_{1-2} = \alpha_{A-1} + \beta_1 - 180° = 141°05'21'' + 116°18'41'' - 180° = 77°24'02''$$
$$\alpha_{2-3} = \alpha_{1-2} + \beta_2 - 180° = 77°24'02'' + 115°26'00'' - 180° = 12°50'02''$$

同理可计算其他各导线边的方位角,结果如表 6-4 中栏 (5) 所示。

3. 相邻导线点之间的坐标增量计算 坐标增量即是两导线点坐标值之差,也就是从一个导线点到另一个导线点的坐标增加值。坐标增量有纵坐标增量 Δx 与横坐标增量 Δy。坐标增量是利用导线边的边长与坐标方位角计算出来的。如图 6-5 所示,从 A 点到 B 点坐标增量有:

$$\Delta x = D_{AB} \cos \alpha_{AB}$$
$$\Delta y = D_{AB} \sin \alpha_{AB} \qquad (6-6)$$

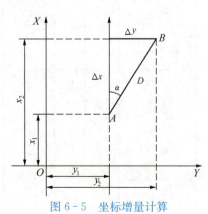

图 6-5 坐标增量计算

表 6-4　图根闭合导线坐标计算表 A

点号	观测值 (° ′ ″)	改正数 (″)	改正后角值 (° ′ ″)	坐标方位角 (° ′ ″)	边长 (m)	增量计算 Δx	增量计算 Δy	改正后的增量 $\Delta x'$	改正后的增量 $\Delta y'$	坐标 x	坐标 y	点号
1	2	3	4	5	6	7	8	9	10	11	12	13
A	97 37 35	−5	97 37 30							500.00	500.00	A
				141 05 21	220.98	−5 −171.95	+6 +138.80	−172.00	+138.86			
1	116 18 47	−6	116 18 41							328.00	638.86	1
				77 24 02	145.19	−3 +31.67	+4 +141.69	+31.64	+141.73			
2	115 26 06	−6	115 26 00							359.64	780.59	2
				12 50 02	160.45	−4 +156.44	+5 +35.64	+156.40	+35.69			
3	121 52 22	−6	121 52 16							516.04	816.28	3
				314 42 18	218.75	−5 +153.88	+6 −155.47	+153.83	−155.41			
4	88 45 39	−6	88 45 33							669.87	660.87	4
				223 27 51	233.96	−6 −169.81	+7 −160.94	−169.87	−160.87			
A				141 05 21						500.00	500.00	A
$\sum$	540 00 29	−29	540 00 00		979.33	$f_x=+0.23$	$f_y=-0.28$	0.00	0.00			

辅助计算：

$f_\beta = +29''$ 　　　 $f_{容} = \pm 60''\sqrt{n} = \pm 60''\sqrt{5} = \pm 134''$

$f_D = \sqrt{f_x^2 + f_y^2} = \sqrt{(+0.23)^2 + (-0.28)^2} = 0.36 \text{(m)}$

$f_x = \sum \Delta x = +0.23 \text{ m}$ 　　 $K = f_D / \sum D_i = 0.36/979.33 = 1/2\,720 < 1/2\,000$ 　合格

$f_y = \sum \Delta y = -0.28 \text{ m}$

如表 6-4 中栏（7）、（8）中 A1 边有：
$$\Delta x = D_{AB} \cos \alpha_{AB} = 200.98 \times \cos 141°05'21'' = -171.95(\text{m})$$
$$\Delta y = D_{AB} \sin \alpha_{AB} = 200.98 \times \sin 141°05'21'' = 138.80(\text{m})$$

同理，可计算其他各边的坐标增量，结果如表 6-4 中栏（7）、（8）中所示。

4. 坐标增量闭合差的计算与调整　闭合导线的纵、横坐标增量代数和在理论上应该等于零，即：

$$\sum \Delta x = 0$$
$$\sum \Delta y = 0 \tag{6-7}$$

但是由于测角、量边的误差存在，计算出来的纵、横坐标增量代数和不等于零，其值即为纵、横坐标增量的闭合差，分别计为 f_x、f_y 则：

$$f_x = \sum \Delta x$$
$$f_y = \sum \Delta y \tag{6-8}$$

在导线测量中，常用导线全长相对闭合差 K 来衡量其精度。

$$f_D = \sqrt{f_x^2 + f_y^2} \tag{6-9}$$

$$K = \frac{f_D}{\sum D_i} \tag{6-10}$$

图根导线的全长相对闭合差的限差为 1/2 000。如果 K 值大于 1/2 000，则说明精度没有达到要求，首先进行检查计算，若计算无误，相对误差仍不满足精度要求则边长重测。

坐标增量闭合差 f_x、f_y 的调整方法是：按照导线的边长成正比例的原则，反符号分配到各坐标增量中，即：

$$\delta_{xAB} = -f_x \times \frac{D_{AB}}{\sum D_i}$$
$$\delta_{yAB} = -f_y \times \frac{D_{AB}}{\sum D_i} \tag{6-11}$$

表 6-4 中栏（7）、（8）中 A1 边上行中数据的计算有：

$$\delta_{xAB} = -f_x \times \frac{D_{AB}}{\sum D_i} = -0.23 \times 220.98/979.33 \approx -0.03(\text{m}) = -3(\text{cm})$$

$$\delta_{yAB} = -f_y \times \frac{D_{AB}}{\sum D_i} = -(-0.28) \times 220.98/979.33 \approx 0.04(\text{m}) = 4(\text{cm})$$

同理可计算其他导线边的坐标增量的调整值的计算，结果如表 6-4 中栏（7）、（8）中所示。

如表 6-4 中栏（9）、（10）中数据分别为（7）和（8）栏中两数据之和。

5. 导线闭合坐标的计算　各导线点的坐标是根据已知点的坐标值及调整后的坐标增量 $\Delta x'$、$\Delta y'$ 逐点推算的，如图 6-5 中所示，有：

$$x_B = x_A + \Delta x'_{AB} = x_A + \Delta x_{AB} + \delta_{xAB}$$
$$y_B = y_A + \Delta y'_{AB} = y_A + \Delta y_{AB} + \delta_{yAB} \tag{6-12}$$

如表 6-4 中栏（11）、（12）中计算有：

表6-5 图根附合导线坐标计算表 A

点号	观测值 (° ′ ″)	改正数 (″)	改正后角值 (° ′ ″)	坐标方位角 (° ′ ″)	边长 (m)	增量计算 Δx	增量计算 Δy	改正后的增量 $\Delta x'$	改正后的增量 $\Delta y'$	坐标 x	坐标 y	点号
1	2	3	4	5	6	7	8	9	10	11	12	13
A				93 56 15								A
B1	186 35 22	−3	186 35 19		86.09	0 −15.73	−1 +84.64	−15.73	+84.63	167.81	219.17	B1
2	163 31 14	−4	163 31 10	100 31 34	133.06	0 +13.80	−1 +132.34	+13.80	132.33	152.08	303.80	2
3	184 39 00	−3	184 38 57	84 02 44	155.64	−1 +3.55	−2 +155.60	+3.54	+155.58	165.88	436.13	3
4	194 22 30	−3	194 22 27	88 41 41	155.02	0 −35.05	−2 +151.00	−35.05	+150.98	169.42	591.71	4
C	163 02 47	−3	163 02 44	103 04 08				−33.44		134.37	742.69	C
D				86 06 52								D
∑	892 10 53	−16	892 10 37		529.81	−33.43	+523.58		+523.52			

辅助计算

$\sum \beta_{测} = 892°10'53''$

$f_\beta = \sum \beta_{测} - \sum \beta_{理}$
$= 892°10'53'' - (5 \times 180° + (86°06'52'' - 93°56'15'')) = +16''$

$f_{β容} = \pm 60''\sqrt{n} = \pm 60''\sqrt{5} = 134'' > 16'' = f_\beta$ 满足

$f_x = \sum \Delta x_{测} - \sum \Delta x_{理} = -33.43 - (-33.44) = +0.01(\text{m}) = +1\,\text{cm}$

$f_y = \sum \Delta y_{测} - \sum \Delta y_{理} = 523.58 - 523.52 = +0.06(\text{m}) = +6\,\text{cm}$

$f_D = \sqrt{f_x^2 + f_y^2} = \sqrt{1^2 + 6^2} \approx 6(\text{cm})$

$K = f_D / \sum D_i = 0.06/529.81 \approx 1/8\,800 < 1/2\,000$ 合格

$$x_1 = x_A + \Delta x_{A1} = 500.00 - 172.00 = 328.00$$
$$y_1 = y_A + \Delta y_{A1} = 500.00 + 138.86 = 638.86$$

同理可计算其他导线点的坐标，结果如表 6-4 中栏（11）、（12）中所示。

（二）附合导线

如表 6-5 所示，为一图根附合导线坐标计算表 A。如表 6-5 中栏（2）中有：$\sum \beta_i = 892°10'53''$

$$\therefore f_\beta = \sum \beta_测 - \sum \beta_理 = 892°10'53'' - [5 \times 180° + (86°06'52'' - 93°56'15'')] = +16''$$

$$f_{\beta容} = \pm 60'' \sqrt{n} = \pm 60'' \sqrt{5} = 134'' \geqslant 16'' = f_\beta$$

以上说明测量结果符合精度要求，条件满足，可进行调整，坐标增量闭合差的计算与调整见表 6-5 中相应栏目内：

$$\sum \Delta x = x_C - x_B = 134.37 - 167.81 = -33.44 \text{(m)}$$
$$\sum \Delta y = y_C - y_B = 742.69 - 219.17 = +523.52 \text{(m)}$$
$$f_x = \sum \Delta x_测 - \sum \Delta x_理 = -33.43 - (-33.44) = +0.01 \text{(m)} = +1 \text{cm}$$
$$f_y = \sum \Delta y_测 - \sum \Delta y_理 = 523.58 - 523.52 = +0.06 \text{(m)} = +6 \text{cm}$$

其他计算均与闭合导线坐标计算相同。

附合导线内业计算与闭合导线的内业计算基本相同，不同处有两点：一是角度闭合差的计算时，各观测角之和的理论值不同；二是坐标增量调整计算中坐标增量之和理论值不同，具体见表 6-6。

表 6-6 闭合导线与附合导线计算不同点

类型	内角 f_β	坐标增量	
闭合导线	$f_\beta = \sum \beta_测 - (n-2) \times 180°$	$\sum \Delta x = 0$	$\sum \Delta y = 0$
合导线	$f_\beta = \pm \sum \beta \mp n \times 180° - (\alpha_终 - \alpha_始)$	$\sum \Delta x = x_C - x_B$	$\sum \Delta y = y_C - y_B$

（三）查找导线测量误差的几何法

1. 查角 若测量计算中发现角度闭合差很大，若仅仅只测错一个角，可采用几何法进行查找发生错误的角度。

如图 6-6 所示，按一定的比例尺将导线测量略图画出来。若是闭合导线，则作不闭合线的中垂线，则该中垂线通过或接近的导线点处的角度发生错误的可能性最大，如图 6-6A 所示。若是附合导线，如图 6-6B 所示，分别从 B、C 点开始展点绘制略图，则相交的导线点处角度发生错误的可能性最大。

2. 查边 若导线测量计算中发现角度闭合差正常，而导线相对闭合差很大，可采用几何法进行查找发生错误的导线边。

如图 6-7 中所示，连接 AA_1 边，与 AA_1 边接近平行的导线边发生错误的可能性最大。也可用计算方法来查找错误导线边。首先计算出 α_f 有：

$$\alpha_f = \arctan \left(\frac{f_y}{f_x} \right) \tag{6-13}$$

则坐标方位角与 α_f 或 $\alpha_f + 180°$ 相近的边为发生错误的可能性最大的导线边。

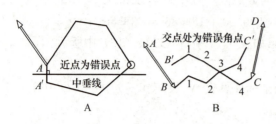
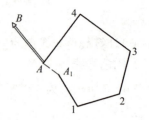

图 6-6　几何法查角示意　　　　　　图 6-7　几何法查边示意

任务三　小三角测量

任务目标：了解小三角测量的主要技术要求，掌握小三角外业测量的选点要求以及基线测量与角度测量的基本要求等内容，掌握小三角测量的内业计算的方法等内容。

一、小三角测量概述

三角测量是建立平面控制网的一种主要方法，其等级有：二、三、四等三角测量和一、二级小三角测量。小三角测量，是为了与国家高精度的二、三、四等三角测量区别开来。小三角测量的布设形式分为：单三角形锁、中心多边形、大地四边形与线形三角形锁，如图 6-8 所示。三角测量的主要技术要求如表 6-7 所示。

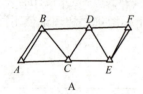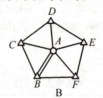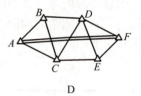

图 6-8　三角锁布设示意
A. 单三角锁　B. 中点多边形　C. 大地四边形　D. 线形锁

表 6-7　三角测量的主要技术要求

等级		平均边长(km)	测角中误差(″)	起始边边长相对中误差	最弱边边长相对中误差	测回数			三角形最大闭合差(″)
						DJ_1	DJ_2	DJ_6	
三等	首	4.5	1.8	≤1/150 000	≤1/70 000	6	9	—	7
	加			≤1/120 000					
四等	首	2	2.5	≤1/100 000	≤1/40 000	4	6	—	9
	加			≤1/70 000					
图根三角		≤1.7倍测图最大视距	20	≤1/10 000（首级控制网）	其方位角闭合差≤±40$\sqrt{n}$，n 为传递方位角的测站数			1	60

小三角测量只需测量 1～2 条三角形边长（俗称基线），而需观测所有的三角形内角，用近似平差方法对角度进行平差，然后应用正弦定律推算出各三角形的边长，再根据坐标的起算数据推算出各三角点的坐标值。小三角测量与导线测量相比，测距工作量大大减少，而测

角工作量增多，适合于在山区、丘陵等量距困难的地区布设。小三角测量分为外业工作和内业计算两大步骤，现分别介绍如下：

二、小三角的外业测量

小三角测量的外业工作包括：踏勘选点及建立标志、测量基线长度、观测水平角等步骤。

（一）踏勘选点及建立标志

三角点选定前，要根据测区的大小、范围及测图比例尺以及测区的总体地貌特征，确定小三角测量的布设形式。一般来讲，单三角形锁适合于狭长地区，中心多边形适合于方形地区，大地四边形适合于范围较小的首级控制或加密控制测量，线形三角形锁适合加密控制测量。选点时应注意以下几点：

（1）基线应选在地势平坦的地方，以便于钢尺量距。
（2）各三角形的边长应大致相等。
（3）各三角形的内角大致相等，不应小于30°或大于120°。
（4）点位应选在地势高旷、视野开阔、土质坚实的地方，以便于保存点位、安置仪器、测角、加密图根点、测图等工作。

点位选定后，要建立标志，图根小三角点可用木桩顶上的小铁钉来表示。

（二）测量基线长度

小三角测量只丈量基线边长度，而其他三角形边长是根据基线边来推算，基线边的精度将直接影响小三角点坐标的点位精度，故量距时应提高精度，应采取钢尺精密丈量法（应当进行尺长改正、温度改正和倾斜改正）或采用测距仪进行测距，测量精度不得低于1/10 000。

（三）角度测量

按国家1∶1 000、1∶2 000和1∶5 000比例尺地形测量规范，DJ_6型经纬仪图根控制点水平角观测要求：半测回归零差不得大于25″，上下半测回同一方向（归零后）的较差不得大于35″，仪器的2C指标差不得大于25″，三角形闭合差不得大于60″。当一个测站上只有两个方向时，采用测回法观测，当一个测站上多于两个方向时，采用全圆方向观测法观测。

三、小三角的内业计算

小三角测量内业计算的基本思路是：通过基线长度的测量值及各三角形内角观测值的平差值推算出各三角形的边长，然后再根据坐标计算的起算数据推算各三角点的坐标值。小三角测量的布设形式不同，其内业计算的方法步骤各异，下面仅以单三角形锁为例加以说明：

（一）一条基线的小三角形锁坐标的计算

如图6-9所示，为一单三角形锁略图，图中的编号约定如下：用Ⅰ、Ⅱ、Ⅲ、Ⅳ、Ⅴ将三角形依次编号，第Ⅰ个三角形内角分别用a_1、b_1、c_1表示，第Ⅱ个三角形的内角分别为a_2、b_2、c_2依此类推，并且在每个三角形中a角所对应的边为待求边，b角所对应的边为已知边，c角所对应的边为间隔边。计算的步骤如下：

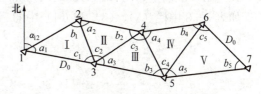

图6-9 单三角锁

1. 角度闭合差的计算与调整　从理论上讲，各三角形内角和应该分别等于 180°，但是由于测角的误差，使得各三角形内角和不等于 180°，其差值即为角度闭合差，用 f 表示，则有：

$$f_i = a_i + b_i + c_i - 180° \tag{6-14}$$

式中：$i = 1, 2, \cdots, n$。

当角度闭合差小于容许值 60″时，则以相反符号平均分配于三个角的角度观测值上，使改正后的各三角形内角和等于 180°。

2. 三角形各边长的推算　如图 6-9 D_0 边为基线边，根据正弦定律用改正后的角值可求出 D_{1-2} 边和 D_{2-3} 边的边长，即：

$$D_{1-2} = D_0 \frac{\sin c_1}{\sin b_1} \qquad D_{2-3} = D_0 \frac{\sin a_1}{\sin b_1} \tag{6-15}$$

【例 1】　如图 6-9 所示，D_0 边为基线边长为 345.690 m，$a_角 = 65°58′05″$，$b_角 = 46°32′23″$，$c_角 = 67°29′32″$，D_{1-2} 边和 D_{2-3} 边各为多少？

解：若用日本产的 fx-3600 型计算器进行计算，可推算出各边边长，计算步骤如下：

345.690 ÷ 46 °′″ 32 °′″ 23 °′″ SHFT °′″ 显示 46°32′23″ sin × 67 °′″ 29 °′″ 32 °′″ SHFT °′″ 显示 67°29′32″ sin = 439.977（D_{1-2} 边）

345.690 ÷ 46 °′″ 32 °′″ 23 °′″ SHFT °′″ 显示 46°32′23″ sin × 65 °′″ 58 °′″ 05 °′″ SHFT °′″ 显示 65°58′05″ sin = 434.972（D_{2-3} 边）

3. 坐标计算　如图 6-9 所示，假定 1 点为已知点坐标，按 1-3-5-7-6-4-2-1 闭合导线计算各三角点的坐标。计算的 $\sum \Delta x$ 和 $\sum \Delta y$ 均应等于零。由于计算凑整误差，可能不等于零，最大为末位的 1～2 个单位。如超此限，说明计算有误，应进行检查和校正。坐标计算的例子见闭合导线测量的相关内容。

（二）两端有基线的小三角形锁坐标的计算

如图 6-10 是一个两端有基线的小三角锁，基线 d_0 与 d_n 及各种三角形内角为 $a_1 b_1 c_1$，这种三角锁的计算分三步进行，即三角形角度闭合差的计算与调整，基线闭合差的计算与调整，坐标的计算。现分述如下：

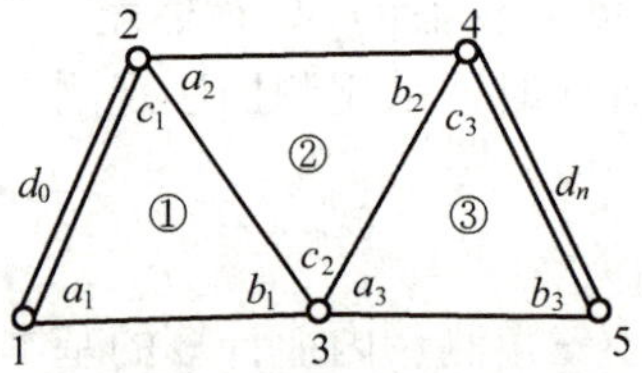

1. 三角形角度闭合差的计算与调整

设三角形第一次角度改正值为 (a')、(b')、(c')，因为是同精度观测，所以每个角度改正值为：

$$(a') = (b') = (c') = -\frac{f_i}{3}$$

图 6-10　两端有基线的小三角形锁

经过第一次调整后的各三角形的内角和应等于 180°，否则计算错误。

如表 6-8 中栏（2）、（3）和（4）中的三角形 I 计算有：

$$f_i = a_i + b_i + c_i - 180° = 180°00′24″ - 180° = 24″ \quad -\frac{f_i}{3} = -\frac{24″}{3} = -8″$$

$$a'_1 = a_1 - \frac{f_i}{3} = 109°14′36″ - 8″ = 109°14′28″ \quad 即 (5) = (3) + (4)$$

同理可计算出 b'_1、c'_1，结果如表 6-8 所示。

同理可计算其他三角形的（2）、（3）、（4）和（5）栏，结果如表 6-8 中所示。

其校核条件方程式为：$a'_i + b'_i + c'_i = 180°$。

2. 基线闭合差的计算与调整（第二次改正计算） 根据起始基线的边长 D_0 及第一次角度闭合差平差后的各传距角 a'_i、b'_i 应用正弦定律可推算出终点基线边长 D_0。

$$d'_n = d_0 \frac{\sin a'_1 \times \sin a'_2 \times \cdots \times \sin a'_n}{\sin b'_1 \times \sin b'_2 \times \cdots \times \sin b'_n} = d_0 \prod_{i=1}^{n} \frac{\sin a'_i}{\sin b'_i} \quad (6-16)$$

取对数得：

$$\lg d_{n'} = \lg d_0 + (\lg \sin a_1 + \lg \sin a_2 + \cdots + \lg \sin a_n) - (\lg \sin b_1 + \lg \sin b_2 + \cdots + \lg \sin b_n) \quad (6-17)$$

由于经过第一次调整后的角度和基线长度都存在着一定的误差，所以推算出的基线边的长度 d'_n 与测量出的基线边的长度 d_n 不相等，则产生基线闭合差 W_d。即：

$$W_d = \lg d'_n - \lg d_n \quad (6-18)$$

由于 d_0、d_n 基线丈量的精度较高，其误差可以忽略不计，因此可以认为 d'_n 与 d_n 不相等，主要是由测角误差所致，故仍然改正角度，以消除基线闭合差。设 a_1、b_1 的第二次改正值分别为 a''_1 和 b''_1，并代入式（6-17），则有：

$$\sum \lg \sin [a+(a'')] - \sum \lg \sin[b+(b'')] + \lg d_0 - \lg d_n = 0 \quad (6-19)$$

由于各改正数 (a''_1) 和 (b''_1) 绝对值很小，故式（6-19）中各正弦对数可用泰勒级数展开，仅取前两项得：

$$\lg \sin[a+(a'')] = \lg \sin a + (\lg \sin a)'(a'') = \lg \sin a + \frac{\mu 10^6}{\rho''} \cot a (a'') \quad (6-20)$$

设：

$$\alpha_1 = \frac{\mu 10^6}{\rho''} \cot a_1 \qquad \beta_1 = \frac{\mu 10^6}{\rho''} \cot b_1 \quad (6-21)$$

将式（6-21）和式（6-20）代入式（6-19）中简化得：

$$\sum \alpha(a'') - \sum \beta(b'') = -W \quad (6-22)$$

因三角形内角经过第一次改正后，其和已经满足的三角形 180°条件，而基线闭合差只发生 a_1 和 b_1 角中，因此 a_1 和 b_1 角的第二次改正值应当是绝对值相等，符号相反，这样既满足了基线条件，又不破坏已满足的三角形内角和条件。所以 a_1 和 b_1 角都以绝对值相同的改正数，即：

$$(a'') = -(b'') \quad (6-23)$$

将式（6-23）代入式（6-22）中得：

$$(\sum \alpha + \sum \beta)(a'') = -W$$

故：

$$(a'') = -(b'') = -\frac{W}{\sum \alpha + \sum \beta} \quad (6-24)$$

式中：$\sum \alpha + \sum \beta$——a 和 b 角正弦对数 $1''$ 之差的总和。

正弦对数秒差按公式（6-21）计算得：

$$\alpha_1 = \frac{\mu 10^6}{\rho''} \cot a_1 = 2.0155 \cot a_i$$

$$\beta_1 = \frac{\mu 10^6}{\rho''} \cot b_1 = 2.0155 \cot b_i$$

【例2】 图 6-10 中，基线长度为 $d_0=437.626$ m，$d_n=1\,016.577$ m，各三角形的角度观测值列在表 6-8 中。可按表内的次序逐项进行调整计算。

解：已知 $a_1=109°14'28''$，$b_1=39°52'04''$ 它们的正弦对数秒差分别为：

$$a_1=2.105\,5\times\cot 109°14'28''=-0.7$$
$$b_1=2.105\,5\times\cot 39°52'04''=+2.5$$

表 6-8 单三角形锁平差计算（用计算器按真数计算）

三角形编号	角号	角度观测值 (° ′ ″)	第一次改正数 (″)	第一次改正后的角值 (° ′ ″)	正弦对数 1″ 之差	第二次改正数 (″)	平差后的角值 (° ′ ″)	边长 (m)
1	2	3	4	5=3+4	6	7	8=5+6	9
①	a_1	109 14 36	−8	109 14 28	−0.7	+14	109 14 42	644.606
	b_1	39 52 12	−8	39 52 04	+2.5	−14	39 51 50	437.626
	c_1	30 53 36	−8	30 53 28			30 53 28	350.534
	∑	180 00 24						
	$f_1=24''$		−24	180 00 00			180 00 00	
②	a_2	105 01 54	+6	105 02 00	−0.6	+14	105 02 14	802.495
	b_2	50 52 30	+6	50 52 36	+1.7	−14	50 52 22	644.606
	c_2	24 05 18	+6	24 05 24			34 05 24	465.742
	∑	179 59 42						
	$f_2=-18''$		+18	180 00 00			180 00 00	
③	a_3	101 07 00	+14	101 07 14	−0.4	+14	101 07 28	1 016.577
	b_3	50 46 00	+14	50 46 14	+1.7	−14	50 46 00	802.495
	c_3	28 06 18	+14	28 06 32			28 06 32	487.989
	∑	179 59 18						
	$f_3=-42''$		+42	180 00 00			180 00 00	

$W_d=-59$ $\sum\alpha+\sum\beta=4.2$ $(a'')=-\dfrac{W}{\sum\alpha+\sum\beta}=-\dfrac{-59}{4.2}+14''$

$(b'')=-(a'')=-14''$

3. 各三角形边长的计算 根据起始基线边 D_0 及第二次调整后的各三角形内角，按三角形顺序，应用正弦定律，逐一推算各三角形边长，结果如表 6-8 中所示。

4. 各三角形点坐标计算 各三角形点坐标的计算可根据坐标起算数据，第二次调整后的各三角形内角及推算出的边长，按闭合导线 1—3—5—4—2—1 计算各点坐标。

任务四 三角高程测量

任务目标：要求学生了解三角测量的原理，掌握三角高程测量的观测程序与计算等内容。

一、三角高程测量原理

在山地进行高程控制测量，若采用水准测量方法，工作效率就太低，精度难以保障，根据现行工程测量规范，可采用电磁波测距三角高程测量方法，可达到四等或五等标准，但要求在测区内有一定数量的水准点，作为高程测量的起算依据。

三角高程测量是根据两点间的水平距离和竖直角计算两点的高差，然后求出所求点的高程。如图 6-11 所示，A 点为已知高程点 H_A，欲测定 B 点高程 H_B，可在 A 点安置仪器，照准 B 点目标顶端 N，测得竖直角 α，量取仪器高 i 和目标高 v。

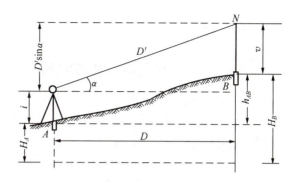

图 6-11 三角高程测量原理

已知 AB 两点间的水平距离为 D，则高差 h_{AB} 为：

$$h_{AB} = D \cdot \tan\alpha + i - v \tag{6-25}$$

若用测距仪测出 AB 两点间的斜距为 D'，则高差 h_{AB} 为：

$$h_{AB} = D' \cdot \sin\alpha + i - v \tag{6-26}$$

则 B 点高程为：

$$\begin{aligned} H_B &= H_A + h_{AB} \\ &= H_A + D \cdot \tan\alpha + i - v \\ &= H_A + S \cdot \sin\alpha + i - v \end{aligned} \tag{6-27}$$

二、三角高程测量的观测与计算

三角高程测量应进行对向观测，对向观测可以抵消大气折光和地球曲率的影响。对向观测高差（较差）四等测量时不得大于 $\pm 40\sqrt{D}$ mm，等外测量时不得大于 $\pm 60\sqrt{D}$ mm（D 为平距，以 km 为单位）。若符合精度要求，取平均值计算。进行三角高程测量时，竖直角 α 用 DJ_6 级经纬仪测 2 个测回，为了减少大气折光的影响，目标高不得少于 1 m，仪器高 i 和目标高量至厘米。表 6-9 是三角高程测量计算实例。

表 6-9 三角高程测量计算实例

所求点	\multicolumn{2}{c}{B}	
起算点	A	
觇法	直	反
平距 D(m)	342.89	342.89
竖直角 α	$+14°09'12''$	$-13°55'36''$
$D \cdot \tan\alpha$	86.467	-85.026
仪器高 i(m)	1.582	1.473
目标高 v(m)	1.842	2.644
高差 h(m)	$+86.207$	-86.197
高差较差（mm）	10	
高差较差容许值（mm）	35≥10 符合	
平均高差（m）	86.202	

知识拓展

全国职业技能大赛一级导线测量竞赛规程

（一）竞赛内容

1. 技能操作竞赛　操作技能竞赛采取技能操作考核的方式，参赛选手必须在规定的时间内完成规定的任务，上交合格成果。并按照成果质量和比赛用时作为竞赛的计分内容。

2. 理论考试　依据"工程测量员"国家职业标准中规定的高级技能（国家职业资格三级）应具备的知识和技能要求，结合高等院校测绘类专业及课程的教学和学生未来就业岗位需要的实际进行考核。采用机考方式，考试时间为 120 min（"二等水准测量""1∶500 数字测图"和"一级导线测量"）。

（二）竞赛规则

（1）参赛团队必须提前 30 min 进入赛场，到检录处检录，抽签决定比赛号位。未能检录者取消比赛资格。

（2）各队根据自己的比赛号位，在大赛工作人员的指引下，到现场熟悉比赛场地，同时做好比赛前的各项准备工作。

（3）开赛前仪器必须装箱，脚架收拢置地，队员列队待命，整齐着装。

（4）技能竞赛开始。裁判宣布开始，同时开始竞赛计时，计时精确到秒。参赛队不得在记录手簿上填写任何关于参赛队及队员信息，参赛队上交测量及计算成果，由裁判长对成果编号。

（5）技能竞赛结束。各参赛团队在完成外业、内业及检查工作后，由队长携成果资料向裁判报告，此时裁判计时结束，比赛结束。

（6）成果一旦提交就不能继续参赛。

（7）规定参赛个人应独立完成的工作任务不能由别人替代完成，违规者取消该团队参赛资格。

（8）参赛团队必须独立完成所有比赛内容，比赛过程中不能和外界交换信息（包括手机通信）。

（9）参赛者提交的资料、成果必须内容齐全。

（10）竞赛过程中，选手须严格遵守操作规程，确保人身及设备安全，并接受裁判员的监督和警示。因选手因素造成设备故障或损坏，无法继续竞赛，裁判长有权决定终止该队竞赛；因非选手个人因素造成设备故障，由裁判长视具体情况做出裁决。参赛者必须尊重裁判，服从裁判指挥。

（11）参赛团队对裁判的裁定结果有疑义，可在赛后规定时间内向竞赛使用的所有仪器及附件均由参赛单位根据比赛要求准备。

（三）竞赛设备

竞赛使用的所有仪器及附件均由参赛单位根据比赛要求准备。

（1）竞赛用 2″级全站仪（科力达全站仪 KTS-482RLC）及配套组合棱镜和脚架。

（2）用于导线点坐标计算的非可编程计算器 2 个。

(四) 竞赛场地

设置多条附合导线。多个队同时开始比赛。每一条导线由 2 个待求点和 2 个已知点组成。各队的比赛线路由各队抽签得到的已知点和待定点组合决定,导线全长约 1.2 km。

(五) 竞赛技术标准

(1)《1∶500　1∶1 000　1∶2 000 外业数字测图技术规程》(GB/T 14912—2005)。

(2)《国家基本比例尺地图图式第一部分　1∶500　1∶1 000　1∶2 000 地形图图式》(GB/T 20257.1—2007)。

(3)《工程测量规范》(GB 50026—2007)。

(六) 计分办法

(1) 成果全部符合限差要求和无违反记录规定者按竞赛评分成绩确定名次。导线测量中超限或违反记录规定的成果为二类成果,二类成果不参加评奖。

(2) 竞赛成绩主要从参赛队的作业速度、成果质量等方面考虑,采用百分制。其中成果质量按实施细则评定,作业速度按各组用时统一计算,裁判宣布竞赛开始计时,到上交成果计时结束,时间以秒为单位。得分计算方法:

$$S_i = \left(1 - \frac{T_i - T_1}{T_n - T_1} \times 40\% \right) \times 40$$

式中:T_1——所有参赛队中用时最少的时间;

　　　T_n——所有参赛队中不超过最大时长的队伍中用时最多的时间,第 i 组实际用时为 T_i。

测量最大时长为 1.5 h。凡超过最大时长的小组,终止操作。

(3) 在各赛项过程中,对于恶意造假或伪造原始数据者,直接取消该赛项成绩,有一项恶意造假取消各项成绩,即取消各项比赛资格。

(七) 实施细则

一级导线测量路线经过 4 个点,上交成果填写齐全的导线测量成果资料本。

1. 观测要求

(1) 路线的起始点及待定点由竞赛委员会事先确定,各组现场抽签确定起始点及待定点。

(2) 每组只能使用 3 个脚架,所有点位都必须使用脚架,不得采用其他对中装置。

(3) 测量员、记录员必须轮换,每人观测一测站、记录一测站。不按规定轮换的队伍取消比赛资格。

(4) 参赛队信息只在竞赛成果资料表封面填写,手簿内部不得填写与参赛队有关的任何信息,也不得在手簿内部写与观测记录计算无关的任何信息,违者扣分。

(5) 每测站的记录和计算完成后方可迁站。

比赛采用手工记录及计算,记录计算必须用赛会发的《导线测量成果资料》记录和计算,现场完成计算,不允许使用非赛会提供的计算器。

2. 技术要求(表 6-10)

(1) 观测按相应的测量标准,气象数据不记录。

(2) 仪器的操作应符合要求,使用铅笔记簿,应记录完整,符合附件(略)的规定。

(3) 记录和计算应符合规范要求，计算结果取位至 0.001 m。

观测记录格式见附件（略），计算格式见附件（略）。

表 6-10　一级导线测量基本技术要求

水平角测量（2″级仪器）			距离测量		
测回数	同一方向值各测回较差	一测回内 2c 较差	测回数/读数		读数差
2	9″	13″	1	4	5 mm
闭合差					
方位角闭合差			$\leqslant \pm 10″\sqrt{n}$		
导线全长相对闭合差			$\leqslant 1/15\,000$		

注：表中 n 为测站数。

3. 上交成果　每个参赛队完成外业观测后，在现场完成导线测量计算。上交成果为：导线测量竞赛成果资料。

4. 成果质量成绩评定标准　成果质量从观测质量和计算成果等方面考虑，总分 60 分。

(1) 导线测量观测质量。见表 6-11。

表 6-11　一级导线测量成果评分细则（外业部分）

评测内容	评分标准	处理
每人观测一站、记录一站	违规一次扣 5 分	二类
记录转抄	每出现一次扣 2 分	
用橡皮擦手簿	每出现一次扣 5 分	
测站重测不变换度盘	违规一次扣 2 分	
记录计算未完成就迁站	每出现一次扣 1 分	
影响其他队测量	造成必须重测后果的扣 10 分	
仪器设备	经纬仪及棱镜摔倒落地	取消比赛资格

(2) 导线测量观测计算成果。见表 6-12、表 6-13。

表 6-12　一级导线测量成果评分细则（内业部分）

	评测内容	评分标准	处理
观测与记录	记录规范性	就字改字或字迹模糊影响识读一处扣 2 分	二类
	测站限差超限	每出现一次扣 1 分	
	手簿计算错误	每出现一次扣 1 分	
	手簿划改	不用尺子的随意划线一处扣 1 分	
	划改后不注原因	不注错误原因的一处扣 0.5 分	
内业计算	方位角闭合差及导线全长相对闭合差限差	超限扣 10 分	二类
	平差计算	每一处计算错扣 1 分	
	坐标检查	与标准值比较超过 5 cm 每一个点超限扣 2 分	
	计算表整洁	每一处划改扣 0.5 分	

表 6-13　导线测量记录

观测者：_____　　记录者：_____　　测量监理签字：_____

置镜点	观测点	水平度盘观测读数		2c 值 <13″	（盘左+盘右）/2	一测回平均值 <8″	各测回平均值 <10″	观测方向略图
		盘左	盘右					

距离测量	水平距离读数		三角高程测量（高差读数）	
	至	至	至	至
			平均值	平均值
	平均值	平均值	测站仪高	后视仪高　前视仪高

▶ 技能训练

将全班按每组 4~5 人分为若干小组，每组按控制测量项目要求领取测量仪器及工具，在测量情景教学场地内选择进行：①闭合或附合导线外业测量；②小三角与三角高程测量；③导线与小三角测量内业计算等项目进行技能训练。

要求每组成员熟练掌握导线与小三角测量的选点、测边与测角的基本方法，熟练掌握导线与小三角测量的内业计算与控制点的展绘等相关知识，具体要求见控制测量相关内容。

▶ 思考与练习

1. 名词解释：控制测量与控制网、角度闭合差、导线全长相对闭合差、基线闭合差、图根点。
2. 导线测量有哪些外业工作？
3. 简述导线点选点注意事项，并分析导线点与三角点的布设有何异同点。
4. 闭合导线与附合导线计算有何不同？
5. 小三角测量有哪些布设形式？什么是单三角形锁？
6. 小三角测量的外业工作有哪些？
7. 如表 6-14 所示为一闭合导线测量坐标计算表，试完成该计算表格中的内业计算。
8. 如表 6-15 所示为一附合导线测量坐标计算表，已知条件如表 6-14 所示，试完成表格中的内业计算。

表 6-14　图根闭合导线坐标计算

点号	观测值 (° ′ ″)	改正数 (″)	改正后角值 (° ′ ″)	坐标方位角 (° ′ ″)	边长 (m)	增量计算		改正后增量值		坐标	
						Δx	Δy	$\Delta x'$	$\Delta y'$	x	y
1	2	3	4	5	6	7	8	9	10	11	12
A										500	
	89　15　00			133　47　00							
B											
	75　56　00										
C											
	107　20　00										
D											
	87　30　00										
A											
∑											

辅助计算：
$F_\beta =$
$f_{\beta容} =$
$\alpha_{前} = \alpha_{后} + 180° - \beta_{右}$
$K = f_D / \sum D_i$

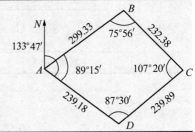

表 6-15　图根附合导线坐标计算

点号	观测值 (° ′ ″)	改正数 (″)	改正后角值 (° ′ ″)	坐标方位角 (° ′ ″)	边长 (m)	增量计算		改正后的增量值		坐标	
						Δx	Δy	$\Delta x'$	$\Delta y'$	x	y
1	2	3	4	5	6	7	8	9	10	11	12
A											
	239　30　00			45　00　00							
B										2 000	2 000
	147　44　30										
1											
	214　50　00										
2											
	189　41　30										
C										1 955.37	2 556.06
D											
∑											

辅助计算：

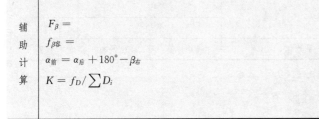

项目七

大比例尺地形图测绘

CELIANG

> 【项目提要】 主要介绍地形图地物、地貌的表示方法、大比例尺地形图的常规测绘方法，数字化测图技术以及地形图的数字化等内容。
>
> 【学习目标】 掌握比例尺、比例尺精度的概念，掌握比例尺精度对测图和用图的作用；掌握等高线及其特性以及等高线表示典型地貌的特征；掌握测图前的准备工作以及地形图测绘的主要方法和等高线勾绘等。了解数字化测图系统的构成及测图特点，熟悉数字化测图软件 CASS 7.0 的运行环境和基本功能。

任务一 地形图基本知识

任务目标：了解比例尺的概念，掌握比例尺的计算和测图比例尺的选择，掌握地形图的图式的表示方法，掌握地物及地物的表示方法以及地貌及地貌的表示方法等内容。

按照某种要求有选择地在平面上遵循一定规则表示地球表面（部分或整体）的各种自然现象和社会现象的图，通称地图。按内容，地图可分为普通地图及专题地图。普通地图是综合反映地面上物体和现象一般特征的地图，内容包括各种自然地理要素（如水系、地貌、植被等）和社会经济要素（例如居民点、行政区划及交通线路等），但不突出表示其中的某一种要素。专题地图是着重表示自然现象或社会现象中的某一种或几种要素的地图，如地籍图、地质图和旅游图等。按表示方法可分为传统地图和电子地图等。传统地图是按照传统的手工方法绘制于纸上，比例固定不易更改，使用不方便也不易于保存。电子地图是利用现代计算机技术将地图表示的要素按照一定方法在计算机屏幕上表示出来。这种地图比例可以随意变化，使用方便且容易保存。如图 7-1～图 7-3 所示。

数字线划地图（缩写 DLG）（图 7-1）是现有地形图要素的矢量数据集，保存各要素间的空间关系和相关的属性信息，全面地描述地表目标。

数字栅格地图（缩写 DRG）（图 7-2）是现有纸质地形图经计算机处理后得到的栅格数据文件。每一幅地形图在扫描数字化后，经几何纠正，并进行内容更新和数据压缩处理，彩色地形图还应经色彩校正，使每幅图像的色彩基本一致。数字栅格地图在内容上、几何精度和色彩上与国家基本比例尺地形图保持一致。

数字正射影像图（缩写 DOM）（图 7-3）是利用数字高程模型（DEM）对经扫描处理

的数字化航空像片,经逐像元进行投影差改正、镶嵌,按国家基本比例尺地形图图幅范围剪裁生成的数字正射影像数据集。它同时具有地图几何精度和影像特征的图像,具有精度高、信息丰富、直观真实等优点。

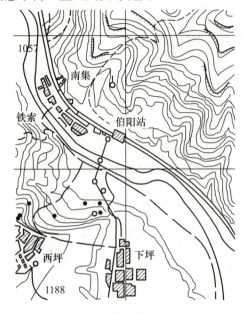

图 7-1 数字线划地图

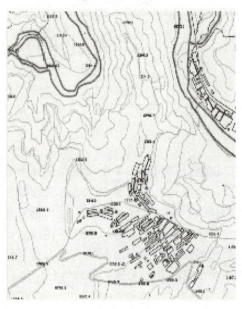

图 7-2 数字栅格地图

图 7-3 数字正射影像

一、地形图的比例尺

地形图上任一线段距离与地面上相应线段的实际水平距离之比,称为地形图的比例尺。

(一) 比例尺的种类

1. 数字比例尺 数字比例尺一般用分子为1的分数形式表示。设图上某一直线的长度为 d,地面上相应线段的水平长度为 D,则地形图的比例尺为

$$比例尺 = \frac{图上两点之间距离}{实际地面的相应水平距离} = \frac{d}{D} = \frac{1}{D/d} = \frac{1}{M} \qquad (7-1)$$

式中：M——比例尺分母。含义为，当图上 1 个单位的距离，实际地面的相应水平距离为 M。即分母 M 就是将实地水平距离缩绘在图上的倍数。

比例尺的大小是以比例尺的比值来衡量的，分数值越大（分母 M 越小），比例尺越大。为了满足经济建设和国防建设的需要，需要测绘和编制各种不同比例尺的地形图。按照地形图图式规定，比例尺书写在图幅下方正中央。

2. 图示比例尺　为了用图方便，以及减弱由于图纸伸缩而引起的误差，在绘制地形图时，常在图上绘制图示比例尺，如图 7-4 所示。如 1∶1 000 的图示比例尺，绘制时先在图上绘两条平行线，再把它分成若干相等的线段，称为比例尺的基本单位，一般为 2 cm；将左端的一段基本单位又分成十等分，每等分的长度相当于实地 2 m。而每一基本单位所代表的实地长度 2 cm×1 000＝20 m。

图 7-4　地形图上的数字比例尺和图示比例尺

（二）比例尺的精度

一般认为，人的肉眼能分辨的图上最小距离是 0.1 mm，因此通常把图上 0.1 mm 所表示的实地水平长度，称为比例尺的精度。根据比例尺的精度，可以确定在测图时量距应准确到什么程度。例如，测绘 1∶1 000 比例尺地形图时，其比例尺的精度为 0.1 m，故量距的精度只需 0.1 m，小于 0.1 mm 在图上表示不出来。另外，当设计规定需在图上能量出的实地最短长度时，根据比例尺的精度，可以确定测图比例尺。比例尺越大，表示地物和地貌的情况越详细，精度越高。但是必须指出，同一测区，采用较大比例尺测图往往比采用较小比例尺测图的工作量和投资将增加数倍，因此采用哪一种比例尺测图，应从工程规划、施工实际需要的精度出发，不应盲目追求更大比例尺的地形图。几种常用地形图比例尺的精度见表 7-1。

表 7-1　几种常用地形图比例尺的精度

比例尺	1∶5 000	1∶2 000	1∶1 000	1∶500
比例尺精度（m）	0.50	0.20	0.10	0.05

【例 1】　如果规定在地形图上能够表示出的最短距离 0.5 m，则测图比例尺最小应为多少？根据比例尺定义有 $\dfrac{1}{M}=\dfrac{0.1\text{ mm}}{0.5\text{ m}}=\dfrac{0.1\text{ mm}}{500\text{ mm}}=\dfrac{1}{5\,000}$。

（三）比例尺的选择

在城市和工程设计、规划、施工中，需要用到不同的比例尺。如表 7-2 所示。

表 7-2　地形图比例尺的选择

比例尺	用途
1∶10 000 1∶5 000	城市总图规划、厂址选择、区域布置、方案比较
1∶2 000	城市详细规划、工程项目初步设计
1∶1 000 1∶500	建筑设计、城市详细规划、工程施工设计、竣工图

二、地物及其表示方法

地形是地物和地貌的总称。地物是地面上人工建造或自然形成的具有明显轮廓线的物体，如湖泊、河流、房屋、道路、村镇、城市等。地面上的地物和地貌，应按国家测绘总局颁发的《1∶500、1∶1 000、1∶2 000 地形图图式》（以下简称《图式》）中规定的符号表示在图纸上。

（一）地物的表示符号

1. 比例符号 如村镇、农田和湖泊等物体的形状和大小可以按测图比例尺缩小并按规定的符号绘在图纸上，这种地物称为比例地物，表示的符号称为比例符号。

在测量和绘制比例地物时，要按地物实际的大小、形状、方位进行绘制。为了能够交流，则需要按照图示规定的符号进行绘制。

2. 非比例符号 如三角点、水准点、独立树和里程碑等地物的轮廓较小，无法将其形状、大小按测图比例尺绘制到图上，这种地物称为非比例地物或点状地物。绘图时不考虑其实际大小，而采用规定的符号进行表示，这种符号称为非比例符号或点状符号。绘图时要使符号的规定中心和地物的平面中心一致。

非比例地物不仅其形状和大小不按比例绘出，而且符号的中心位置与地物实际中心位置关系，也随各种不同的地物而异，在测图和用图时应注意下列几点：

（1）规则的几何图形符号（圆形、正方形、三角形等），以图形几何中心点为实际地物的中心位置。

（2）底部为直角形的符号（独立树、路标等），以符号的直角顶点为实际地物的中心位置。

（3）宽底符号（烟囱、岗亭等），以符号底部中心为实际地物的中心位置。

（4）几种图形组合符号（路灯、消火栓等），以符号下方图形的几何中心为实际地物的中心位置。

（5）下方无底线的符号（山洞、窑洞等），以符号下方两端点连线的中心为实际地物的中心位置。

3. 半比例符号 如道路、水渠等带状延伸地物，其长度可按比例尺缩绘，而宽度不能按比例尺缩绘，这种地物称为半比例地物或线性地物，表示的符号称为半比例符号或线性符号。绘图时要使符号的中心线与实际地物的中心位置一致。

4. 注记符号 用文字、数字或特有符号对地物加以说明的符号称为注记符号。比如城镇、工厂、河流、道路的名称；桥梁的长宽及载重量；江河的流向、流速及深度；道路的走向及森林、果树的类别等，都以文字或特定符号加以说明。

需要说明的是一个地物属于哪一种地物与测图比例尺有关，同一个地物在不同的比例尺下属性可能会有所变化，只有当比例尺确定以后才能确定是哪一种地物。

（二）几种典型地物的表示方法

1. 水系及其在图上的表示 水系是指海洋、江河、湖泊、水库、水渠、井泉等各种自然形成的或人工建造的水文物体的总称。

关于河流及沟渠的表示：《图式》中规定河流单双线的分界宽为 0.4 mm，即凡双线河就表示真实的河宽。

对中小比例尺地形图（如 1∶50 000）补充规定"实地宽 10 m 以上的河流就扩大绘为双

线"（从 0.2 扩大到 0.4）实地河宽 10 m 到 20 m 这段成为符号性双线河，它不表示真宽，要注明河宽注记。

表 7-3 常用地物、注记和地貌符号

编号	名称	符号	编号	名称	符号
1	三角点	凤凰山 394.468 3.0	16	阀门	
2	埋石的图根点	2.0 N16/84.46	17	水龙头	3.5 2.0 1.2
3	不埋石的图根点	1.5 25/62.74 2.5	18	水井	2.5 1.5
4	水准点	2.0 BM5/32.804	19	独立树 1 阔叶 2 针叶	3.0 3.0 1 2
5	窑洞 1 住人的 2 不住人的	1 2	20	行树	10.0 1.0
6	庙宇	2.5 1.2	21	森林	松
7	纪念碑、纪念像	4.0 1.5 3.0	22	灌木林	0.5 1.0
8	岗亭、岗楼	90° 3.0 1.5	23	稻田	
9	独立坟	2.0 2.5	24	旱地	1.0 2.0
10	宝塔	3.5 1.0	25	坚固房屋	坚 4
11	水塔	2.0 3.0 1.0 1.2	26	普通房屋	2
12	烟筒	3.5 1.0	27	棚房	45° 1.5
13	水车、水磨房	0.7 3.5 1.2	28	悬空建筑	
14	山洞		29	架空房屋	1.0
15	消火栓	1.5 1.5 2.0	30	街道旁走廊	3 1.0

(续)

编号	名称	符号	编号	名称	符号
31	温室	温	43	围墙	砖石 / 土
32	牲圈	牲	44	栏杆	
33	球场	球	45	绿篱	
34	水池	水	46	铁丝网	
35	地下建筑物的地表出口		47	铁路	
36	粪池		48	轻轨	
37	高压线		49	公路	沥 砾
38	低压线		50	大车道	
39	电线架		51	小路	
40	通信线		52	阶梯路	
41	地面上的管道	油	53	涵洞 1 依比例 2 不依比例	
42	地下的管道	下水			

对小比例尺图上的河流有两种表示方法：其一，单线配合不依比例尺双线和依比例尺双线的表示方法；其二，是单线配合单线真形符号表示。

2. 居民地及其在图上表示 居民地是指各种建筑物组成的城市、集镇、农村或其他居住区的总称。

当居民地受比例尺限制不能用比例符号表示时，可用圈形符号来表示其位置，符号的定位点表示居民地的中心区域。

3. 交通及其在图上表示 交通网是各种运输的总称。它包括陆地交通、水陆交通和空中交通及管线运输等几类。道路符号是线性的，但在比例尺缩小后，它的宽度是放大的。如《图式》规定铁路宽 0.6 mm，它在 1∶100 000 图上等于实地 60 m，在 1∶500 000 图上为 300 m，这显然比实际宽度大得多。

三、地貌及其表示方法

地貌是指地表面的高低起伏状态，它包括山地、丘陵和平原等。在图上表示地貌的方法很多，而测量工作中通常用等高线表示，因为用等高线表示地貌，不仅能表示地面的起伏形态，并且还能表示出地面的坡度和地面点的高程。

（一）地貌类别简介

地面起伏小，大部分的地面倾斜角不超过 3°，比高不超过 20 m 的称为平原；地面上有连绵不断的起伏，大部分的地面倾斜角在 3°～10°，比高不超过 150 m 称为丘陵地；地面有显著起伏，大部分地面倾斜在 10°～25°，比高在 150 m 以上的称为山地；由高差很大的纵横山脉组成，大部分地面倾斜在 25°以上的称为高山地。

组成地貌的各种细部地形有许多名称。山的最高部分称为山顶，山的侧面部分称为山坡；山坡与平地连接部称为山脚；近于垂直的山坡称为峭壁；峭壁上部突出的地方称为悬崖；山坡上平坦的地方称为台地；沿着一个方向延伸的高地称为山脊，山脊最高点的连线称为山脊线或分水线；两山顶之间的低凹部分，形似马鞍，称为鞍部；低于四周的洼地称为盆地；沿着一个方向延伸的洼地称为山谷，山谷最低点的连线称为山谷线或集水线；狭窄的山谷并具有峻峭的岸坡和急陡的集水线称为峡谷。如图 7-5、图 7-8 所示。

图 7-5 地貌的基本形态

（二）等高线的概念

等高线是地面上高程相同的点所连接而成的连续闭合曲线。设有一座位于平静湖水中的小山头，山顶被湖水恰好淹没时的水面高程为 100 m。然后水位下降 10 m，露出山头，此时水面与山坡就有一条交线，而且是闭合曲线，曲线上各点的高程是相等的，这就是高程为 90 m 的等高线。随后水位又下降 10 m，山坡与水面又有一条交线，这就是高程为 80 m 的等高线。依次类推，水位每降落 10 m，水面就与地表面相交留下一条等高线，从而得到一组高差为 10 m 的等高线。设想把这组实地上的等高线沿铅垂线方向投影到水平面 H 上，并按规定的比例尺缩绘到图纸上，就得到用等高线表示该山头地貌的等高线图。如图 7-6 所示。

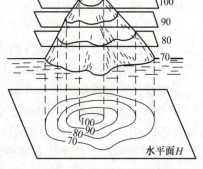

图 7-6 等高线的概念

（三）等高距和等高线平距

相邻等高线之间的高差称为等高距，常以 h 表示。在同一幅地形图上，等高距是相同的。

表 7-4　地形图的基本等高距（m）

地貌 \ 比例尺	1∶500	1∶1000	1∶2000	1∶5000
平原	0.5	0.5	1	2
丘陵	0.5	1	2	5
山地	1	1	2	5
高山地	1	2	2	5

因此等高距也称为基本等高距。大比例尺地形图等高距的选择见表 7-4。相邻等高线之间的水平距离称为等高线平距，常以 d 表示。因为同一张地形图内等高距是相同的，所以等高线平距 d 的大小直接与地面坡度有关。等高线平距越小，地面坡度就越大；平距越大，则坡度越小；坡度相同，平距相等。因此，可以根据地形图上等高线的疏、密来判定地面坡度的缓、陡。同时还可以看出：等高距越小，显示地貌就越详细；等高距越大，显示地貌就越简略。如图 7-7 所示。

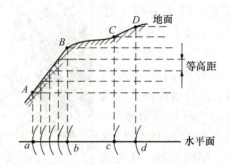

图 7-7　等高线平距与地面坡度的关系

（四）典型地貌的等高线

地面上地貌的形态是多样的，对它进行仔细分析不难发现它们是由几种典型地貌组成的综合体。了解和熟悉用等高线表示典型地貌的特征，将有助于识读、应用和测绘地形图。如图 7-8、图 7-9 所示。

1. 山脊和山谷　山脊是沿着一个方向延伸的高地。山脊的最高棱线称为山脊线。山脊附近的雨水必然以山脊线为分界线，分别流向山脊的两侧，因此山脊线又称分水线。山脊等高线表现为一组凸向低处的曲线与等高线垂直相交。

山谷是沿着一个方向延伸的洼地，位于两山脊之间。贯穿山谷最低点的连线称为山谷线。而在山谷中，雨水必然由两侧山坡流向谷底，向山谷线汇集，因此山谷线又称集水线。山谷等高线表现为一组凸向高处的曲线并与等高线垂直相交。

山谷线和山脊线统称地性线。如图 7-9D、F 所示。

2. 山丘和盆地　山丘和盆地的等高线都是一组在较小范围内的闭合曲线。在地形图上区分山丘或盆地的方法是内圈等高线的高程注记大于外圈者为山丘，小于外圈者为盆地。如果等高线上没有高程注记，则用示坡线来表示。

示坡线是沿地性线方向从等高线处向较低方向延伸的短实线。如图 7-9A、B 所示。

3. 鞍部　鞍部是相邻两山头之间呈马鞍形的低凹部位。是两个山脊与两个山谷会合的地方。鞍部等高线的特点是在一圈大的闭合曲线内，套有两组小的闭合曲线。如图 7-9G 所示。

4. 峭壁和悬崖　悬崖是上部突出，下部凹进的陡崖，这种地貌的等高线出现相交。俯视时隐蔽的等高线用虚线表示。峭壁是上下呈竖直状态的部分。等高线在此处重合在一起。如图 7-9C、E 所示。

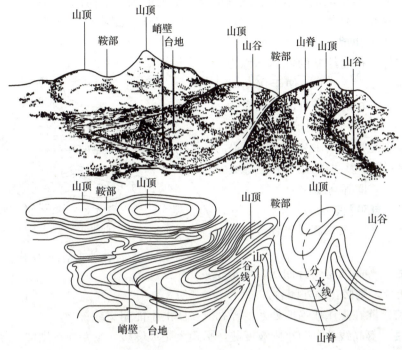

图 7-8 用等高线表示地貌

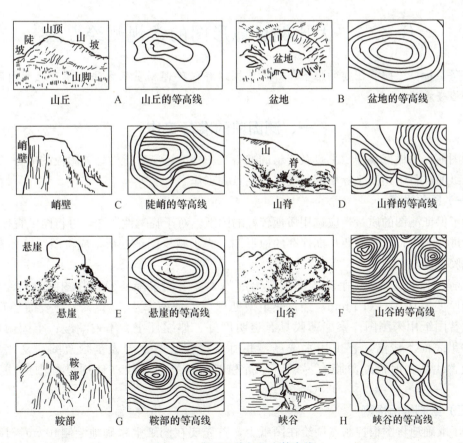

图 7-9 典型地貌与相应等高线

5. 峡谷　峡谷是山坡被雨水冲刷或其他原因形成的长、窄而深的沟壑型地貌。这种地貌的等高线在峡谷的两岸处断开（与峡谷的边界线重合）。如图 7-9H 所示。

（五）等高线的种类

根据规定等高距而绘制的等高线称为首曲线（基本等高线）；为了便于用图时查算等高线高程，每隔四条首曲线加粗描绘的曲线称为计曲线（加粗等高线）；为了更精确地表现地形，按 1/2 和 1/4 等高距测绘的等高线称为间曲线（半距等高线）和助曲线（辅助等高线）。

（六）等高线的特性

1. 相等性　同一条等高线上各点的高程都相等。

2. 闭合性　等高线是闭合曲线，如不在本图幅内闭合，则必在图外闭合。

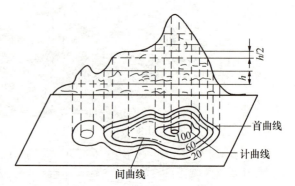

图 7-10　等高线的分类

3. 不相交　除在悬崖或绝壁处外，等高线在图上不能相交或重合。

4. 疏密性　等高线的平距小则坡度陡，平距大则坡度缓，平距相等则坡度相等。

5. 正交性　等高线与山脊线、山谷线成正交。

任务二　大比例尺地形图的常规测绘方法

任务目标：了解测图前的准备工作，掌握经纬仪碎部测量的方法，学会地形图的拼接、整饰和检查方法。

一、测图前的准备工作

测图前，除做好仪器、工具及资料的准备工作外，还应着重做好测图板的准备工作。它包括图纸的准备，绘制坐标格网及展绘控制点等工作。

（一）图纸准备

为了保证测图的质量，应选用质地较好的图纸。对于临时性测图，可将图纸直接固定在图板上进行测绘；对于需要长期保存的地形图，为了减少图纸变形，应将图纸裱糊在锌板、铝板或胶合板上。

目前，对于仍然采用手工绘图的测绘部门大多采用聚酯薄膜代替图纸进行绘图。这种薄膜厚度为 0.07~0.1 mm，经过热定型处理后，伸缩率小于 0.02%。表面经打毛后，便可代替图纸用来测图。聚酯薄膜具有透明度好、伸缩性小、不怕潮湿、牢固耐用等优点。如果表面不清洁，还可用水洗涤，并可直接在底图上着墨复晒蓝图，是比较理想的图纸替代品。但聚酯薄膜有易燃、易折和老化等缺点，故在使用过程中应注意防火防折。

（二）绘制坐标格网

为了准确地将图根控制点展绘在图纸上，首先要在图纸上精确地绘制 10 cm×10 cm 的直角坐标格网。

聚酯薄膜图纸分空白图纸和印有坐标方格网的图纸。印有坐标方格网的图纸又有 50 cm×50 cm 正方形分幅和 40 cm×50 cm 矩形分幅两种规格。如果购买的聚酯薄膜图纸是空白图纸，则需要在图纸上精确绘制坐标方格网。

绘制方格网的方法有对角线法、坐标格网尺法及使用 Auto CAD 绘制等不同方法。

1. 对角线法 对角线法绘制坐标方格网的操作方法是：如图 7-11 所示，将 2H～3H 铅笔削尖，用长直尺沿图纸的对角方向画出两条对角线，相交于 M 点（图纸中心点）；自 M 点起沿对角线量取等长的 4 条线段 MA、MB、MC、MD，连接 A、B、C、D 点得一矩形；从 A、B 两点起，沿 AD、BC 每隔 10 cm 取一点；从 A、D 两点起沿 AB、DC 每隔 10 cm 取一点。分别连接对边 AD 与 BC、AB 与 DC 的相应点，即得到由 10 cm×10 cm 的正方形组成的坐标方格网。

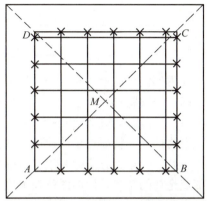

图 7-11 绘制坐标网格

2. 坐标格网尺法 该方法是利用专用的绘制坐标网格的工具——坐标格网尺进行方格网绘制的一种方法，由于有专用工具，且有详细说明书，这里不再赘述。

3. 使用 Auto CAD 绘制方格网 利用绘图软件 Auto CAD 在绘图纸上打印出需要的 50 cm×50 cm 或 40 cm×50 cm 矩形方格网。该方法简单、准确，但需要有较大尺寸的打印机或绘图仪。

（三）展绘控制点

展点前，要按图的分幅位置，将坐标格网线的坐标值注在相应格网边线的外侧。展点时，先要根据控制点的坐标，确定所在的方格。将图幅内所有控制点展绘在图纸上，并在点的右侧以分数形式注明点号及高程。

具体方法如下：

先找出要展绘的点所在的具体小方格，然后如图 7-12 所示，沿 lm、pn 和 pl、nm 方向量取相应长度，得到 ab 和 cd 的交叉点即为所求的控制点的位置，如图 7-12 所示。

同理可展绘其他控制点。展绘结束要按照要求将控制点的位置和高程进行标注。同时为保证准确度，要进行相应的检查。方法是分别量取控制点之间的长度，如图中 AB、BC、CD、DA 的长度，与相应的实地距离（或坐标反算得长度）比较，其差值不应超过图上 0.3 mm。否则，需要重新展绘。

为保证测图的精度，每幅图内应保证一定数目的控制点，《城市测量规范》的规定见表 7-5。

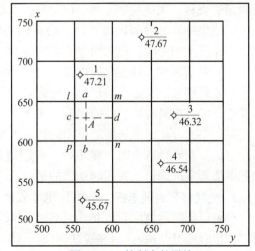

图 7-12 控制点的展绘

表 7-5 一般地区解析图根点的个数

测图比例尺	图幅大小（cm）	解析图根点个数
1∶500	50×50	8
1∶1 000	50×50	12
1∶2 000	50×50	15

二、碎部点的选择和立尺线路

在大比例尺地形图测量中，地形点选择的好坏优劣直接影响对所测的地形图的质量，立尺线路（俗称跑尺）的选择是否正确对测量进度的快慢起着至关重要的作用。

（一）碎部点的选择和取舍

因为地形的特征点是反映地形的关键点，如果能将这些点的位置测量准确，则地形的位置、形状、大小、方位等要素也就随之确定了。所以，选择碎部点就是选择地形的特征点。碎部点选择的越多，地形图就越准确，但工作量大，影响工作进度。选择的太少，地形图的精度得不到保证。所以，正确选择碎部点非常重要。

1. 地物特征点的选择 地物主要是测定其平面位置。对于比例地物，特征点位地物轮廓线的方向变化处或转折处。如房角点，道路转折点，交叉点，河岸线转弯点等。连接这些特征点，便得到与实地相似的地物形状。对那些不规则的地物形状，一般规定主要地物凸凹部分在图上大于 0.4 mm 均应表示出来，小于 0.4 mm 时，可用直线连接。对于点状地物，特征点为其几何中心点。对于线性地物，特征点为其几何中心线方向变化处或转折处。

碎部点的选择要有一定的密度，以能够真实反映地物的要素为基本原则。

2. 地物的取舍 测绘地物时，既要注意显示和保持地物分布的特征，又要保证图面的清晰易读，对待不同的地物必然要有一定取舍。其基本原则为：

（1）要求地物位置准确，主次分明，符号运用得当，充分反映地物特征。图面清晰易读，便于使用。

（2）因为测图比例尺的限制，在一处不能清楚地描述两个及以上地物符号时，可将主要地物精确表示，次要地物适当移位、舍去或综合表示。移位时应保持其相关位置正确；综合取舍时要保持其总貌和轮廓特征，防止因为综合取舍而影响地物的性质变化，如河流、沟渠、道路图上太密时，只能取舍，不能综合。

（3）对临时性、易变化的以及对识图意义不大的地物可以舍去。

（4）对那些意义重大的地物不能舍，只能取。如沙漠中哪怕再小的水井、绿地、树木；对某单位或村庄具有标志性的建筑、树木等也只能取，不能舍。

（5）要充分注意到所测地形图的用途，分清主次。

总之，在地物取舍时，要正确、合理地处理待测内容的"繁与简""主与次"的关系，做到既能真实准确地反映实际地物的情况又具有方便识图和便于使用的特点。

3. 地貌特征点的选择 地貌是地球表面的起伏形态，变化极为复杂。不管地形怎样复杂，都可以把实际地面看成是由许多不同坡度的棱线所组成的多面体。这些棱线称为地性线，如山脊线（凸棱）、山谷线（凹棱）、山脚线等，因此地貌点要选在山顶、山脚、鞍部、山脊、谷底、谷口、地形坡度变化处等如图 7-13。为了保证测图质量，在坡度一致的地段，也要选定足够的地形点，碎部点的最大间隔规定：测图比例尺为 1∶1 000 时为 30 m；

1∶2 000为50 m；1∶5 000为125 m。

由于地貌的变化是不规则的，所以，地貌点的取舍就不如地物那么重要。

图7-13　碎部点的选择

（二）立尺线路

立尺时要注意按照一定线路，这样可以减少立尺的路线长度，提高工作效率。一般平坦地区有"由近及远"和"由远及近"两种方法。测绘建筑物集中地区时也可以按照不同地物逐一进行测量的方法进行。测绘完地貌地区时有沿着等高线立尺和沿地性线立尺等不同方法。

三、碎部测量的方法和要求

控制测量工作结束后，就可根据图根控制点测定地物、地貌特征点的平面位置和高程，进而按照规定的比例尺和符号将地物和地貌缩绘成地形图。根据工具和使用方法的不同测绘地形图有不同的方法。

（一）地形图的测量方法

1. 经纬仪测绘法　也就是量角器配合经纬仪测绘法，其实质是按极坐标定点方法进行测图。观测时先将经纬仪安置在测站上，绘图板安置于测站旁，用经纬仪测定碎部点的方向与已知方向之间的夹角、测站点至碎部点的距离和碎部点的高程。然后根据测定数据用量角器和比例尺把碎部点的位置展绘在图纸上，并在点的右侧注明其高程，再对照实地描绘地形。此法操作简单，灵活，适用于各类地区的地形图测绘。

（1）测量方法。

①安置仪器于测站点 A（控制点）上，量取仪器高 i 填入手簿。

②后视归零，后视另一控制点 B 使水平度盘读数为 $0°00'00''$。

③立尺员依次将尺立在地物、地貌特征点上。立尺前，立尺员应弄清实测范围和实地情况，选定立尺点，并与观测员、绘图员共同商定跑尺路线。

④观测员转动照准部，瞄准地形尺，读视距间隔、中丝读数、竖盘读数及水平角。

⑤记录将测得的视距间隔、中丝读数、竖盘读数及水平角依次填入手簿。对于有特殊作

用的碎部点，如房角、山头、鞍部等，应在备注中加以说明。

⑥计算依视距，竖盘读数上或竖直角度，用计算器计算出碎部点的水平距离和高程。同法，测出其余各碎部点的平面位置与高程，绘于图上，并随测随绘等高线和地物。

为了检查测图质量，仪器搬到下一测站时，应先观测前站所测的某些明显碎部点，以检查由两个测站测得该点平面位置和高程是否相同，如相差较大，则应查明原因，纠正错误，再继续进行测绘。

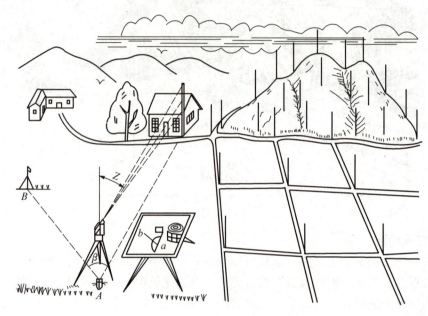

图 7-14 经纬仪测绘法

若测区面积较大，可分成若干图幅，分别测绘，最后拼接成全区地形图。为了相邻图幅的拼接，每幅图应测出图廓外 5 mm。

在测站上，每测绘 20~30 个碎部点，就要检查起始方向的度盘读数是否仍为 0°00′，以免因缺乏检查造成错误，引起返工。

（2）记录计算。记录表和记录方法见表 7-6。计算按照视距测量的计算公式进行计算。只需注意测站高程加上高差既为观测点高程。即

表 7-6 碎部测量记录

测站高程：$H_0 = 46.54$　　　　　　　　　　　仪器高：$i = 1.42$

点号	水平角 (° ′)	中丝 (m)	尺间隔 (m)	竖盘读数 (° ′)	竖直角 (° ′)	水平距离 (m)	高差 (m)	高程 (m)
1	05　35	1.420	0.520	003　50	+3　50	51.70	+3.47	50.01
2	17　10	1.420	0.490	005　14	+5　14	48.60	+4.45	50.99
3	24　10	1.420	0.740	006　08	+6　08	72.90	+7.85	54.39
4	69　40	2.200	1.320	358　42	−1　18	132.00	−2.99	42.77
—	—	—	—	—	—	—	—	—

$$H_{测点} = H_{测站} + \frac{1}{2} kl \sin 2\alpha + i - v \tag{7-2}$$

（3）碎部点的展绘方法。绘图员先将量角器底边中央小孔精确对准测站点 a 并用小针固

定在图板上，然后转动量角器使量角器上的分划线角度值（即在测站点所观测的碎部点与起始方向间的水平角）对准起始方向线 ab，再沿量角器直径上长度分划，按比例截取测站点至碎部点的水平距离用细针垂直刺出点位，并注记高程。其他各点都可按上述方法测量、展绘到图上。

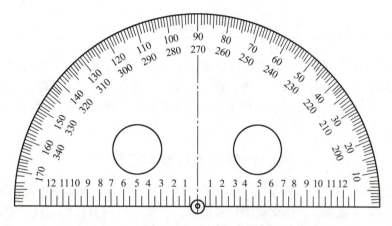

图 7-15 测绘量角器

2. 光电测距仪测绘法 光电测距仪测绘地形图与经纬仪测绘法基本相同，所不同的是用光电测距来代替经纬仪视距法。

（二）碎部测量的要求

为保证测量结果的正确性，测量过程中要做到边测量边检查。

1. 测站检查《城市测量规范》对地形图测绘时仪器的设置和测站检查有如下规定：

（1）平板仪测图时仪器对中的偏差，不应大于图上 0.05 mm。

（2）以较远的一点定向，用其他点进行检核。采用平板仪测绘时，检核偏差不应大于图上 0.3 mm；采用经纬仪测绘时，其角度检测值与原角值之差不应大于 $2'$。

（3）检查另一测站高程，其较差不应大于 1/5 基本等高距。

（4）采用量角器配合经纬仪测图，当定向边长在图上短于 10 cm 时，应以正北或正南方向作起始方向。

测站工作还应注意：

（5）观测人员在读取竖盘读数时，要注意检查竖盘指标水准管气泡是否居中或竖盘指标自动归零补偿器开关是否已经打开。

（6）每观测 20～30 个碎部点后，应重新瞄准起始方向检查其变化情况。经纬仪测绘法起始方向度盘读数偏差不得超过 $4'$，小平板仪测绘时起始方向偏差在图上不得大于 0.3 mm。

（7）当每站工作结束后，应进行检查，在确认地物、地貌无测错或漏测时，方可迁站。

2. 地物点、地貌点视距和测距长度 地物点、地形点视距和测距最大长度要求应符合表 7-7 的规定。

3. 高程注记点的分布

（1）地形图上高程注记点应分布均匀，丘陵地区高程注记点间距适宜。

（2）山顶、鞍部、山脊、山脚、谷底、谷口、沟底、沟口、凹地、台地、河川湖地岸旁、水涯线上以及其他地面倾斜变换处，均应测高程注记点。

表 7-7　地物点、地貌点视距和测距长度

测图比例尺	视距最大长度（m）		测距最大长度（m）	
	地物点	地貌点	地物点	地貌点
1∶500	—	70	80	150
1∶1 000	80	120	160	250
1∶2 000	150	200	300	400

（3）城市建筑区高程注记点应测设在街道中心线、街道交叉中心、建筑物墙基脚和相应的地面、管道检查井井口、桥面、广场、较大的庭院内或空地上以及其他地面倾斜变换处。

（4）基本等高距为 0.5 m 时，高程注记点应注至厘米；基本等高距大于 0.5 m 时可注至分米。

四、地形图的绘制与整饰

在外业工作中，当碎部点展绘在图纸上后，就可对按照实际地形的变化情况随时描绘地物和等高线。如果测区较大，由多幅图拼接而成，还应及时对各图幅衔接处进行拼接检查，经过检查与整饰，才能获得合乎要求的地形图。最好在测量现场随着碎部的进行而绘制，随时观察地形的变化情况，使绘制的地形图更符合实际，因为对地物有一个实地的观察也好做出正确的取舍。

在测绘地物、地貌时，应遵守"看不清不绘"的原则。地形图上的线划、符号和注记应在现场完成。

（一）地物描绘

地物要按地形图图式规定的符号进行绘制。房屋轮廓需用直线连接起来，而道路、河流的弯曲部分则是逐点连成光滑的曲线。不能依比例描绘的地物，应按规定的非比例符号表示。

（二）等高线勾绘

勾绘等高线时，首先用铅笔轻轻描绘出山脊线、山谷线等地性线（图7-16），再根据碎部点的高程勾绘等高线。不能用等高线表示的地貌，如悬崖、峭壁、土堆、冲沟、雨裂等，应按图式规定的符号表示。

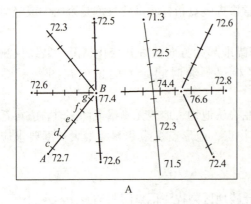
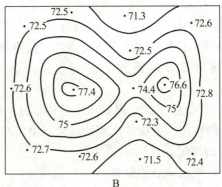

图 7-16　等高线与地性线

勾绘等高线时，要对照实地情况，先画计曲线，后画首曲线，并注意等高线通过山脊

线、山谷线的走向。地形图等高距的选择与测图比例尺和地面坡度有关。

1. 等高线勾绘原理 当图上有足够数量的地貌特征点后，把同一地性点连接起来，然后根据地形点的高程勾绘等高线。

由于碎部点是选在地面坡度变化处，因此相邻点之间可视为均匀坡度。这样可在两相邻碎部点的连线上，按平距与高差成比例的关系，查出两点间各条等高线，如图 7-17B 所示。假定基本等高距为 1 m，则基本等高线的高程整米数。所以需要先求出图上高程为 202.8 m 的 A 点与 203 m 等高线之间的水平距离，确定 M 点；再求出高程为 207.4 m 的 B 点与 207 m 等高线之间的水平距离，确定 Q 点。M、Q 两点之间还有高程为 204 m、205 m、206 m 三条等高线，平分 MQ 之间的水平距离即可得到这三条等高线的位置 N、O、P 三点。

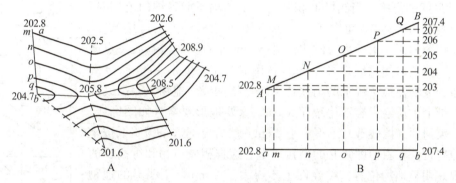

图 7-17 内插法勾绘等高线

同理可定出其他相邻两碎部点间等高线应通过的位置。将高程相等的相邻点连成光滑的曲线，即为等高线。

这种方法称为解析内插法，实际工作中在明确基本原理的基础上常采用目估内插或平行线内插的方法勾绘等高线。

2. 等高线勾绘的方法 按上步确定出不同等高线所在的位置以后，用光滑曲线将相等的高程点连接起来，就是等高线。具体步骤如下：

（1）根据实地情况和有关特征点，轻轻勾画出地性线。

（2）确定地性线上相邻两特征点间应有等高线的数目以及靠近上、下两个最高和最低等高线的高程。

（3）根据上述原理用目估法内插出最高等高线（207 m）和最低等高线（203 m）通过的位置。

（4）在最高与最低两条等高线位置间按等分法确定其他等高线（204 m、205 m、206 m）的位置。

（5）将内插高程相同的各点依地形情况连绘成光滑的曲线——等高线。

应该指出的是：在高差很大、等高线很多的情况下，一般先插绘出计曲线，再在计曲线间插绘首曲线。如果发现计曲线某些地方比例关系不协调或不合乎实地情况时，应当进行调整，调整后再加粗。在每条计曲线的适当位置（一般在较平直处）注记高程，字头朝向山顶；相邻计曲线的高程注记应当错开，不能排成一线。勾绘出的等高线与地性线成正交。如果勾绘的等高线不成正交，说明不协调，应加以拟合修改。

（三）地形图绘制应注意的几个问题

地形原图铅笔绘制应符合下列规定：

(1) 地物、地貌各要素，应主次分明、线条清晰、位置准确、交接清楚。
(2) 高程注记的数字，字头朝北，书写应清楚整齐。
(3) 各项地物、地貌均应按规定的符号绘制。
(4) 各项地理名称注记位置应适当，并检查有无遗漏或不明之处。
(5) 等高线须合理、光滑、无遗漏，并与高程注记点相适应。
(6) 图幅号、方格网坐标、测图者姓名及测图时间应书写正确齐全。

城市建筑区和不便于绘等高线的地方，可不绘等高线。绘图人员要注意图面正确整洁，注记清晰，并做到随测点，随展绘，随检查。

(四) 地形图的拼接、检查与整饰

1. 地形图的拼接 当测区面积超过一个图幅所能容纳的范围时，都要分幅测绘，所测各幅必须互相拼接（图 7-18）。为了拼接方便，测图时每幅图的西、南两边应测出图外 5 mm 左右。如遇有居民点或建筑物时，要测出图廓线以外 1 cm。拼图时，用宽度不小于 4 cm 的透明纸条，蒙在左边图幅 I 的衔接边上，把格网线、地物、等高线都描在透明纸上。所绘内容不得窄于 1 cm，重要地形要素（如图廓线、双线路、大河、计曲线等）不得窄于 2 cm。然后再把这条透明纸按坐标格网位置再蒙在右边图幅 II 的衔接边上。检查相应地物和等高线的偏差情况。明显地物位置偏差在图上不得大于 2 mm，不明显的地物不得大于 3 mm；同一等高线的平面位置误差在平坦地区不得大于相邻等高线平距的 2 倍。在此范围内，取其平均位置来改正相邻两图的原图，如果超过限差时，应到实地测量修改。

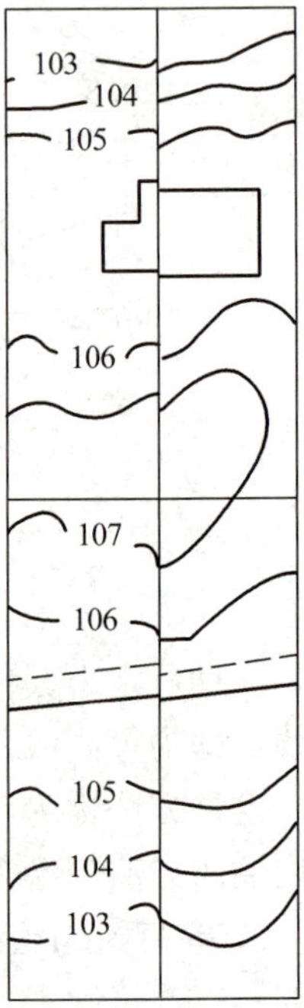

2. 地形图的检查 为了确保地形图质量，除施测过程中加强检查外，在地形图测完后，必须对成图质量作一次全面检查。

(1) 室内检查。室内检查的内容有：图上地物、地貌是否清晰易读；各种符号注记是否正确，等高线与地形点的高程是否相符，有无矛盾可疑之处，图边拼接有无问题等。如发现错误或疑点，应到野外进行实地检查修改。

图 7-18 地形图的拼接和整饰

(2) 外业检查。巡视检查根据室内检查的情况，有计划地确定巡视路线，进行实地对照查看。主要检查地物、地貌有无遗漏；等高线是否逼真合理；符号、注记是否正确等。

仪器设站检查根据室内检查和巡视检查发现的问题，到野外设站检查，除对发现的问题进行修正和补测外，还要对本测站所测地形进行检查，看原测地形图是否符合要求。

3. 地形图的整饰 地形图整饰的目的就是把野外测绘的铅笔底图，按照原来线划符号位置，根据图式规定，用铅笔、墨水或颜色加以整饰，使底图成为完整清晰的地形原图。为此，首先要把底图上不必要的线划、符号和数字等用橡皮擦掉，然后按照图式规定对地物、地貌符号和各种注记以及图廓进行整饰。

(1) 地物符号应严格按照图式规定绘出，但图式规定也不是一成不变的。例如果园，稻田和草地等整列式的符号，原则上按图式规定的间隔排列；如果植被的面积较大时，符号间隔可放大 1~3 倍。但全幅图应取得一致。狭长面积的植被符号间隔还可适当缩小。

(2) 地貌符号的整饰主要是等高线，在地形测图时，由于技术或其他条件的限制，常常

出现一些歪曲地形特征的人为弯曲，绘出的等高线很不协调。例如同一谷地各条等高线的弯曲顶点，均位于同一山谷线上。如图 7-18，若底图上个别等高线的弯曲顶点脱离了山谷线，按等高线的特性来说即属于不协调等高线。整饰时，应根据山谷线合理地改动等高线弯曲顶点的位置。

（3）注记是说明图上物体的名称、数量、质量或其他一些特征的。为了使注记说明某一物体时清晰易读，不致因配置不当而发生错误，同时也为了整齐美观，地形原图上的各种注记必须按一定的原则配置。总的原则是：字顶所朝的方向（字向），除了公路的路宽和质量、河流的河宽和水深以及等高线注记是随公路、河流、等高线的方向变化外，其他各种注记的字向都必须朝向北图廓。等高线高程注记，其字头朝向斜坡升高方向，避免倒置。另外，同一注记中字与字的间隔和注记各字排列形式，都要按图式中的规定注记。

（4）图廓的整饰包括清绘图廓，绘制比例尺，注记图名，测图单位及测绘年月等都要按照图式规定进行。

任务三　数字测图

任务目标：了解数字化测图的工作过程与作业模式，掌握野外全站仪数据采集方法，学会数字化成图软件的使用。

数字测图是近些年随着电子计算机、地面测量仪器、数字绘图软件和 GIS 技术的应用而迅速发展起来的全新内容，广泛用于测绘生产、土地管理、城市规划等部门。数字绘图技术的出现，促进了测绘行业的自动化、现代化、数字化，使测量的成果不仅有绘在纸上的地形图，还有方便传输、处理、共享的数字信息，推动了城市数字化的进程。

数字测图的基本思想是将地面上的地形和地理要素转换为数字量，然后由电子计算机对其进行处理，得到内容丰富的电子地图，需要时由图形输出设备（如显示器、绘图仪）输出地形图或各种专题图图形。

一、数字测图概述

数字测图是以计算机为核心，在外连输入输出设备硬件、软件的条件下，通过计算机对地理空间数据进行数字化处理，得到数字地图。

（一）数字测图的概念

广义的数字测图又称为计算机成图，主要包括地面数字测图、地图数字化成图、航测数字地图和计算机地图制图。在实际工作中，大比例尺数字绘图主要是指野外实地测量，即地面数字绘图，也称为野外数字绘图。

传统的地形测图（白纸测图）是将测得的数据用图解的方法转化为图形，有承载信息量小、变更修改困难、不易保存、图面不美观、易于变形等缺点，给使用者带来很多不方便。数字绘图可将大量的手工操作转化为计算机控制下的机械操作，将采集的各种有关的地物和地貌信息转化为数字形式，经过计算机的处理，得到丰富的电子地图，不仅减轻了劳动强度，而且不会损失应有的观测精度。

（二）数字测图的特点

数字测图的主要特点是实时性和动态性，此外还有以下特点。

1. 定点精度高 传统的地形图测绘方法，其地物点的平面位置误差主要受展绘误差和测定误差、测定地物点的视距误差和方向误差、地形图上地物点的刺点误差等多方面的影响。数字测图有效地避免了这些误差，使测定地形点的误差在 15～20 mm。全站仪的测量数据作为电子信息可以自动传输、记录、存储、处理和成图。在这全过程中使原测量数据的精度毫无损失，从而获得高精度的测量结果。

2. 改进作业方式 传统的方式主要是通过手工操作，人工记录，手工绘制地形图。数字测图则是野外测量达到了自动记录、自动解算处理、自动成图，并且提供了方便使用的数字地图软盘。数字测图自动化的程度高，出错率小，能自动提取坐标、距离、方位和面积等，绘制的地形图精确、美观。

3. 便于更新 采用地面数字测图能克服大比例尺白纸测图连续更新的困难，只需输入有关信息，经过数据处理就能方便的做到更新和修改，保持图面整体的可靠性和现实性。如比例尺的变换很容易。

4. 增加了地图的表现力 计算机与显示器、绘图机联机时，可以绘制各种比例尺的地形图，也可以分层输出各类专题地图，满足不同用户的需要。

5. 可作为 GIS 的重要信息源 要建立起地理信息系统，数据的采集工作是重要的一环。数字测图作为 GIS 的信息源，能及时、准确地提供各类基础数据，更新 GIS 的数据库，保证地理信息的可靠性和现势性，为 GIS 的辅助决策和空间分析发挥作用。

6. 避免因图纸伸缩带来的各种误差 表示在图纸上的地图信息随着时间的推移，会因图纸的变形而产生误差。数字测图的成果以数字信息保存，避免了对图纸的依赖性。

二、数字测图的作业过程

数字测图的作业过程与使用的设备和软件、数据源及图形输出的目的有关。但不论是测绘地形图，还是制作种类繁多的专题图、行业管理用图，只要是测绘数字图，都必须包括数据采集、数据处理和图形输出三个基本阶段。

（一）数据采集

数据采集分为野外采集和内业数据采集两种。

1. 野外采集法 经纬仪测图的地形原图基本在外业完成，而地面数字测图的外业工作仅能完成地图的采集和编码。采用全站仪或半站仪进行实地测量，并将野外采集的观测值或坐标数据自动传送到电子手簿、磁卡或便携机，现场自动记录，实现碎部点野外数据采集。每一个点的记录通常由信号、观测值或坐标，以及绘制地形图需要的属性信息（符号码）和点之间的连接关系。这些信息码以规定的数字代码表示，通过计算机信息识别就可以自动绘制地图符号。

由于目前测量仪器的精度很高，而电子记录又能如实地记录和处理，无精度损失，所以地面测图是数字测图中精度最高的一种，是城市地区的大比例尺测图中主要的测图方法。

对于图根测量还可以采用地形测图与图根加密同时进行，即在记录观测点坐标的情况下，也可以在未知坐标的观测点上设站，利用电子手簿站点的坐标计算功能，观测计算观测站点的坐标后，即可进行碎部测量。例如采用自由建站的方法，通过对几个已知点进行方向和距离的观测，就可计算测站点的精确坐标。

野外数据采集成图因所使用的软件不同，方法也略有区别，如北京威远公司的 CitoMap 地理信息数据采集系统提供了草图法、电子平板法、GPS 等成图方法。

（1）草图法成图。草图法是在野外，利用全站仪采集并记录观测数据或坐标，同时勾绘现场地物属性关系草图；回到室内，自动或手动连线成图。

草图法是一种十分实用、快速的测图方法。其显著优点是在野外作业时间短，大大降低外业劳动强度，提高作业效率；由于免去了外业人员记忆图形编码的麻烦，因而这种作业方法，更易让一般用户接受；其缺点为不直观，容易出错，当草图有错误时，可能还需要到实地查错。对于大规模测量，多采用本方法，主要从经济和降低外业劳动时间角度考虑，因为电子平板需配备便携机，而且寿命平均 1~2 年，对一般单位投入成本较大，而且野外边测边制图会占据一定的外业时间。

工作流程： ① 野外利用全站仪采集并记录观测数据或坐标，同时勾绘现场地物连接关系草图；② 室内将记录数据下载到电脑，得到观测数据文件或坐标数据文件；③ 数据预处理为 SV 坐标格式；④ 直接展点；⑤ 根据草图直接在屏幕上连线成图；⑥ 编辑修改，图幅整饰，最终出图。

（2）电子平板法。在野外用便携式电脑直接与全站仪相连，现场测点，电脑实时显示点位，根据实地情况，现场直接连线成图。

电子平板法作为一种野外采集手段，其显著优点是直观性强，在野外作业现场"所见即所得"，即使出现错误，也可及时发现，并在现场修改；其缺点为增大外业劳动强度，由于当前计算机硬件（如电源问题、屏幕问题）的限制，使其优越性大打折扣，由于配备电子平板价格较贵，令许多单位放弃本方法；作为航测数字化成图，野外调绘可采用本方法。

工作流程： ① 在野外，便携电脑直接与全站仪相连；② 现场测图；③ 回到室内，编辑修改；④ 最终输出成果。

（3）GPS 测图法。GPS 法成图应用范围在现阶段比较窄，主要应用在 GIS 采集，例如美国天宝公司的 GEOIII，阿什泰克的 Mark X 等，测的数据均为点线面结构，格式简洁，一般自带 ARC/INFO、MAPINFO 等的接口程序，当然通过接口程序也可很方便的引入 CitoMap 系统；另外对于 RTK 型接收机通过接口程序也可很方便的将其采集的坐标文件引入 CitoMap 系统，如果有代码，可自动连线成图。

工作流程：① 由数字摄影测量方法或其他方法将航片处理成数字图；② 通过接口程序将数字图引入 CitoMap 系统；③ 利用 Cito Map 的电子平板功能进行野外调绘；④ 编辑修改，整饰图形；⑤ 输出管理。

2. 内业数据采集（老图数字化） 为了充分利用已有的测绘成果，可通过数字化仪在已有地图上采集信息数据，即数字化仪数字化或扫描仪数字化。当用扫描仪数字化时，仪器沿两方向扫描，沿 y 方向走纸，图在扫描仪上过一遍，就将图形数字化。扫描仪数字化速度很快（一幅图不超过几分钟），原图经过扫描矢量化后转化为数字图。分述如下：

（1）手扶数字化法。利用数字化板，将老图数字化，是一种经济、高效的作业方法。从精度满足、节省费用的角度考虑，本方法事半功倍。

工作流程： ① 装数字化仪驱动；② 配置 Auto CAD 数字化仪类型；③ 定义数字化仪菜单；④ 数字化仪图纸定向；⑤ 开始数字化，直接在数字化仪上点取；⑥ 修改、整饰图形，如注记文字等；⑦ 输出管理。

（2）扫描矢量化法。扫描矢量化法是将原有老图进行扫描后，经过矢量化处理得到数字化图的一种方法。

工作流程： ① 启动扫描仪；② 确定扫描类型，老图扫描；③ 建立工程；④ 图形校准；⑤ 矢量化；⑥ 修改、整饰图形，如注记文字等；⑦ 输出管理。

(二) 数据处理

实际工作中，数字测图的全过程都是在进行数据处理。这里的数据处理阶段指在数据采集完成以后到图形输出之前对图形数据的各种处理。数据处理主要包括数据传输、数据预处理、数据转换、数据计算、图形生成、图形编辑与整饰、图形信息的管理与应用等。这部分工作都有相应软件，人工只需要输入相关数据即可。

(三) 成果输出

经过数据处理以后，即可得到数字地图，也就是形成一个图形文件，由磁盘或磁带作永久性保存。也可以将数字地图转换成地理信息系统所需要的图形格式，用于建立和更新 GIS 图形数据库。输出图形是数字测图的主要目的，通过对层的控制，可以编制和输出各种专题地图（包括平面图、地籍图、地形图、管网图、带状图、规划图等），以满足不同用户的需要。可采用矢量绘图仪、栅格绘图仪、图形显示器、缩微系统等绘制或显示地形图图形。为了使用方便，往往需要用绘图仪或打印机将图形或数据资料输出。在用绘图仪输出图形时，还可按层来控制线划的粗细或颜色，绘制美观、实用的图形。如果以生产出版原图为目的，可采用带有光学绘图头或刻针（刀）的平台矢量绘图仪，它们可以产生带有线划、符号、文字等高质量的地图图形。

三、CASS 软件绘制地形图简介

CASS 地形地籍成图软件系统是基于 Auto CAD 平台技术的数字化测绘数据采集系统，目前在地形地籍成图、工程测量、房产测绘、空间数据建库等领域已得到广泛地应用，同时还可以利用此软件进行土方量的计算、公路设计、面积量算等工作。该软件全面面向 GIS，彻底打通数字化成图系统与 GIS 的接口，使用骨架线实时编辑、简码用户化、GIS 无缝接口等先进技术。该软件的推出，大大简化了地形图和断面图的绘制工作，被广大用户接受和认可。其操作步骤如下：

1. 采集和传输数据　首先在测区内布置好控制点，然后在各级控制点基础上利用全站仪或 GPS – RTK 进行碎部测点的采集。全站仪或 GPS – RTK 可以自动存储采集的数据，降低了记录员的劳动强度。采集完测区内碎部测点后，将全站仪和 GPS – RTK 中储存的碎部点数据传输到电脑中。

2. 编辑数据文件　应用全站仪传输到电脑里的数据，其扩展名应为"＊.dat"。应用 GPS – RTK 传输到电脑里的数据，可先利用手簿将数据存储为"CASS.dat"格式，然后再传输到电脑里。"＊.dat"文件的数据格式如下："1 点点名（或点号），1 点编码，1 点 Y（东）坐标，1 点 X（北）坐标，1 点 H（高程），N 点点名（或点号），N 点编码，N 点 Y（东）坐标，N 点坐标，N 点 H（高程）"。以上格式中，每一行的坐标数据代表碎部测点，各碎部测点的 Y、X 坐标及高程的单位均为 m，编码为测图代码，因为在实际测量过程中很少输入代码，所以编码这一栏可以缺省，但是编码后的逗号却不能省略，因此常见的数据格式如下："1 点点名（或点号），1 点 Y（东）坐标，1 点 X（北）坐标，1 点 H（高程）N 点点名（或点号），N 点 Y（东）坐标，N 点 X（北）坐标，N 点 H（高程）"。应注意"＊.dat"文件中的逗号均应在半角方式下输入。若数据中存在高程误差较大的碎部测点，可直接将该点的高程数据删除，保留坐标数据。

3. 在 CASS 软件中展点号和高程　在电脑中打开 CASS 软件，点击标题栏中的"绘图处理"中的"定显示区"，利用这个功能来控制显示区域，这样所有的数据便都显示在此区域内。点击"绘图处理"中的"展野外测点点号",找到所要绘制地形图的数据文件,将在野外采集的碎部测点的点号展到 CASS 软件平台上,此时电脑屏幕上显示的仅为碎部测点的点位和点号;然后再点击"绘图处理"中的"展高程点",将同一数据文件中的高程展在 CASS 软件平台上,此时电脑屏幕上显示的除碎部测点的点位和点号外,还会显示该点的高程值。利用 CASS 系统展绘的点号、点位和高程,分别位于不同的图层中。默认颜色均为红色。

4. 绘制地形图 绘制地形图时,应如实反映出测区内的地形和地物特征。在展绘出点号、点位和高程后,根据实地测量时绘制的工作草图,用 CASS 软件中的绘图工具和符号将相应的点位连接起来,如房屋、桥梁、道路、植被、鱼塘、河流、高(低)压线路等,均应作为绘制地形图的地形或地物要素,如实反映在所绘制地形图上。以上地形或地物要素绘制完成后,便可以进行等高线的绘制,绘制等高线时可以采用自动生成或手工绘制两种方法。

(1) 自动生成等高线。利用 CASS 软件标题栏中的"等高线"中的各个命令来绘制等高线,可以根据展绘出的高程自动生成等高线,这种方法在地貌不复杂、地物不多的情况下比较实用,绘制的速度快,测区的范围越大,其准确度越高,但局部需要手工修改,修改后的等高线可以符合实际地形地貌的要求。

(2) 手工绘制等高线。采用手工绘制等高线的方法来绘制等高线,适用于高低起伏不大的地形,绘制的准确度高,但是采用这种方法的工作效率较低、工期较长,在较大范围的地形图绘制工作中极少使用。

等高线绘制完成后。还需对图形进行必要的编辑和修改,如各种文字的注记、高程的注记、符号的配置、图廓的修饰等,以形成完整的河道带状地形图。

知识拓展

全国职业技能大赛 1∶500 数字测图竞赛规程

(一) 竞赛内容

1. 技能操作竞赛 采取技能操作考核的方式,竞赛内容参赛选手必须在规定的时间内完成规定的任务,上交合格成果。并按照成果质量和比赛用时作为竞赛的计分内容。

2. 理论考试 依据"工程测量员"国家职业标准中规定的高级技能(国家职业资格三级)应具备的知识和技能要求,结合高等院校测绘类专业及课程的教学和学生未来就业岗位需要的实际进行考核。采用机考方式,考试时间为 120 min(包括"二等水准测量""1∶500 数字测图"和"一级导线测量")。

(二) 竞赛规则

(1) 参赛团队必须提前 30 min 进入赛场,到检录处检录,抽签决定比赛号位。未能检录者取消比赛资格。

(2) 各队根据自己的比赛号位,在大赛工作人员的指引下,到现场熟悉比赛场地,同时做好比赛前的各项准备工作。

(3) 开赛前仪器必须装箱,脚架收拢置地,队员列队待命,整齐着装。

(4) 技能竞赛开始。裁判宣布开始,同时开始竞赛计时,计时精确到秒。参赛队不得在记录手簿上填写任何关于参赛队及队员信息，参赛队上交测量及计算成果，由裁判长对成果编号。

(5) 技能竞赛结束。各参赛团队在完成外业、内业及检查工作后，由队长携成果资料向裁判报告，此时裁判计时结束，比赛结束。

(6) 成果一旦提交就不能继续参赛。

(7) 规定参赛个人应独立完成的工作任务不能由别人替代完成，违规者取消该团队参赛资格。

(8) 参赛团队必须独立完成所有比赛内容，比赛过程中不能和外界交换信息（包括手机通信）。

(9) 参赛者提交的资料、成果必须内容齐全。

(10) 竞赛过程中，选手须严格遵守操作规程，确保人身及设备安全，并接受裁判员的监督和警示。因选手因素造成设备故障或损坏，无法继续竞赛，裁判长有权决定终止该队竞赛；因非选手个人因素造成设备故障，由裁判长视具体情况做出裁决。参赛者必须尊重裁判，服从裁判指挥。

(11) 参赛团队对裁判的裁定结果有疑议，可在赛后规定时间内向竞赛使用的所有仪器及附件均由参赛单位根据比赛要求准备。

(三) 竞赛设备

竞赛使用的所有仪器及附件均由参赛单位根据比赛要求准备。

(1) 全站仪（科力达全站仪 KTS-482RLC）：含脚架 2 个，对中杆 1 根，大棱镜 1 个、小棱镜 1 个。

(2) 安装有数字测图软件（CASS9.1）的台式计算机 1 台。

(3) 3m 钢卷尺 1 个。

(四) 竞赛场地

设置多条附合导线。多个队同时开始比赛。每一条导线由 2 个待求点和 2 个已知点组成。各队的比赛线路由各队抽签得到的已知点和待定点组合决定，导线全长约 1.2 km。

(五) 竞赛技术标准

(1)《1∶500 1∶1 000 1∶2 000 外业数字测图技术规程》(GB/T 14912—2005)。

(2)《国家基本比例尺地图图式第一部分 1∶500 1∶1 000 1∶2 000 地形图图式》(GB/T 20257.1—2007)。

(六) 计分办法

(1) 成果全部符合限差要求和无违反记录规定者按竞赛评分成绩确定名次。

(2) 竞赛成绩主要从参赛队的作业速度、成果质量等方面考虑，采用百分制。其中成果质量按下文的实施细则，作业速度按各组用时统一计算，裁判宣布竞赛开始计时，到上交成果计时结束，时间以秒为单位。得分计算方法：

$$S_i = \left(1 - \frac{T_i - T_1}{T_n - T_1} \times 40\% \right) \times 40$$

式中：T_1——所有参赛队中用时最少的时间；

T_n——所有参赛队中不超过最大时长的队伍中用时最多的时间，第 i 组实际用时为 T_i。

测量最大时长（内外业）为 3 h，凡超过最大时长的小组，终止操作。

(3) 在各赛项过程中，对于恶意造假或伪造原始数据者，直接取消该赛项成绩，有一项恶意造假取消各项成绩，即取消各项比赛资格。

(七) 实施细则

1. 测量要求

(1) 各参赛队小组成员共同完成规定区域内碎部点数据采集和编辑成图。

(2) 碎部点数据采集模式只限用全站仪"草图法"，不得采用"电子平板"。

(3) 外业数据采集时全站仪不得使用免棱镜测距功能。

(4) 测区及控制点抽签确定。上交成果上不得填写参赛队及观测者、记录者姓名。

(5) 草图必须绘在赛会现场发的数字测图野外草图本上。

2. 技术要求

(1) 图根控制点的数量不做要求，但图上应表示作为测站点的图根控制点。

(2) 需要按规范要求表示等高线和高程注记点。

(3) 绘图：按图式要求进行点、线、面状地物绘制和文字、数字、符号注记。注记的文字字体采用仿宋体。

(4) 图廓饰内容：采用任意分幅（四角坐标注记坐标单位为米，取整至 50 m）、图名、测图比例尺、内图廓线及其四角的坐标注记、外图廓线、坐标系统、高程系统、等高距、图式版本和测图时间（图上不注记测图单位、接图表、图号、密级、直线比例尺、附注等内容）。

3. 上交成果

(1) 原始测量数据文件。

(2) 野外草图和 dwg 格式的地形图文件。

4. 成果质量成绩评定标准

成果质量成绩满分 60 分，主要从参赛队的仪器操作、测图精度和地形图编绘等方面考虑。

(1) 仪器操作及测图精度评分（30 分）。见表 7-8。

表 7-8 仪器操作及测图精度评分细则

项目与分值	测评内容	评分标准
测图精度 (20 分)	边长检查（5 分）	检查内容为明显的地物，如房屋的长度、道路的宽度等。要求相邻地物点间距的中误差小于 0.15 m。共检查 5 处，每超限一处扣 1 分，扣完为止
	高程检查（5 分）	检查内容为明显的地物，如房屋的散水点、道路的中心等。要求高程注记点相对于邻近图根控制点的高程中误差小于测图比例尺基本等高距的 1/3（0.15 m）。共检查 5 处，每超限一处扣 1 分，扣完为止
	坐标检查（10 分）	检查内容为明显的地物，如房屋的角点、道路的拐点等。要求点位中误差小于 0.15 m。共检查 10 处，每超限一处扣 1 分，扣完为止
仪器操作 (10 分)	定向检查（3 分）	碎部采集前未进行定向检查扣 1 分，扣完为止
	仪器迁站（3 分）	迁站时未保持仪器竖立，每次扣 1 分，扣完为止
	操作安全（4 分）	违反操作规程或者其他不安全操作行为每发生一次扣 2 分，扣完为止

（2）地形图编绘（30 分）。见表 7-9。

表 7-9　地形图编绘评分细则

项目与分值	测评内容	评分标准
地形图编绘 （30 分）	错误及违规（10 分）	出现重大错误或重大违规扣 10 分，一般性错误或违规扣 1～5 分，扣完为止
	完整性与正确性（10 分）	图上内容取舍合理，主要地物（指房屋、道路与花台）漏测一项扣 2 分，次要地物（指路灯、窨井、高程点等）漏测一项扣 1 分，扣完为止
	符号和注记（5 分）	地形图符号和注记用错一项扣 1 分，扣完为止
	整饰（5 分）	地形图整饰应符合规范要求，缺、错少一项扣 1 分，扣完为止

▶ 技 能 训 练

将全班按每组 4～5 人分为若干小组，每组按地形测图项目要求领取测量仪器及工具，在测量情景教学场地内选择进行：①用常规方法测绘大比例尺地形图；②全站仪数字化测绘地形图等项目进行技能训练。

要求每组同学熟练掌握常规方法测绘大比例尺地形图基本方法，掌握全站仪数字化测绘地形图等相关知识，具体要求见地形测图相关内容。

▶ 思 考 与 练 习

1. 什么是等高线？等高线有哪些特征？
2. 什么是地性线？在勾绘等高线时有什么作用？在地形图上是否保留地性线？
3. 地形测量前应做好哪些准备工作？
4. 用对角线法绘制 40 cm×40 cm 的方格网。
5. 经纬仪配合量角器测图的作业程序和计算方法？
6. 如何拼接地形图？精度要求和调整方法怎样？
7. 地貌点的选择原则是什么？怎样取舍地形点？
8. 地形特征点如何选择？
9. 数字测图与传统手工测图相比有哪些优缺点？
10. 什么是数字测图？数字测图有哪些优点？
11. 试根据下图勾绘等高线。

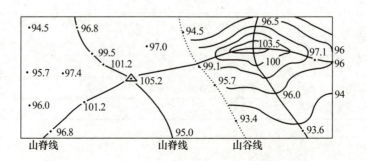

项目八

地形图的应用

CELIANG

【项目提要】 主要介绍地形图的分幅与编号、地形图应用的基本知识、面积量算以及地形图的综合应用等。地形图应用的基本知识包括在地形图上确定点位坐标、在地形图上量算线段长度、在地形图上量算某直线的坐标方位角、在地形图上求算某点的高程、在地形图上量测曲线长度和折线长度、在地形图上按一定方向绘制断面图；面积量算的方法主要介绍了直接法、解析法、图解法、求积仪法等内容。

【学习目标】 熟悉地形图应用的基本知识；掌握不同形状面积的求算方法和地形图在平整土地、市政管理中的应用知识。

任务一 地形图的分幅与编号

任务目标：了解新旧梯形分幅的方法，掌握1：100万、1：50万、1：10万等比例的分幅。熟悉矩形分幅与编号的方法，了解按西南角坐标编号、按数字顺序编号等方法。

为了便于测绘和拼接、贮存和保管以及检索和使用系列地形图，需将各种比例尺地形图统一分幅和编号。

地形图分幅方法分为两类，一类是按经纬线分幅的梯形分幅法（又称为国际分幅），另一类是按坐标格网分幅的矩形分幅法。前者用于国家基本图的分幅，后者则用于城市或工程建设大比例尺地形图的分幅。

一、梯形分幅和编号

梯形分幅编号法有两种形式，一种是1990年以前地形图分幅编号标准产生的，称为旧分幅与编号；另一种是1990年以后新的国家地形图分幅编号标准所产生的，称为新分幅与编号。

（一）国际分幅法

1. 国际1：100万比例尺地形图的分幅与编号 全球1：100万的地形图实行统一的分幅与编号。即，将整个地球表面自180°子午线由西向东起算，经差每隔6°划分纵行，全球共60纵行，用阿拉伯数字1～60表示。又从赤道起，分别向南、向北按纬差4°划分成22横列，以大写拉丁字母A、B、…、V表示。任一幅1：100万比例尺地形图的大小就是由纬差4°的两纬线和经差6°的两经线所围成的面积，每一幅图的编号由其所在的"横列 — 纵行"的代号组成。例如,某处的经度为114°30′18″、纬度为38°16′08″,其所在图幅之编号为J—50,如图8-1所示。为了说明该图幅位于北半球还是南半球,应在编号前附加一个N(北)或S(南)字母,由于我国国土均位于北半球,故N字母从略。国际1∶100万图的分幅与编号是其余各种比例尺图梯形分幅的基础。图8-2是我国1∶1 000 000地形图分幅图。

2. 1∶50万、1∶20万、1∶10万比例尺图的分幅与编号 直接在1∶100万图的基础上,按表8-1中规定的相应纬差和经差划分。每幅1∶100万图划分为4幅1∶50万图,以A、B、C、D表示。

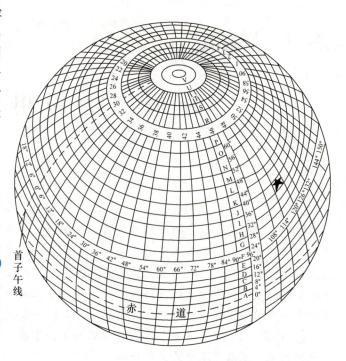

图8-1 1∶1 000 000地形图分幅编号

每幅1∶100万图又可划分为36幅1∶20万图,分别用[1]、[2]、…、[36]表示。如某地所在1∶20万图的编号为J-50-[13],每幅1∶100万图还可划分为144幅1∶10万图,分别以1、2、3、…、144表示。如某地所在1∶10万图的编号为J-50-62。

3. 1∶5万、1∶2.5万、1∶1万比例尺图的分幅与编号 直接在1∶10万图的基础上进行。其划分的经差和纬差也列入表8-1中。

每幅1∶10万图可划分为4幅1∶5万图,在1∶10万图的图号后边加上各自的代号A、B、C、D。如某处所在1∶5万图的编号为J-50-62-A。

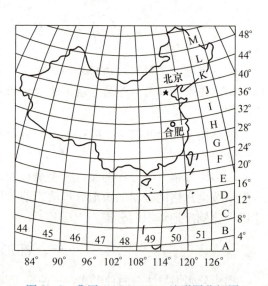

图8-2 我国1∶1 000 000地形图分幅图

每幅1∶5万图四等分,得1∶2.5万,分别用1、2、3、4编号,如某地在1∶2.5万的图幅为J-50-62-1。

每幅1∶10万图按经、纬差8等分,成为64幅1∶1万图,以(1)、(2)、…、(64)编号,如某地在1∶1万图幅为J-50-62-(9)。

4. 1∶5 000比例尺图的分幅与编号 每幅1∶1万图分成4幅1∶5 000的图,并在1∶1万图的图号后写各自代号a、b、c、d作为编号。如某地在1∶5 000梯形分幅图号为J-50-62-(9)-c。

表 8-1　按梯形分幅的各种比例尺图的划分及编号

比例尺	图幅大小		分幅代号	某地的图号
	经差	纬差		
1∶100万	6°	4°	横行 A、B、C、…、V 纵列 1、2、3、…、60	J—50
1∶50万	3°	2°	A、B、C、D	J—50—C
1∶20万	1°	40′	[1]、[2]、[3]、…、[36]	J—50—[15]
1∶10万	30′	20′	1、2、3、…、144	J—50—62
1∶5万	15′	10′	A、B、C、D	J—50—62—A
1∶2.5万	7′30″	5′	1、2、3、4	J—50—62—A—2
1∶1万	3′45″	2′30″	(1)、(2)、(3)、…、(64)	J—50—62—(3)
1∶5000	1′52″	1′15″	a、b、c、d	J—50—62—(3)—d

（二）国家基本比例尺地形图的分幅与编号方法

我国 2012 年发布了《国家基本比例尺地形图新的分幅与编号》GB/T 13989—2012 的国家标准。新测和更新的基本比例尺地形图，均须按照此标准进行分幅和编号。新的分幅编号对照以前有以下特点：

1. 分幅　1∶100 万的地形图的分幅按照国际 1∶100 万地形图分幅的标准进行，其他比例尺以 1∶100 万为基础分幅，1 幅 1∶100 万的地形图分成其他比例尺的地形图的情况如表 8-2 所示。

表 8-2　1∶100 万的地形图分成其他比例尺的地形图的情况

比例尺	1∶100万	1∶50万	1∶25万	1∶10万	1∶5万	1∶2.5万	1∶1万	1∶5000
×	1×1	2×2	4×4	12×12	24×24	48×48	96×96	192×192
图幅数	1	4	16	144	576	2 304	9 216	36 864
经差	6°	3°	1°3′	30′	15′	7′30″	3′45″	1′52.5″
纬差	4°	2°	1°	10′	10′	5′	2′30″	1′15″

2. 编号　1∶100 万地形图的编号。与国际分幅编号一致，只是行和列的称谓相反，1∶100 万地形图的图号是由该图所在的行号（字符码）和列号（数字码）组合而成，中间不再加连字符。如北京所在 1∶100 万地形图的图号为 J50。

1∶50 万～1∶5000 比例尺地形图的编号均由五个元素（五节）10 位代码构成，即 1∶100 万地形图的行号（第一节字符码 1 位），列号（第二节数字码 2 位），比例尺代码（第三节字符 1 位），该图幅的行号（第四节数字码 3 位），列号（第五节数字码 3 位），共 10 位。如表 8-3 所示。

表 8-3　各种比例尺的比例尺代码

比例尺	1∶50万	1∶25万	1∶10万	1∶5万	1∶2.5万	1∶1万	1∶5000
比例尺代码	B	C	D	E	F	G	H

二、矩形分幅与编号

（一）分幅方法

矩形分幅适用于大比例尺地形图，1∶500、1∶1 000、1∶2 000、1∶5 000比例尺地形图图幅一般为 50 cm×50 cm 或 40 cm×50 cm，以纵横坐标的整千米或整百米数的坐标格网作为图幅的分界线，称为矩形或正方形分幅，以 50 cm×50 cm 图幅最常用。

正方形分幅是以 1∶5 000 比例尺图为基础，取其图幅西南角 x 坐标和 y 坐标以千米为单位的数字，中间用连字符连接作为它的编号。例如，某图西南角的坐标 $x=3\,510.0$ km，$y=25.0$ km，则其编号为：3 510.0－25.0。1∶5 000 比例尺图四等分便得四幅 1∶2 000 比例尺图；编号是在 1∶5 000 比例尺图的图号后用连字符加各自的代号Ⅰ、Ⅱ、Ⅲ、Ⅳ，如 3 510.0－25.0－Ⅱ。

依此类推，1∶2 000 比例尺图四等分便得四幅 1∶1 000 比例尺图；1∶1 000 比例尺图的编号是在 1∶2 000 比例尺图的图号后用连字符附加各自的代号Ⅰ、Ⅱ、Ⅲ、Ⅳ，如 3 510.0－25.0－Ⅱ-Ⅳ。

1∶1 000 比例尺图再四等分便得四幅 1∶500 比例尺图；1∶500 比例尺图的编号是在 1∶1 000 比例尺图的图号后用连字符附加各自的代号Ⅰ、Ⅱ、Ⅲ、Ⅳ，如 3 510.0－25.0－Ⅱ-Ⅳ-Ⅲ。

（二）编号方法

矩形图幅的编号，也是取其图幅西南角 x 坐标和 y 坐标（以千米为单位），中间用连字符连接作为它的编号。编号时，1∶5 000 地形图，坐标取至 1 km；1∶2 000、1∶1 000 地形图坐标取至 0.1 km；1∶500 地形图，坐标取至 0.01 km。

表 8-4 正方形及矩形分幅的图廓规格

比例尺	矩形分幅		正方形分幅		
	图幅大小 (cm×cm)	实地面积 (km²)	图幅大小 (cm×cm)	实地面积 (km²)	一幅 1∶5 000 图所含幅数
1∶5 000	50×40	5	40×40	4	1
1∶2 000	50×40	0.8	50×50	1	4
1∶1 000	50×40	0.2	50×50	0.25	16
1∶500	50×40	0.05	50×50	0.062 5	64

三、独立地区测图的特殊编号

以上是正方形与矩形分幅，都是按规范全国统一编号的，大型工程项目的测图也力求与国家或城市的分幅、编号方法一致。但有些独立地区的测图，或者由于与国家或城市控制网没有关系；或者由于工程本身保密的需要；或者小面积测图；也可以采用其他特殊的编号方法。矩形图幅的编号有两种：

（一）按坐标编号

1. 当测区与国家控制网联测时的图幅编号　图幅所在投影带中央经线的经度－$x_{西南角}$（km）－$y_{西南角}$（km）如某 1∶2 000 地形图的编号为"112°-3 108.0-38 656.0"，表示图幅所在投影带中央经线的经度为112°，图幅西南角的坐标为 $x=3\,108$ km，$y=38\,656$ km（38 为投影带带号）。

2. 当测区采用独立坐标系时的图幅编号　测区坐标起算点的坐标（x，y）-图幅西南角纵坐标-图幅西南角横坐标，坐标以千米或百米为单位。如某图幅编号"30, 30 - 16 - 18"，表示测区起算点坐标为 $x=30$ km、$y=30$ km，图幅西南角坐标为 $x=16$ km、$y=18$ km。

（二）按数字顺序编号

小面积独立测区的图幅编号，可采用数字顺序进行编号。如图 8 - 3 所示，虚线表示测区范围，数字表示图幅编号，排列顺序一般从左到右、从上到下。矩形分幅的地形图编号应以方便管理和使用为目的，可以不必强求统一。

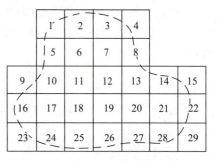

图 8 - 3　按数字顺序编号

任务二　地形图应用的基本知识

任务目标：能够利用地形图计算图上某点的平面位置与高程、求算两点间的距离以及方向，并且能够求算地面的坡度、求算图形的面积、选择拟定最短路线、绘制指定方向的断面图。

一、在地形图上确定点位坐标

在地形图上进行规划设计时，往往需要从图上量算一些设计点的坐标。可利用地形图上的坐标格网来进行量算。如图 8 - 4 所示，欲求出图中 A 点的平面直角坐标，可先通过 A 点做坐标网的平行线 mn、op，然后再用测图比例尺量取 mA 和 oA 的长度，则 A 点的坐标为：

$$\left. \begin{array}{l} x_A = x_a + mA \\ y_A = y_a + oA \end{array} \right\} \quad (8-1)$$

式中：mA 和 oA——A 点所在方格东北角点的坐标。

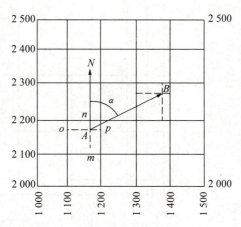

图 8 - 4　在地形图上确定点位坐标示意

为了提高测量精度，量取 mn 和 op 的长度，对纸张伸缩变形的影响加以改正。若坐标格网的理论长度为 l，则 A 点的坐标应按式（8-2）计算：

$$\left. \begin{array}{l} x_A = x_a + \dfrac{mA}{mn} l \\ y_A = y_a + \dfrac{oA}{op} l \end{array} \right\} \quad (8-2)$$

用相同方法，可以求出图上 B 点坐标 x_B、y_B 和图上任一点的平面直角坐标。

有时因工作需要，需求图上某一点的地理坐标（经度 λ、纬度 ϕ），则可通过分度带及图廓点的经纬度注记数求得。

根据内图廓间注记的地理坐标（经纬度）也可图解出任一点的经纬度。

二、在地形图上量算线段长度

（一）在地形图上量取直线长度

（1）已知 A、B 两点的坐标，根据式（8-3）或式（8-4）即可求得 A、B 两点间的距离 D_{AB}。

$$D_{AB} = \sqrt{(X_B - X_A)^2 + (Y_B - Y_A)^2} = \sqrt{\Delta X_{AB}^2 + \Delta Y_{AB}^2} \quad (8-3)$$

或

$$D_{AB} = \frac{X_B - X_A}{\cos\alpha} = \frac{Y_B - Y_A}{\sin\alpha} = \frac{\Delta X_{AB}}{\cos\alpha} = \frac{\Delta Y_{AB}}{\sin\alpha} \quad (8-4)$$

（2）若精度不高，则可用比例尺直接在图上量取。

（二）在地形图上量取曲线长度

在地形图应用中，经常要量算道路、河流、境界线、地类界等不规则曲线的长度，最简便的方法是取一细线，使之与图上曲线吻合，记出始末两点标记，然后拉直细线，量其长度并乘以比例尺分母，即得相应实地曲线长度。也可使用曲线计在图上直接量取。当齿轮在曲线上滚动时，指针便跟随转动，到曲线终点时只需在盘面上读取相应比例尺的数值即为曲线的实地长度。需要提高精度时，可往返几次测量，并取其平均值。

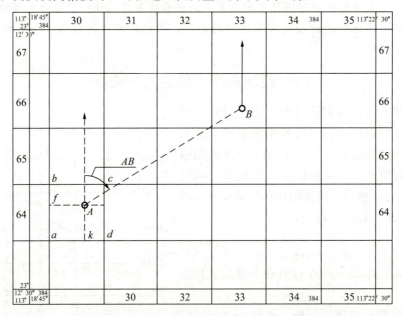

图 8-5　在图上求 AB 直线的坐标方位角

三、在地形图上量算某直线的坐标方位角

如图 8-5 所示，设 A 点坐标为 (x_A, y_A)，B 点坐标为 (x_B, y_B)，则直线 AB 的坐标方位角 α_{AB} 可用式（8-5）计算：

$$\alpha_{AB} = \arctan\frac{Y_B - Y_A}{X_B - X_A} = \arctan\frac{\Delta Y_{AB}}{\Delta X_{AB}} \quad (8-5)$$

象限角则由 Δx、Δy 的正负号或图上确定。

若精度要求不高，可过 A 点作 x 轴的平行线（或延长 BA 与坐标纵线交叉），用量角器直接量直线 AB 的方位角。此法精度低于计算法。

有的地形图附有三北方向图，则可推算出 AB 直线的真方位角、磁方位角。坐标方位角、真方位角、磁方位角三者利用三北方向图给出的子午线收敛角、磁偏角可以相互推算求得。

四、在地形图上求算某点的高程

利用地形图上的等高线，可以求出图上任意一点的高程。若所求点恰好在等高线上，则该点的高程就等于等高线的高程。若所求点不在等高线上，则在相邻等高线的高程之间用比例内插法求得其高程。如图 8-6 所示欲求 A 点高程，则可通过作大致与两等高线垂直的直线 mn，量出 $mn = 18$ mm，$mA = 5$ mm。该地形图的等高距为 2 m，设 A 点对高程较高的一条等高线的高差为 h，则：

$$h : 2 = mA : mn$$

$$h = 2 \times mA \div mn = 2 \times 5 \div 18 = 0.56 \text{ m}$$

A 点高程 $H_A = (42 + 0.56) = 42.56$ m

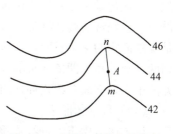

图 8-6　在图上求某点的高程

考虑到地形图上等高线自身的高程精度，A 点的高程可根据内插法原理用目估法求得。

五、在地形图上按一定方向绘制断面图

要了解和判断图 8-7 中所示 AB 方向的地面起伏、坡度陡缓以及该方向内的通视情况，必须绘出 AB 方向的断面图。要绘制 AB 方向的断面图，首先要确定直线 AB 与等高线交点 1、2、3、…、B 点的高程及各交点至起点 A 的水平距离，再根据点的高程和水平距离，按一定比例尺绘制成断面图。绘制方法如下：

（一）绘制直角坐标系

以横坐标轴表示水平距离，其比例尺与地形图比例尺相同（也可以不相同）；纵坐标轴表示高程，为了更突出地显示地面的起伏形态，其比例尺一般是水平距离比例尺的 10~20 倍。在纵轴上注明高程，其起始值选择要适当，使断面图位置适中。

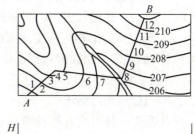

（二）确定断面点

首先用两脚规（或直尺）在地形图上分别量取 A—1、1—2、…、12—B 的距离；在横坐标轴上，以 A 为起点，量出长度 A1、12、…、12B，以定出 A、1、2、…、B 点，通过这些点，作垂线与相应高程的交点即为断面点。最后，根据地形图，将各断面点用光滑曲线连接起来，即为方向线 AB 的断面图，如图 8-7 所示。

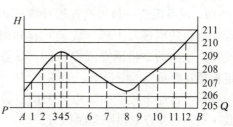

图 8-7　在地形图上绘制断面

任务三　面积量算

任务目标：了解求积仪法量算面积，掌握直接法、解析法、图解法计算某一范围面积。

一、图 解 法

在各种工程建设中，往往需要测定某一地区或某一图形的面积。例如，进行森林调查规划时，需要抽样调查总体以至林场、林业局的面积；农田水利建设中需要计算水库汇水面积、灌溉面积和改土平地面积；工业建设中需要计算厂区面积；园林规划设计和工程建设中，也经常需要计算某一范围的面积。测量上所指的面积是实地面积的水平投影，实地倾斜面积与其水平面积含有下列的函数关系，即 $A=S\cos\alpha$，如图 8-8 所示。计算面积的方法很多，下面介绍几种常用的方法。

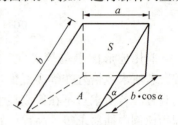

图 8-8　地面倾斜面积与水平面积之间的关系

（一）几何图形法

该方法适用于由折线连接成的闭合多边形。把图形分解成若干个三角形或矩形、梯形等简单几何图形，如图 8-9 所示，分别量取计算面积所需的元素，计算其面积，将所有面积相加得整个图形的图上面积，再乘以比例尺分母的平方即得到其实地面积。其关系式为：

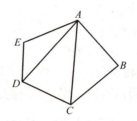 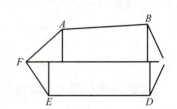

图 8-9　几何图形法求面积

$$A = A' \cdot M^2 \tag{8-6}$$

式中：A——实地面积；

　　　A'——地形图上面积；

　　　M——地形图比例尺分母。

例如在 1:500 比例尺图中，某多边形图分成若干简单几何图形后，算得它们面积总和为 400 cm²，则该多边形相应的实地面积为 $A = 400 \text{ cm}^2 \times 500^2 = 10\,000 \text{ m}^2$。

由于计算面积的一切数据，都是用图解法取自图上，因受图解精度的限制，用此法测定面积的相对误差大约为 1/100。

（二）网点板法和方格法

1. 网点板法　利用网点板计算面积称为网点法。网点板是在透明模片上印（或刺）有间隔为 2 mm、4 mm 或其他规格的方格网点或方格网，计算面积时，把它随机覆盖在要量测的图形上，如图 8-10 所示。查数图形内网点数，再加上位于图形边界上网点数的一半（两点折数一点）得总点数，则总面积为：

$$A = \left(\frac{d \times M}{1\,000}\right)^2 \times n \tag{8-7}$$

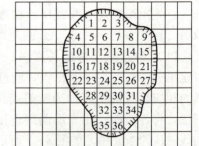

图 8-10　网点板法求面积

式中：d——网点间距，mm；

　　　M——测图比例尺分母值；

　　　n——总网点数。

[例]：在图 8-11 中，位于图形内的网点数为 41，位于图形边界上的共 10 点，折算一

半为5点,网点间距为4 mm,测图比例尺为1∶2.5万,试求所测图形面积。

解:$A=(4\times 25\,000)^2/(1\,000)^2\times 46 \text{ m}^2=460\,000 \text{ m}^2$

为了提高量测面积的精度,应任意移动网点板,对同一图形需测2~3次,并取各次点数的平均值作为最后结果。

2. 透明方格纸法 把印有(或画上)间隔为2 mm(或4 mm或其他规格)的透明方格网盖在要测量面积的图形上,如图8-11所示,位于图形内的完整格数为40,不完整格数为28,已知方格的规格为2 mm,绘图比例尺为1∶5 000,求该图形的面积。

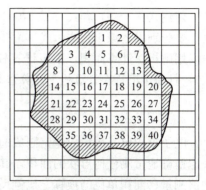

图8-11 透明方格纸法求面积

解:$n=40+28/2=54$

$$A=\left(\frac{2\times 5\,000}{1\,000}\right)^2\times 54 \text{ m}^2=5400 \text{ (m}^2)$$

3. 平行线法(积距法) 在胶片或透明纸上,按间隔2 mm、4 mm或其他规格画上一些相互平行的直线,如图8-12所示,使用时,将透明模片放在图形上,使图形边缘上的A、B两点分别位于模片任意两平行线中间,整个图形被平行线分成许多等高的梯形和两个三角形(图中虚线图形),梯形或三角形的高就是两平行线的间距。图中虚线为三角形的底或梯形的上底和下底,图中实线长度d_i为三角形或梯形的中线长度,因此图形面积为:

$$A=d_1h+d_2h+\cdots+d_nh$$

即: $A=(d_1+d_2+\cdots+d_i)h \quad (8-8)$

图8-12 平行线法求面积

计算式(8-8)时应注意长度单位的统一,实际长度与图上长度的统一。

为了减少量取d_i的工作量,通常我们用一长直纸条,依次把d_1、d_2、…、d_i长度左右相接地划在纸条上,这样在纸条上就可直接量出d_1、d_2、…、d_i的总长度,故平行线法也称积距法。

二、解 析 法

解析法是根据图形边界线转折点的坐标来计算图形面积的大小。图形边界线转折点的坐标可以在地形图上通过坐标格网来量测,而有的图形边界线转折点的坐标是在外业实测的,可直接计算。如图8-13所示。

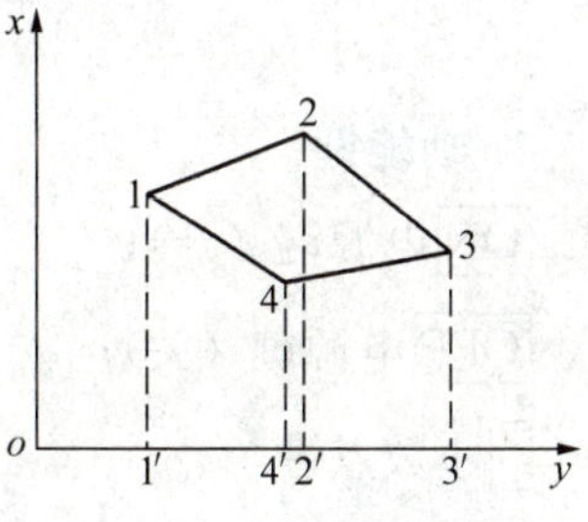

图上土地边界1、2、3、4各点坐标已知,其面积为梯形$122'1'$加梯形$233'2'$减去梯形$144'1'$与梯形$433'4'$的面积,即

$A=1/2[(x_1+x_2)(y_2-y_1)+(x_2+x_3)(y_3-y_2)-$
$\quad(x_1+x_4)(y_4-y_1)-(x_3+x_4)(y_3-y_4)]$

图8-13 坐标法求算面积

解开括号,归并同类项,得

$$A=1/2[x_1(y_2-y_4)+x_2(y_3-y_1)+x_3(y_4-y_2)+x_4(y_1-y_3)]$$

或 $A=1/2[y_1(x_4-x_2)+y_2(x_1-x_3)+y_3(x_2-x_4)+y_4(x_3-x_1)]$

推广至 n 边形

$$A = \frac{1}{2} \sum_{i=1}^{n} x_i (y_{i+1} - y_{i-1}) \qquad (8-9)$$

或

$$A = \frac{1}{2} \sum_{i=1}^{n} y_i (x_{i-1} - x_{i+1}) \qquad (8-10)$$

使用式（8-9）和式（8-10）时，应注意两项括号内坐标的下标，当出现 0 或 $(n+1)$ 时，要分别以 n 或 1 代之。式（8-9）和式（8-10）计算结果，可供比较检核。

用解析法计算面积，手工计算较繁，但其精度高（不受绘图误差和某些人为误差的影响），且通过编程在计算机上计算也非常快，是今后的发展方向。

三、求积仪法

电子求积仪是用集成电路制成的一种新型求积仪，性能优越，可靠性好，操作简便，能快速精确地量测任何形状的面积，其量测值能用数字直接显示出来，还能进行累加测量、平均值测量、面积单位的换算、比例尺设定等。图 8-14 为日本测机舍生产的 KP-90N 型电子数字求积仪，它集中采用了先进的测量机械和电子装置，现将其主要部件及其用法介绍如下。

（一）KP-90N 型求积仪构造

如图 8-14 所示。

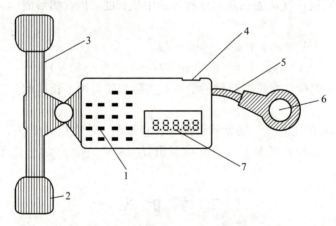

图 8-14 KP-90N 型求积仪的构造
1. 数字键和功能键 2. 动极 3. 动极轴 4. 交流转换器插座
5. 跟踪臂 6. 跟踪放大器 7. 显示部

1. 功能键

| ON | 电源键（开）；　　　　 | HOLD | 固定键；　　　　 | C/AC | 清除或全清除键；

| OFF | 电源键（关）；　　　　 | EMO | 存储键；　　　　 | UNIT-1 | 单位键 1；

| . | 小数点键；　　　　 | AVER | 平均键；　　　　 | UNIT-2 | 单位键 2；

| 0 ~ 9 | 数字键；　　　　 | SCALE | 比例尺键；

| START | 启动键；　　　　 | R-S | 比例尺确定键；

各功能键显示的符号在显示器上的位置，如图 8-15。

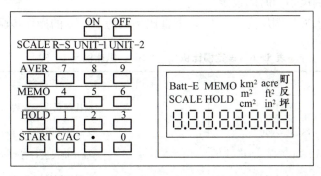

图 8-15 各功能键显示及显示符号的位置

2. 电源 本仪器可用 D/C（电池式直流电）和 A/C（交流电）两种电源。

（1）直流电源。安装在主机底部的镍镉式蓄电池，一般能连续使用 30 h。当电池畜电量接近耗尽时，则显示出"Batt-E"符号，此时，需用专用交流转换器进行充电，充电时间约 15 h。充电时应关上主机电源，即按下 OFF 键。

（2）交流电源（220 V）。直接使用 220 V 交流电源时，需配置专用交流电源转换器（为附件）方可使用。

（3）自动断电功能。测量后，若忘记关上电源，3 min 后，电源则自动切断。

（4）测定数据长时间保存。正在测量过程中，若因事必须暂停作业时，则按下 HOLD（固定）键，3 min 后，电源自动切断；在返回工作时，顺次按下 ON 键、HOLD 键后，固定状态被解除，能继续进行下面的测量。

（二）KP-90N 型电子求积仪的使用方法

1. 准备工作 将图纸固定在平整的图板上，把跟踪放大镜放在图的中央，并使动极轴与跟踪臂约成 90°。然后用跟踪放大镜沿图形轮廓线试绕行 1～2 周，以检查是否能平滑地移动。如果在转动中出现困难，可调整动极位置，以期平滑移动。

2. 打开电源 按下 ON 键，显示屏上立即显示 0。

3. 设定面积单位 按 UNIT（单位）键，即为设定面积单位（可选用米制、日制和英制三种）。应该注意，即使已设定了面积单位，但绕测后所显示的数据仍是脉冲数，只有当按下 AVER（决断）键后，显示数值才是面积。

4. 设定比例尺 多数图幅只用一种比例尺，但在工程测量中有些图幅却包括水平和垂直两种比例尺，因此，设定时也有所不同。

（1）设定比例尺为 $1:M$。利用数字键定出 M 值，再按 SCALE（比例尺）键、R-S 键，则以 M^2 的形式被输入到存储器内。

【例 1】 设定 1∶100 比例尺的操作步骤见表 8-5 所示。

表 8-5 设定比例尺 1∶100

键操作	符号显示	操作内容
100	cm^2 100	对比例尺进行置数 100
SCALE	SCALE cm^2 0	设定比例尺 1∶100
R-S	SCALE cm^2 10 000	$100^2=10\,000$ 确认比例尺 1∶100 已设定
START	SCALE cm^2 0	比例尺 1∶100 设定完毕，可开始测量

(2) 纵、横比例尺不同时的设定。

【例2】 设定水平比例尺为1∶100，垂直比例尺为1∶50的操作步骤见表8-6。

表8-6 设定横比例尺1∶100，纵比例尺1∶50

键操作	符号显示	操作内容
$\boxed{1}\boxed{0}\boxed{0}$	cm² 100	对横比例尺进行置数100
$\boxed{\text{SCALE}}$	SCALE cm² 0	设定横比例尺1∶100
$\boxed{5}\boxed{0}$	SCALE cm² 50	对纵比例尺进行置数50
$\boxed{\text{SCALE}}$	SCALE cm² 0	纵横比例尺设定完毕
$\boxed{\text{R-S}}$	SCALE cm² 5 000	100×50=5 000 确认横比例尺1∶100、纵比例尺1∶50已设定
$\boxed{\text{START}}$	SCALE cm² 0	横比例尺1∶100、纵比例尺1∶50已设定完毕，可开始测量

5. 跟踪图形 在图形边界上选取一点作为起点，该点尽可能位于图的左侧边界中心，并与跟踪放大镜中心重合。此时按下START（开始）键，蜂鸣器发出音响，显示窗显示0。然后把放大镜中心准确地沿着图形边界顺时针方向移动，直至起点止，再按AVER键，即显示面积；如果要测定若干块面积的总和，即进行累加测量，当第一块面积结束后（回到起点），不按AVER键而改按HOLD键；若对同一块面积要测定数次并取其平均值时，则按MEMO键，测量结束时，最后按AVER键，平均面积即被显示出来。

6. 累加测量 利用HOLD键，能把大面积图形分割成若干块进行累加测定。当第一个图形测定后按下HOLD键，即把已测得的面积固定起来；当测定第二块图形时，再按HOLD键，这样便解除固定状态可以同法进行其他各块面积的测定。

7. 平均测量 为了提高测量的精度，可对一块面积重复几次测量，取平均值作为最后结果。测定时主要使用MEMO键和AVER键，即每次测量结束后，需按MEMO键，最后按AVER键。

（三）注意事项

（1）电子求积仪不能在太阳直射、高温、高湿的地方，特别要远离暖气装置。

（2）严防强烈冲撞和粗暴使用。

（3）不能使用稀释剂、挥发油及湿布等擦洗，而应用柔软、干燥的布擦拭。

（4）除更换电池外，不允许随便打开电池盒盖。当电池取出后，严禁把仪器和交流转换器连接使用，这样会使仪器遭受严重损坏。

▶ 技 能 训 练

将全班按每组4～5人分为若干小组，每组按地形图应用项目要求领取地形图复印件及工具，在测量课堂教学中进行：①在地形图上确定某点的坐标与坐标方位角；②求算两点间的距离及某点的高程；③绘制指定方向的断面图与求算某一图形的面积等项目进行技能训练。

要求每组成员熟练掌握地形图应用的基知识，掌握在地形图上量算土地面积的基本方法等相关知识，具体要求见地形图应用相关内容。

思考与练习

1. 地形图分幅与编号的方法有几种？1∶100万比例尺地形图是怎样分幅与编号的？大比例尺地形图一般采用哪种分幅与编号方法？怎样进行具体的分幅与编号？

2. 在图8-16中完成如下作业：

(1) 根据等高线按比例内插法求出 A、C 两点的高程。

(2) 用图解法求定 A、B 两点的坐标。

(3) 求定 A、B 两点间的水平距离。

(4) 求定 AB 连线的坐标方位角。

3. 试根据地形图8-17上所画的 AB 方向线，在其下方一组平行线图上绘制出该方向线的断面图。

4. 面积计算常用的方法有哪些？

5. 概述利用 KP-90N 型电子求积仪计算面积的方法、步骤。

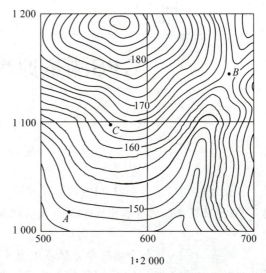

图 8-16 习题 3 例图

图 8-17 习题 4 例图

项目九

GPS测量原理与应用

CELIANG

【项目提要】 主要介绍GPS的空间组成部分、地面监控部分的基本概念；同时还介绍了GPS卫星定位的基本原理、GPS接收机及其操作、GPS数据外业施测及内业处理等内容。

【学习目标】 了解全球定位系统在测量中的意义，GPS卫星定位的基本原理、GPS接收机及其工作原理；熟悉GPS外业观测和内业数据处理方法等。

任务一 GPS的基本概念

任务目标：掌握GPS系统空间组成部分——GPS卫星星座、GPS系统地面监控部分——地面监控系统等内容。

全球定位系统（GPS）是具有在海、陆、空进行全方位实时三维导航与定位能力的新一代卫星导航与定位系统，其全称是导航卫星授时和测距/全球定位系统（Navigation Satellite Timing and Ranging/ Global Position System），简称GPS。由美国军方组织研制建立，从1973年开始实施，到1994年完成，耗资200亿美元，历时20年建成。可实现地球上任何地方，任何时刻的自动定位。GPS全球定位系统是一项工程浩繁、耗资巨大的工程，被称为继阿波罗飞船登月、航天飞机之后的第三大空间工程。GPS以全天候、高精度、自动化、高效益等显著特点，赢得广大测绘工作者的信赖，并成功地应用于大地测量、工程测量、航空摄影测量、运载工具导航和管制、地壳运动监测、工程变形监测、资源勘察、地球动力学等多种学科，从而给测绘领域带来一场深刻的技术革命。

一、GPS全球定位系统的特点

GPS全球定位系统具有高精度、全天候、高效率、多功能、操作简便、应用广泛等特点。被广泛应用于各个领域。

1. 定位精度高 应用实践已经证明，GPS相对定位精度在50 km以内可达 $(1\sim2)\times10^{-6}$，$100\sim500$ km可达 $10^{-7}\sim10^{-6}$，$1\,000$ km可达 10^{-8}。在 $300\sim1\,500$ m工程精密定位中，1 h以上观测的解其平面位置误差小于1 mm，与ME-5000电磁波测距仪测定的边长比较，其边长较差最大为0.5 mm，校差中误差为0.3 mm。

2. 观测时间短　随着 GPS 系统的不断完善，软件的不断更新，目前，20 km 以内相对静态定位，仅需 15~20 min；快速静态相对定位测量时，当每个流动站与基准站相距在 15 km 以内时，流动站观测时间只需 1~2 min，可随时定位，每站观测只需几秒钟。

3. 测站间无须通视　GPS 测量不要求测站之间互相通视，只要测站上空开阔即可，因此可节省大量的造标费用。由于无须点间通视，点位可根据需要，可稀可密，使选点工作极为灵活，也可省去经典大地网中的传算点、过渡点的测量工作。

4. 可提供三维坐标　经典大地测量将平面与高程采用不同方法分别施测。GPS 可同时精确测定测站点的三维坐标。目前 GPS 水准可满足四等水准测量的精度。

5. 操作简便　随着 GPS 接收机不断改进，自动化程度越来越高，有的已达"傻瓜化"的程度。接收机的体积越来越小，重量越来越轻，极大地减轻测量工作者的工作紧张程度和劳动强度，使野外工作变得轻松愉快。

6. 全天候作业　目前 GPS 观测可在一天内的任何时间进行，不受阴天黑夜、起雾刮风、下雨下雪等气候的影响。

7. 功能多、应用广　GPS 系统不仅可用于测量、导航，还可用于测速、测时。测速的精度可达 0.1 m/s，测时的精度可达几十毫微秒。其应用领域不断扩大。当初设计 GPS 系统的主要目的是用于导航，收集情报等军事目的。但是，后来的应用开发表明，GPS 系统不仅能够达到上述目的，而且用 GPS 卫星发来的导航定位信号能够进行厘米级甚至毫米级精度的静态相对定位，米级至亚米级精度的动态定位，亚米级至厘米级精度的速度测量和毫微秒级精度的时间测量。因此，GPS 系统展现了极其广阔的应用前景。

二、GPS 全球定位系统的基本构成

GPS 系统包括三大部分：空间部分——GPS 卫星星座；地面控制部分——地面监控系统；用户设备部分——GPS 信号接收机。

（一）空间组成部分

1. GPS 卫星星座　由 21 颗工作卫星和 3 颗在轨备用卫星组成 GPS 卫星星座，记作 (21+3) GPS 星座。24 颗卫星均匀分布在 6 个轨道平面内，轨道倾角为 55°，各个轨道平面之间相距 60°。每个轨道平面内各颗卫星之间的升交角距相差 90°，一轨道平面上的卫星比西边相邻轨道平面上的相应卫星超前 30°。轨道平均高度为 20 200 km，卫星运行周期为 11 h 58 min（12 恒星时）。同时在地平线以上的卫星数目随时间和地点而异，最少为 4 颗，最多时达 11 颗。如图 9-1 所示。

上述 GPS 卫星的空间分布，保障了在地球上任何地点、任何时刻均至少可同时观测到 4 颗卫星，加之卫星信号的传播和接收不受天气的影响，因此 GPS 是一种全球性、全天候的连续实时定位系统。如图 9-2 所示。

2. GPS 卫星主要功能　GPS 卫星的主要功能是：接收、储存和处理地面监控系统发射来的导航电文及其他有关信息；向用户连续不断地发送导航与定位信息，并提供时间标准、卫星本身的空间实时位置及其他在轨卫星的概略位置；接收并执行地面监控系统发送的控制指令，如调整卫星姿态和启用备用时钟、备用卫星等。

（二）地面监控部分

由分布在全球的五个地面站组成，按其功能分为主控站（MCS）、注入站（GA）和监测站（MS）三种。如图 9-3 所示。

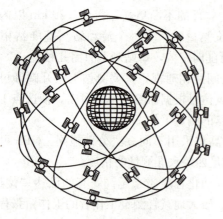

图 9-1　GPS 卫星星座示意　　　　　图 9-2　GPS 卫星示意

○ 5监控站　　△ 3注入站　　▲ 主控站

图 9-3　GPS 地面监控系统分布

主控站一个，设在美国的科罗拉多的斯普林斯（Colorado Springs）。主控站负责协调和管理所有地面监控系统的工作，其具体任务有：根据所有地面监测站的观测资料推算编制各卫星的星历、卫星钟差和大气层修正参数等，并把这些数据及导航电文传送到注入站；提供全球定位系统的时间基准；调整卫星状态和启用备用卫星等。

注入站又称地面天线站，其主要任务是通过一台直径为 3.6 m 的天线，将来自主控站的卫星星历、钟差、导航电文和其他控制指令注入相应卫星的存储系统，并监测注入信息的正确性。注入站现有 3 个，分别设在印度洋的迪哥伽西亚（Diego Garcia）、南太平洋的卡瓦加兰（Kwajalein）和南大西洋的阿松森群岛（Ascencion）。

监测站共有 5 个，除上述 4 个地面站具有监测站功能外，还在夏威夷（Hawaii）设有一个监测站。监测站的主要任务是连续观测和接收所有 GPS 卫星发出的信号并监测卫星的工作状况，将采集到的数据连同当地气象观测资料和时间信息经初步处理后传送到主控站。

GPS 地面监控系统除主控站外均由计算机自动控制，而无须人工操作。各地面站间由现代化通信系统联系，实现了高度的自动化。

对于导航定位来说,GPS 卫星是一动态已知点。星的位置是依据卫星发射的星历(描述卫星运动及其轨道的参数)算得的。每颗 GPS 卫星所播发的星历,是由地面监控系统提供的。卫星上的各种设备是否正常工作,以及卫星是否一直沿着预定轨道运行,都要由地面设备进行监测和控制。地面监控系统的另一重要作用是保持各颗卫星处于同一时间标准(GPS 时间系统)。这就需要地面站监测各颗卫星的时间,求出钟差。然后由地面注入站发给卫星,卫星再由导航电文发给用户设备。

(三)用户设备部分

包括 GPS 接收机硬件、数据处理软件和微处理机及其终端设备等。

GPS 信号接收机(图 9-4)是用户设备部分的核心,一般由主机、天线和电源三部分组成。其主要功能是跟踪接收 GPS 卫星发射的信号并进行变换、放大、处理,以便测量出 GPS 信号从卫星到接收机天线的传播时间;解译导航电文,实时地计算出测站的三维位置,甚至三维速度和时间。

根据使用目的的不同,用户要求的 GPS 信号接收机也各有差异。目前世界上已有几十家工厂生产 GPS 接收机,产品也有几百种。这些产品可以按照原理、用途、功能等来分类。

1. 按接收机的用途分类 导航型接收机——此类型接收机主要用于运动载体的导航,它可以实时给出载体的位置和速度。这类接收机单点实时定位精度较低,价格便宜,应用广泛。根据应用领域的不同,此类接收机还可以进一步分为:车载型——用于车辆导航定位。航海型——用于船舶导航定位;航空型——

图 9-4 GPS 接收机

用于飞机导航定位。由于飞机运行速度快,因此,在航空上用的接收机要求能适应高速运动。星载型——用于卫星的导航定位。测地型接收机——测地型接收机主要用于精密大地测量和精密工程测量。定位精度高。仪器结构复杂,价格较贵。授时型接收机——这类接收机主要利用 GPS 卫星提供的高精度时间标准进行授时,常用于天文台及无线电通信中时间同步测量。

2. 按接收机的载波频率分类 单频接收机——由于不能有效消除电离层延迟影响,单频接收机只适用于短基线(<15 km)的精密定位。双频接收机——双频接收机可以同时接收 L_1、L_2 两种载波信号。利用双频对电离层延迟的不一样,可以消除电离层对电磁波信号延迟的影响,因此双频接收机可用于长达几千千米的精密定位。

3. 按接收机通道数分类 GPS 接收机能同时接收多颗 GPS 卫星的信号,为了分离接收到的不同卫星的信号,以实现对卫星信号的跟踪、处理和量测,具有这样功能的器件称为天线信号通道。根据接收机所具有的通道种类可分为:多通道接收机、序贯通道接收机、多路多用通道接收机。

4. 按接收机工作原理分类 码相关型接收机——利用码相关技术得到伪距观测值。平方型接收机——利用载波信号的平方技术去掉调制信号,来恢复完整的载波信号,通过相位计测定接收机内产生的载波信号与接收到的载波信号之间的相位差,测定伪距观测值。混合型接收机——综合上述两种接收机的优点,既可以得到码相位伪距,也可以得到载波相位观测值。干涉型接收机——将GPS卫星作为射电源,采用干涉测量方法,测定两个测站间距离。

任务二　GPS定位原理与方法

任务目标：掌握GPS定位的基本原理,了解GPS伪距观测值及伪距单点定位和载波相位测量的相对定位两种方法等。

GPS定位的基本原理是空间后方交会法,以GPS卫星与用户接收机天线之间的空间距离为基本观测量,根据已知的卫星瞬时坐标来确定用户接收机所在的点位,即待定点的三维坐标(x, y, z)。GPS定位分为伪距测量和载波相位测量两种。

一、伪距测量

GPS卫星能够按照星载时钟发射某一结构为"伪随机噪声码"的信号,称为测距码信号(即粗码C/A码或精码P码)。该信号从卫星发射经时间t后,到达接收机天线。用上述信号传播时间t乘以电磁波在真空中的速度C,就是卫星至接收机的空间几何距离ρ。

$$\rho = C \cdot \Delta t \tag{9-1}$$

实际上,由于传播时间t中包含有卫星时钟与接收机时钟不同步的误差,测距码在大气中传播的延迟误差等,由此求得的距离值并非真正的站星几何距离,习惯上称之为"伪距",用$\tilde{\rho}$表示,与之相对应的定位方法称为伪距法定位。

站星之间的实际几何距离ρ与卫星坐标(x_s, y_s, z_s)和接收机天线相位中心(x, y, z)之间存在如下关系：

$$\rho = \sqrt{(x_s - x)^2 + (y_s - y)^2 + (z_s - z)^2} \tag{9-2}$$

此时几何距离和伪距之间关系为：

$$\rho = \tilde{\rho} + C \cdot (\delta t_i + \delta_t) + \delta_\rho \tag{9-3}$$

式中：δt_i——第i颗卫星的信号发射瞬间的卫星钟误差改正数,由卫星发出的导航电文中给出,可加以改正；

δ_t——信号接收时刻接收机钟误差改正数,一般为未知数,可增加观测数来求解；

δ_ρ——信号在大气中传播的延迟改正数,可用数学模型算出,对精度要求不高的定位可忽略不计。

在式(9-2)和式(9-3)中只有待定点坐标和接收机误差改正数4个未知参数,所以只需要同时观测4颗卫星既可求解未知参数,从而求得待定点坐标。该方法简单,但时间不易测准,故精度较低。

伪距测量的精度与测量信号(测距码)的波长及其与接收机复制码的对齐精度有关。目前,接收机的复制码精度一般取1/100,而公开的C/A码(粗码)波长为293 m,故上述伪距测量的精度最高仅能达到3 m(293×1/100),而P码(精码)伪距观测值的精度一般也在30 cm左右,精度较低,难以满足高精度测量定位工作的要求。如图9-5所示。

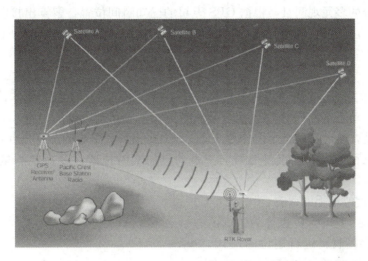

图 9-5 GPS 测量原理

二、载波相位测量

载波相位测量是利用 GPS 卫星发射的载波为测距信号。由于载波的波长（$\lambda_{L1}=19.03$ cm，$\lambda_{L2}=24.42$ cm）比测距码波长要短得多，因此对载波进行相位测量，就可能得到较高的测量定位精度。通过测量载波的相位而求得接收机到 GPS 卫星的距离，是目前大地测量和工程测量中的主要测量方法。

在载波相位测量基本方法中包含着两类不同的未知数：一类是必要参数，如测站的坐标；另一类是多余参数，如卫星钟和接收机的钟差、电离层和对流层延迟等。并且多余参数在观测期间随时间变化，给平差计算带来麻烦。解决这个问题有两种办法：一种是找出多余的参数与时空关系的数学模型，给载波相位测量方程一个约束条件，使多余参数大幅度减少；另一种更有效、精度更高的方法是，按一定规律对载波相位测量值进行线性组合，通过求差达到消除多余参数的目的。

载波相位测量只能测定不足一个整周数的相位差，无法直接测定整周数，因此这种测量方法的解算比较复杂，此处不作详细介绍。

整周未知数的确定是载波相位测量中特有的问题，也是进一步提高 GPS 定位精度、提高作业速度的关键所在。目前，确定整周未知数的方法主要有伪距法、个别未知数参与平差法、三差法等。

三、定位方法

利用 GPS 进行定位，就是把卫星视为"动态"的控制点，在已知其瞬时坐标（可根据卫星轨道参数计算）的条件下，以 GPS 卫星和用户接收机天线之间的距离（或距离差）为观测量，进行空间距离后方交会，从而确定用户接收机天线所处的位置。

GPS 进行定位的方法，根据用户接收机天线在测量中所处的状态来分，可分为静态定位和动态定位；若按定位的结果进行分类，则可分为绝对定位和相对定位。

（一）静态定位与动态定位

1. 静态定位　静态定位是指 GPS 接收机在进行定位时，待定点的位置相对其周围的点位没有发生变化，其天线位置处于固定不动的静止状态。此时接收机可以连续地观测不同的卫星，获得充分的多元观测量，根据 GPS 卫星的已知瞬间位置，解算出接收机天线相位中心的三维坐标。由于接收机的位置固定不动就可以进行大量的重复观测，所以静态定位可靠性强，定位精度高，在大地测量、工程测量中得到了广泛的应用，是精密定位中的基本模式。

2. 动态定位 动态定位是指在定位过程中，接收机位于运动着的载体，天线也处于运动状态的定位。动态定位是用 GPS 信号实时地测量得到运动载体的位置。如果按照接收机载体的运行速度，还可将动态定位分为低动态（几米/秒）、中等动态（几百米/秒）、高动态（几千米/秒）三种形式。其特点是测定一个动点的实时位置，多余观测量少，定位精度较低。

（二）绝对定位和相对定位

1. 绝对定位 绝对定位也称为单点定位，是采用一台接收机进行定位的模式。它所确定的是接收机天线相对中心在 WGS-84 世界大地坐标系统中的绝对位置，所以单点定位的结果也属于该坐标系统。其基本原理是以 GPS 卫星和用户接收机天线之间的距离（或距离差）观测量为基础，并根据已知可见卫星的瞬时坐标，来确定用户接收机天线相位中心的位置。该定位方法广泛用于导航和测量中的单点定位工作，如图 9-6 所示。

GPS 单点定位的实质是伪距测量，所以至少必须同时观测 4 颗卫星。这种方法不可避免地存在着各种误差。

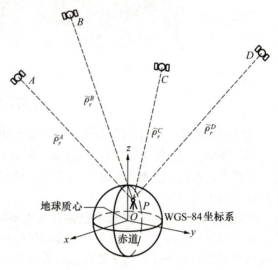

图 9-6 绝对定位原理

单点定位的优点是只需一台接收机即可独立定位，外业观测的组织及实施较为方便，数据处理也较为简单。缺点是定位精度较低，受卫星轨道误差、钟同步误差及信号传播误差等因素的影响，精度只能达到米级。所以该定位模式不能满足大地测量精密定位的要求。

2. 相对定位 相对定位是目前 GPS 测量中精度最高的一种定位方法，它广泛用于高精度测量工作中。我们已经知道，GPS 测量结果中不可避免地存在着各种误差，但这些误差对观测量的影响具有一定的相关性，所以利用这些观测量的不同线性组合进行相对定位，便可能有效地消除或减弱这些误差的影响，提高 GPS 定位的精度，同时消除了相关的多余参数，方便了 GPS 的整体平差工作。实践表明，以载波相位测量为基础，在中等长度的基线上对卫星连续观测 1~3 h，其静态相对定位的精度可达 $10^{-7} \sim 10^{-6}$。

静态相对定位的基本情况是用两台 GPS 接收机分别安置在基线的两端，固定不动，同步观测相同的 GPS 卫星，以确定基线端点在 WGS-84 坐标系中的相对位置或基线向量，由于在测量过程中，通过重复观测取得了充分的多余观测数据，从而改善了 GPS 定位的精度。

考虑到 GPS 定位时的误差来源，当前普遍采用的观测量线性组合方法称之为差分法，其具体形式有三种，即所谓的单差法、双差法和三差法，分述如下。

（1）单差法。如图 9-7 所示，所谓单差，即不同观测站同步观测相同卫星所得到的观测量之差，也就是在两台接收机之间求一次差；它是 GPS 相对定位中观测量组合的最基本形式。

单差法并不能提高 GPS 绝对定位的精度，但由于基线长度与卫星高度相比，是一个微小量，因而两测站的大气折光影响和卫星星历误差的影响，具有良好的相关性。因此，当求一次差时，必然削弱了这些误差的影响；同时消除了卫星钟的误差（因两台接收机在同一时刻接收同一颗卫星的信号，则卫星钟差改正数相等）。由此可见，单差法只能有效地提高相对定位的精度，其求算结果应为两测站点间的坐标差，或称基线向量。

（2）双差法。如图 9-8 所示，双差就是在不同测站上同步观测一组卫星所得到的单差之差，即在接收机和卫星间求二次差。

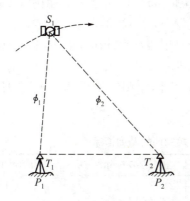

图 9-7 单差法定位

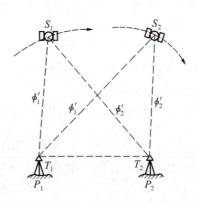

图 9-8 双差法定位

在单差模型中仍包含有接收机时钟误差，其钟差改正数仍是一个未知量。但是由于进行连续的相关观测，求二次差后，便可有效地消除两测站接收机的相对钟差改正数，这是双差模型的主要优点；同时也大大地减小了其他误差的影响。因此在 GPS 相对定位中，广泛采用双差法进行平差计算和数据处理。

（3）三差法。三差法就是于不同历元同步观测同一组卫星所得观测量的双差之差，即在接收机、卫星和历元间求三次差。

引入三差法的目的，就在于解决前两种方法中存在的整周未知数和整周跳变待定的问题，这是三差法的主要优点。但由于三差模型中未知参数的数目较少，则独立的观测量方程的数目也明显减少，这对未知数的解算将会产生不良的影响，使精度降低。正是由于这个原因，通常将消除了整周未知数的三差法结果，仅用作前两种方法的近似值，而在实际工作中采用双差法结果更加适宜。

任务三 GPS 测量的实施

任务目标：掌握 GPS 控制网设计的基本形式，掌握外业选点与埋石的方法及基本原则，熟悉外业工作步骤，学会 GPS 测量的内业计算方法，掌握技术总结的撰写方法。

GPS 测量与常规测量类似，在实际工作中也可划分为方案设计、外业实施及内业处理三个阶段。

一、GPS 控制网方案设计

一般包括技术设计和图形设计两部分。

(一) GPS 测量的技术设计

GPS 测量的技术设计是进行 GPS 定位的基本工作，它是依据国家有关规范（规程）及 GPS 网的用途、用户的要求等对测量工作的网形、精度及基准等的具体设计。

在 GPS 方案设计时，一般首先依据测量任务书提出的 GPS 网的精度、密度和经济指标，再结合规范（规程）规定并现场踏勘具体确定各点间的连接方法、各点设站观测的次数、时段长短等布网观测方案。

我国 GPS 测量技术规范和规程有：

1.《全球定位系统（GPS）测量规范》 国家测绘局 2009 年发布，由国家质量技术监督局按中华人民共和国国家标准于 2009 年 2 月 6 日发布，2009 年 6 月 1 日实施。

2.《卫星定位系统城市测量技术规程》 由北京市测绘设计研究院主编，建设部在 2010 年 10 月 1 日发布并实施的中华人民共和国行业标准（表 9-1）。

3.《公路全球定位系统（GPS）测量规范》 由国家测绘局于 2009 年 2 月 6 日发布，2009 年 6 月 1 日实施的中华人民共和国行业标准。

表 9-1 城市及工程 GPS 控制网的精度指标

等级	平均距离（km）	固定误差 a（mm）	比例误差 b（$10^{-6}D$）	最弱边相对中误差
二	9	≤10	≤2	1/130 000
三	3	≤10	≤5	1/80 000
四	2	≤10	≤10	1/45 000
一级	1	≤10	≤10	1/20 000
二级	<1	≤15	≤20	1/10 000

(二) GPS 网的图形设计

常规测量中对控制网的图形设计是一项非常重要的工作。而在 GPS 图形设计时，因为观测时不要求通视，故有较大的灵活性。GPS 网的图形设计主要取决于用户的要求、经费、时间、人力以及接收机的类型、数量和后勤保障条件等。

根据不同的用途，GPS 网的图形布设有如下几种基本形式。

1. 三角形网 如图 9-9 所示，网中各三角形的边由独立观测基线构成。其优点是几何图形结构性强，具有良好的自检性和可靠性。缺点是观测工作量大，观测时间长，一般在要求可靠性强、精度高的接收机数目在三台以上的情况下才使用。

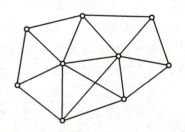

图 9-9 三角形网

2. 环形网 如图 9-10 所示，环形网由若干个含有多条独立基线边的闭合环所组成。其形式与常规导线网类似。优点是外业观测量小，具有良好的自检性与可靠性。缺点是基线观测精度低且相邻点之间的基线精度分布不均匀。

3. 星形网 如图 9-11 所示，图形简单，直接观测的基线之间一般不构成几何图形，因此，其检验和发现粗差的能力较低。优点是只需两台 GPS 接收机即可进行基线观测，一般应用于快速相对定位和准动态相对定位中，被广泛应用于工程测量、地籍测量、碎部测量等工作中。

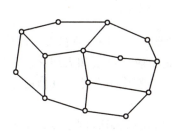
图 9-10　环形网

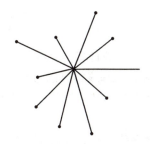
图 9-11　星形网

二、GPS 测量的外业实施

1. 外业选点与埋石　由于 GPS 测量观测站之间不要求相互通视，网的图形结构也比较灵活，故选点工作比常规控制测量的选点要简便。除在选点工作开始前，应先了解测区的地理情况和原有控制点的分布及表示完好情况，决定其适宜的定位外，选点工作还应遵守以下原则：

（1）点位应选设在交通方便、视野开阔的地点上，视场周围 15°以上不应有障碍物，地面基础稳定，易于点的保存。

（2）点位应远离大功率无线电发射源，其距离应不小于 200 m；离高压线的距离不得小于 50 m。以避免电磁场对 GPS 信号的干扰。

（3）点位附近不应有大面积水域或有强烈干扰卫星信号接收的物体，以减弱多路径效应的影响。

（4）利用原有点时，应对原有点的稳定性、完好性进行检查，符合要求方可使用。

GPS 网点一般应埋设具有中心标志的标石，以精确标志点位，点的标石和标志必须稳定、坚固，以利于长久保存和使用。标石埋设结束后，应填写点之记并提交选点网图、选点与埋石的工作技术总结。

2. 外业观测工作　外业观测是指利用 GPS 接收机采集来自 GPS 卫星的电磁波信号，其作业过程大致可分为天线安置、接收机操作和观测记录。外业观测应严格按照技术设计时所拟订的观测计划实施，只有这样，才能协调好外业观测的进程，提高工作效率，保证测量成果的精度。为了顺利地完成观测任务，在外业观测之前，还必须对所选定的接收设备进行严格的检验。

天线的妥善安置是实现精密定位的重要条件之一，其具体内容包括：对中、整平、定向并量取天线高。

接收机操作的具体方法步骤，在仪器使用说明书中有说明。实际上，目前 GPS 接收机的自动化程度相当高，一般仅需按动若干功能键，就能顺利地自动完成测量工作；并且每做一步工作，显示屏上均有提示，简化了外业操作工作，降低了劳动强度。

观测记录的形式一般有两种：一种由接收机自动形成，并保存在机载存储器中，供随时调用和处理，这部分内容主要包括接收到的卫星信号、实时定位结果及接收机本身的有关信息；另一种是测量手簿，由操作员随时填写，其中包括观测时的气象元素等其他有关信息。观测记录是 GPS 定位的原始数据，也是进行后续数据处理的唯一依据，应该妥善保管。

三、GPS 测量的内业计算

GPS 测量的内业计算分基线解算和网平差两个阶段，均利用计算机专用计算软件进行。

1. 基线解算　基线解算的过程：数据传输、按顺序输入点名和天线高。基线解算出来后，还需检查接受到的卫星数值（必须大于或等于 3）、基线闭合差，其值必须在规范规定的范围内。

2. GPS 网平差　在各项质量检核符合要求后，即可进行 GPS 网平差，平差一般选用随机商用软件或在网上找寻适合的软件进行。如美国 Trimble 导航公司使用的后处理软件 GPSurvey 和 Trimble Geomatics Office（TGO）、南方仪器测绘公司使用的 GPSADJ、苏州第一光学仪器使用的利普软件等。

▶ 技 能 训 练

将全班按每组 4~5 人分为若干小组，每组按 GPS-RTK 测量项目要求领取 GPS-RTK 仪器及工具，在测量情景教学场地内选择进行：①GPS-RTK 仪器的认识与操作；②利用 GPS-RTK 仪器布置导线点和高程水准点；③测量并记录各点的坐标等项目进行技能训练。

要求每组成员熟练掌握 GPS-RTK 仪器的基本操作，达到人人会操作仪器，会观测读数，会写项目测量报告，具体要求见 GPS 测量原理与应用相关内容。

▶ 思 考 与 练 习

1. 简述 GPS 卫星定位技术的发展过程。
2. 简述 GPS 系统的组成。
3. 简述 GPS 系统特点。
4. GPS 接收机分为几种类型？各种类型又是如何划分的？
5. 名词解释：GPS、静态定位、动态定位、绝对定位、相对定位、单差、双差、三差。
6. 为何至少需要四颗卫星才能进行 GPS 定位？
7. 什么是 GPS 网？一般分几类？有什么不同的作用？
8. 简述 GPS 控制网的选点原则。

项目十

平整土地测量

CELIANG

【项目提要】 主要介绍合并平整法、方格平整法和断面法平整土地等内容。方格水准测量法平整土地主要介绍了布设方格网及编号、量测各方格点的地面高程、计算设计水平地面高程、计算填挖高程、土方量的计算等内容。

【学习目标】 熟悉并掌握平整土地的基本方法（内容包括各桩点地面高程的测量、水平地面高程的设计和挖、填土石方的计算等），了解断面法平整土地等方法。

在各种工程规划设计中，往往需要设计一些较为平坦的场地，用以满足各种纪念广场、休闲广场、运动广场以及各种建筑用地等的需要，对原来高低起伏不平的地形进行必要的改造平整和土石方量的计算。

任务一 合并平整法

任务目标：了解合并平整土地的适用范围，掌握合并平整土地的施测与土方量的计算方法。

如图 10-1 所示，现有四块不等高的平台阶地，为了工程需要，要求合并成一大块。每块地的面积、高程见图上注记。设：第一块地的面积为 S_1，高程为 H_1；第二块地的面积为 S_2，高程为 H_2；第三块地的面积为 S_3，高程为 H_3；第四块地的面积为 S_4，高程为 H_4。平整后的地面高程为 H_m。每块地的面积和高程可分别用面积测量与高程测量的方法测得。若地面比较平坦可只测地段中间有代表性的一点，若地面有较均匀的坡度，可在地面两端各测一点取平均值，作为代表本地块的高程。其土方量计算方法如下：

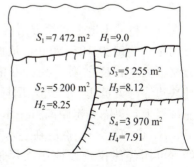

图 10-1 不等高地块

第一块地的挖（填）土方量为 $V_1 = S_1(H_1 - H_m)$
第二块地的挖（填）土方量为 $V_2 = S_2(H_2 - H_m)$
第三块地的挖（填）土方量为 $V_3 = S_3(H_3 - H_m)$
第四块地的挖（填）土方量为 $V_4 = S_4(H_4 - H_m)$

为了满足土方平衡条件（总填、挖土方量相等，即填、挖方量总和为零）则：

填、挖总量 $= S_1(H_1 - H_m) + S_2(H_2 - H_m) + S_3(H_3 - H_m) + S_4(H_4 - H_m) = 0$

$$H_m = \frac{S_1 H_1 + S_2 H_2 + S_3 H_3 + S_4 H_4}{S_1 + S_2 + S_3 + S_4} = \frac{\sum S \cdot H}{\sum S} \quad (10-1)$$

由式（10-1）可知，为了满足土方平衡条件，平整后的地面高程是根据带权平均值求得的，而不是简单算术平均值来计算各块地面高程。

【例1】 在图10-1中，已知各块地面面积、高程见下表：求平整后的高程应为多少？

解：$H_m = \dfrac{7\,472 \times 9.0 + 5\,200 \times 8.25 + 5\,255 \times 8.12 + 3\,970 \times 7.91}{7\,472 + 5\,200 + 5\,255 + 3\,970} = 8.43$（m）

平整后的地面高程 H_m（8.43 m）计算出来后，即可逐个算出各块地的填高或挖深尺寸（计算步骤略，计算结果见表10-1）。

表 10-1 某块地面面积、高程及土方量计算结果

地块号	面积（m²）	高程（H）(m)	填挖高程（m）	填挖土方（m³）	填挖相差（m³）
Ⅰ	7 472	9.0	+0.57	+4 259	4 259 − 4 629 = −370
Ⅱ	5 200	8.25	−0.18	−936	
Ⅲ	5 255	8.12	−0.31	−1 629	
Ⅳ	3 970	7.91	−0.52	−2 064	

任务二　方格网平整法

任务目标：掌握布设方格网及编号、量测各方格点的地面高程、计算设计水平地面高程、计算填挖高程、土方量的计算等内容。

方格网平整法计算比较复杂，但精度较高，此法适用于地形起伏不大或变化比较有规律而平整地块面积又较大的地块。其步骤如下：

一、测设方格网

在待平整的土地上布设方格网，方格的大小依地面情况而定，一般为10～50 m，地面起伏较小时，布设的方格可大些，反之则小些。方格网的布设，通常是在地块边缘（渠道边、路边）用标杆定出一条基准线。在基准线上，每隔一定距离打一木桩，如图10-2所示的 A、B、C、D、…。然后在各木桩上作垂直基准线的垂线（可用经纬仪测设或用卷尺根据勾股弦定律、用距离交会的办法来作垂线），延长各垂线，在各垂线上按与基准线同样的间距设点打入木桩，这样就在地面上组成了方格网。为了计算方便，各方格点应对照现场绘出草图，并按行列编号，如图10-2所示。

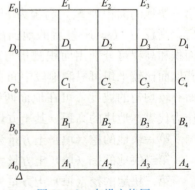

图 10-2　布设方格网

二、测量各方格点的地面高程

测量各方格点的地面高程，可采用国家高程系或假定高程系。为防止今后施工时不受破坏，假定高程的起点应选在待平整地面之外的地方，并做好标志。

当待平整地面面积不大且高差较小时，可将仪器大约安置在地块中央，整平仪器，依次测出各方格点的高程。

测量时应注意水准仪视线水平，水准尺应立在桩位旁具有代表性的地面上（特别是桩位恰好落在局部的凹凸处），读数至厘米即可，记录时要注意立尺点的编号，可将标尺读数直接记在方格草图上，并现场计算各方格点高程，随时与实地情况校对，避免错误产生。

三、平整成水平地面

（一）计算设计高程

在方格网中，四周只有一个方格的方格点称角点，如图 9-2 中 E_0、E_3、D_4、A_4、A_0 点；四周有两个方格的方格点称边点，如图 10-2 中 E_1、E_2、C_4、B_4 等点；四周有三个方格的方格点称拐点，如图 10-2 所示 D_3 点；四周有四个方格的方格点称中点，如图 10-2 所示的 D_1、D_2、C_1 等点。

设计高程等于各方格平均高程的算术平均值（即各方格平均高程相加除以方格数），每一方格的平均高程等于四个方格点高程相加除以 4。

从设计高程计算中可看出，角点的高程在计算设计高程中只用过一次，边点的高程在计算中用过两次，拐点的高程用过三次，中心点的高程用过四次。据此，地面设计高程可写成：

$$H_设 = \frac{\sum H_角 + 2\sum H_边 + 3\sum H_拐 + 4\sum H_中}{4n} \quad (10-2)$$

式中： $H_设$ ——地面设计高程；

$\sum H_角$、$\sum H_边$、$\sum H_拐$、$\sum H_中$ ——各角点、边点、拐点、中心点的高程累计之和；

n ——方格总数。

【例 2】 图 10-3 的各方格边长为 20 m，各点高程见图示。

解： $H_设 = \frac{1}{44}[(2.60+2.40+3.20+2.60+3.60)+$
$2(2.56+2.48+2.40+2.48+2.70+$
$2.90+3.20+2.70)+3\times2.40+4(2.60+$
$2.50+3.00+3.20+2.88)]m=2.70(m)$

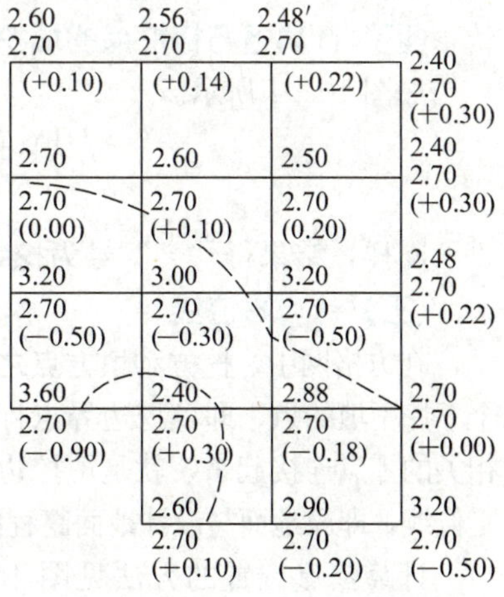

（二）计算各方格桩点的填、挖高

填（挖）高＝地面高程－设计高程

$$h_{填挖} = H_地 - H_设 \quad (10-3)$$

结果得"+"号为挖方，"-"号为填方。

（三）计算土方量

填、挖土方量可按式（10-4）和式（10-5）计算：

$$V_挖 = \frac{S}{4}(\sum h_角 + 2\sum h_边 + 3\sum h_拐 + 4\sum h_中) \quad (10-4)$$

图 10-3 方格网法平整网

$$V_{填} = \frac{S}{4}(\sum h_{角} + 2\sum h_{边} + 3\sum h_{拐} + 4\sum h_{中}) \quad (10-5)$$

式中：S——一个方格的面积。

$$V_{挖} = \frac{400}{4}[(0.50+0.90)+2(0.50+0.20)+4(0.30+0.18+0.50)] = 472(m^3)$$

$$V_{填} = \frac{400}{4}[(0.10+0.30+0.10)+2(0.14+0.22+0.30+0.22)$$
$$+3\times 0.30+4(0.10+0.20)] = 476(m^3)$$

由计算结果得知：填、挖土方相当，说明填挖基本平衡。

四、平整成具有一定坡度的地面

为了使工程用地达到排水要求，在填挖土方平衡的原则下，一般用地按地形情况平整成一个或几个有一定坡度的斜平面。纵、横坡度一般不宜超过1/200，否则会造成水土流失。横向坡度一般以不超过纵坡（水流方向）的一半为宜，如图10-4所示斜坡平整示意。

（一）计算地面平均高程

按水平地面计算方法求出平均高程，如前例，平均高程 $H_{设} = 2.7$ m。

（二）纵、横坡度的设计

设纵坡降坡为0.2%，横坡降坡为0.1%，测得纵向每20 m坡降值为20×0.2% = 0.04 m；横坡坡降值为20×0.1% = 0.02 m

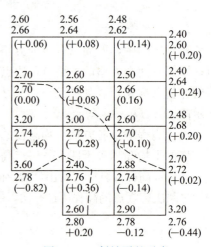

图10-4 斜坡平整示意

（三）推算各方格桩点的设计高程

首先以地面的平均高程 $H_0 = 2.70$ m 为零点的设计高程，根据纵、横向坡降值计算各桩点的高程。

（四）计算各方格桩点的填挖高，并注记在略图上

如图10-4所示。

$$填(挖)高 = 地面高程 - 设计高程$$
$$h_{填挖} = H_{地} - H_{设} \quad (10-6)$$

同样，结果得"＋"号为挖方，"－"号为填方。

（五）计算零位线

在方格网中，挖方和填方点之间，必有一个不挖不填的点，即填挖边界点称为零点。把相关的零点连接起来，就是填挖边界线，称为零位线，即原地面与设计地面高程的交线。

计算零点位置的方法见图10-5，该图是0,1点与0,2点间的断面图，根据相似三角形的比例关系可求出0,1点或0,2点至O点的距离，计算方法如下：设 $AB = d$ m 为方格边长（即0,1、0,2间的距离），

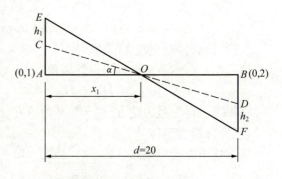

图10-5 零点位置断面

CD 为设计的地面线，EF 为原地面线，α 为设计后的坡度角，h_1 为 E 端点（即 0，1 点）的挖深数，h_2 为 F 端点的（即 0，2 点）的填高数，x_1 为 OE 间的水平距离即 AO 间的距离。

在三角形 AOC 中，$AC = x_1 \tan\alpha$，在三角形 BOD 中，$BD = (d-x_1)\tan\alpha$，

因为：△AOE 与 △BOF 相似

所以：$\dfrac{h_1 + x_1 \tan\alpha}{x_1} = \dfrac{h_2 + (d-x_1)\tan\alpha}{d-x_1}$

$$x_1 = \dfrac{h_1}{h_1 + h_2} \cdot d \text{(m)} \qquad (10-7)$$

h_1 与 h_2 取绝对值计算。

【例3】 已知 $h_1 = 24$ cm，$h_2 = 18$ cm，代入式（10-7）中得：

$$x_1 = \dfrac{24}{24+18} \times 2\,000 = 1\,142 \text{(cm)} = 11.42 \text{(m)}$$

同理可求出其他各零点的位置，在图上依次连出零位线，根据图上零位线的位置，标明在地面上，作为施工时的填挖边界。

（六）计算填、挖土方量

开挖线（施工零线）确定后即可分别计算各方格的填、挖土方量（计算方法同前）。

计算时应注意，如某方格中既有填高的顶点又有挖深的顶点时，应先按开挖线将方格分块，再分别按填方块、挖方块依其各自的实际面积来计算填方或挖方量。

逐一算出各方格的填、挖方量后，将各方格填、挖土方量分别相加，即得总填方量和总挖方量。按理说算出的总填方量和总挖方量应相等。但由于计算中的近似性，零点选择不一定恰当，故一般有些出入。如果填、挖方量相差较大，经复算又无误时，需要修正设计高程。

$$\text{修正后的设计高程} = \text{第一次计算的设计高程} + \dfrac{\text{挖方总量}-\text{填方总量}}{\text{平整地块的总面积}} \qquad (10-8)$$

用改正后的设计高程，重新定开挖线，再计算填、挖土方量达到填、挖基本相等为止。

（七）土方平衡验算

当填、挖方相差过多，一般超过平均数的 10% 时，则说明零点位置选择不当，需重新调整设计高程。验算方法如下：

根据式（10-4）和式（10-5）可知，$V_{挖}$ 与 $V_{填}$ 的绝对值应当相等，符号相反，即：

$$V_{挖} \text{ 与 } V_{填} = S\left[\dfrac{\sum h_{角挖}}{4} + \dfrac{\sum h_{边挖}}{2} + \dfrac{3\sum h_{拐挖}}{4} + \sum h_{中挖}\right] +$$

$$S\left[\dfrac{\sum h_{角填}}{4} + \dfrac{\sum h_{边填}}{2} + \dfrac{3\sum h_{拐填}}{4} + \sum h_{中填}\right] = 0 \qquad (10-9)$$

或

$$\dfrac{\sum h_{角挖} + \sum h_{角填}}{4} + \dfrac{\sum h_{边挖} + \sum h_{边填}}{2} +$$

$$\dfrac{3(\sum h_{拐挖} + \sum h_{拐填})}{4} + (\sum h_{中挖} + \sum h_{中填}) = 0 \qquad (10-10)$$

以图 10-4 中的相应数值代入式（10-9）或式（10-10）验算，看其结果是否等于零。

$$\left(\dfrac{0.06+0.20+0.20-0.44-0.82}{4}\right) + \left(\dfrac{0.08+0.14+0.24+0.20+0.02-0.12-0.46}{2}\right) +$$

$$\dfrac{3}{4} \times 0.36 + (0.08+0.16+0.10-0.28-0.14) = 0.04$$

即填方量比挖方量多 $0.04 \times 400 = 16$ m³，此值未超过 10%，可不予调整。

(八) 调整方法

$$设计高程改正数 = \frac{V_挖 + V_填}{地块总面积} \quad (10-11)$$

【例4】 根据图10-6所示，括号内为经过改正后的施工量。

$$V_挖 + V_填 = \left[\left(\frac{0.32-0.07-0.17+0.12-0.11}{4}\right) + \right.$$
$$\left(\frac{0.30+0.30+0.15-0.17}{2}\right) +$$
$$\left.\frac{3}{4}(-0.32) - 0.18\right] \times 2\,500$$
$$= -269 \text{ (m}^3\text{)}$$

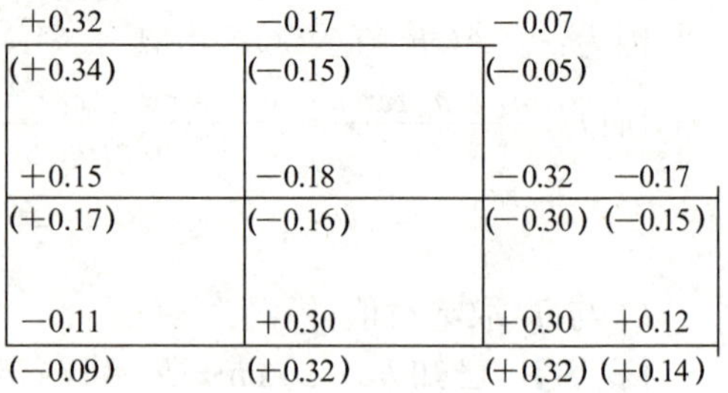

+0.32	−0.17	−0.07
(+0.34)	(−0.15)	(−0.05)
+0.15	−0.18	−0.32 −0.17
(+0.17)	(−0.16)	(−0.30) (−0.15)
−0.11	+0.30	+0.30 +0.12
(−0.09)	(+0.32)	(+0.32) (+0.14)

图 10-6 设计高程升高（降低）示意

从计算结果可知挖方量过大，应重新调整设计高程，依式（10-11）可算出设计高程应升高的数值为：

$$\frac{269}{5 \times 2\,500} = 0.02 \text{(m)}$$

按调整后的施工量，再按式（10-4）和式（10-5）重新计算土方量。

任务三 等高面法与断面法平整土地

任务目标：了解等高面法和断面法平整土地的基本方法，掌握等高面法土方量的计算等内容。

当地面高低起伏较大或坡度变化较多时，若有现成的等高线精度较高的大比例尺地形图，则可采用等高面法来估算挖方量。此法的主要特点是根据等高线计算土方量，测量计算步骤和方格网水准法基本相同。

一、等高面法平整土地

（一）计算总土方量

如图 10-7 所示，先在地形图上求出各条等高线所围起的面积，然后计算相邻等高线所围面积的平均值乘以等高距（两等高线间的高差），得相邻等高面间（等高线间）的体积即土方量，再求总和，即为场地内最低等高线以上的总土方量V。如图10-7所示的等距为 2 m，施工场地的设计高程为 75 m，图中虚线即为设计高程的等高线，分别求出 75 m、76 m、78 m、80 m、82 m 五条等高线所围成的面积 S_{75}、S_{76}、S_{78}、S_{80}、S_{82}，则每一层的土方量为：

$$V_1 = \frac{1}{2}(S_{75} + S_{76}) \times 1$$
$$V_2 = \frac{1}{2}(S_{76} + S_{78}) \times 2$$
$$V_3 = \frac{1}{2}(S_{78} + S_{80}) \times 2 \quad (10-12)$$
$$V_4 = \frac{1}{2}(S_{80} + S_{82}) \times 2$$

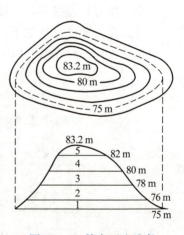

图 10-7 等高面法示意

$$V_5 = \frac{1}{3} S_{82} \times 1.2$$

总土方量为：
$$V_总 = V_1 + V_2 + V_3 + V_4 + V_5 \qquad (10-13)$$

(二) 计算平均地面高程（设计高程）

如要平整成一水平地面的场地，其设计高程可按式（10-14）计算：

$$H_设 = H_0 + \frac{V}{S} \qquad (10-14)$$

式中：H_0——场地内最低等高线的高程；

V——场地内最低点以上总土方；

S——场地总面积量。

【例】 如图 10-8A 所示是场地等线图，图 10-8B 所示是 AA 方向的断面图，场地内最低点高程 $H_0 = 51.2$ m，场地总面积 $S = 120\,000$ m²，根据图上等高线求场地平均地面高程。

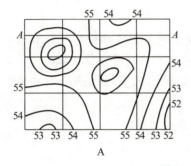
A

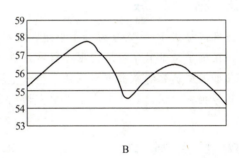
B

图 10-8　等高线与断面示意

解：用求积仪或其他方法，求图上各等高线所围面积列入表 10-2 中，由表 10-2 可知，最低点 $H_0 = 51.20$ m，以上总土方量 $V = 497\,760$ m³，则场地平均高程（设计高程）为：

$$H_设 = 51.20 + 497\,760 \div 120\,000 = 55.35 \text{(m)}$$

表 10-2　场地平整计算

高程（m）	面积（m²）	平均面积（m²）	高差（m）	土方量（m³）
51.2	120 000			
		119 200	0.8	95 360
52.0	118 400			
		116 200	1.0	116 200
53.0	114 000			
		109 700	1.0	109 700
54.0	105 400			
55.0	77 000	55 500	1.0	55 500
56.0	13 000			
	21 000	21 600	1.0	21 600
57.0	2 700			
		6 300	1.0	6 300
58.0	300			
	3 100	1 900	1.0	1 900
59.0	700			
合计				4 977 600

二、断面法平整土地

根据线路工程测量中纵、横断面图的测量原理,可在地形变化较大且场地较为窄长的带状地区,用测断面图的方法来估算土方量。即沿纵向中线每隔一定距离,20~50 m 或地形转折点测一横断面图,然后将横断面图上的地形点转绘到征用场地平面图中线的两侧,根据横断面图上的地形点勾绘出等高线,这样即可按等高线法平整场地。如果没有待平整区域的地形图,可以用仪器现场实测断面图。即先在待平整的土地边缘或中间设置一条基线,在基线上按一定桩距设置桩号,并用水准测量的方法测定其高程,在每个桩号上安置仪器,测出横断面方向上每个坡度变化点与桩号之间的水平距离和高差,最后绘出各个桩号的横断面图,并在横断面图设计地面坡度和高程,计算填挖方量,具体算法可参照线路工程测量。

▶ 技 能 训 练

将全班按每组 4~5 人分为若干小组,每组按平整土地测量项目要求领取水准测量仪器及工具,在测量情景教学场地内用方格网法进行平整土地测量项目技能训练。

要求每组成员熟练掌握方格网法平整土地测量的基本方法、地面坡度设计和填、挖土方量的计算等相关知识,具体要求见平整土地测量相关内容。

▶ 思 考 与 练 习

1. 简要比较合并平整法与方格网平整法各有何优缺点以及各自的应用范围。
2. 简述方格水准测量的记录和计算方法。
3. 若把图 10-9 所示的地块,平整成西高东低,坡度为 1/400 的斜坡平面,试求出各桩点的填(挖)高度和总土石方量。
4. 如图 10-10 所示,方格边长为 20 m,欲将 A、B、C、D 范围内的地面平整为一块平地(暂不设计边坡),求出设计高程、填挖高度和填挖土方总量。

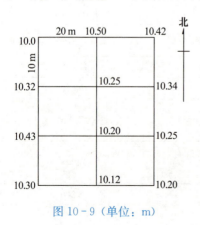

图 10-9(单位:m)

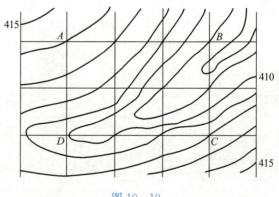

图 10-10

项目十一

线 路 测 量

CELIANG

【项目提要】 主要介绍道路勘测选线、中线测量、渠道和道路的纵、横断面测量、渠道和道路的纵、横断面图的绘制以及线路测量土方计算与施工放样等内容。其中中线测量主要讲解了中线测量的任务，里程桩、加桩桩名的设计以及渠道和道路测量中起始设计高程的确定等内容。

【学习目标】 了解线路测量（道路测量、渠道测量等）的基本知识；掌握渠道测量的基本方法（内容包括渠道的纵断面测量、横断面测量、纵横断面图的绘制和挖、填土石方的计算及渠道的施工放样等内容）。

任务一 勘测选线与中线测量

任务目标：了解选线应考虑的因素和中线测量的任务，学会图上选线的方法，掌握现场踏勘选线的方法，掌握里程桩、加桩桩名的设计以及渠道和道路测量中起始设计高程的确定。

一、勘测选线

（一）选线应考虑的因素

勘测选线的任务就是在实地确定渠道或道路中心线的位置。因此，选线一是考虑渠道沿线的自然条件，主要包括地形、地质、土壤、水文等因素。渠道尽可能避免通过土质松散、渗漏严重的地段；灌溉渠道应尽可能位于灌区地势较高的地方，以便自流灌溉；而排水渠道应选在地势较低的地方。二是考虑渠道设计规格、设计高程、坡度等因素。三是考虑沿线经过地方要少占良田、居民点等。四是做到工程量少，节省资金。

（二）图上选线

在调查前，应广泛搜集与线路有关地区的资料，如各种比例尺地形图、地质资料、土地利用现状图、土地总体规划设计方案等。对上述资料要进行全面分析和研究，可根据渠道的方向、坡度和地形情况，在图上初步选线，在图上确定渠道的起止点和转折点，然后再到实地进行现场勘测和修订选线。

（三）踏勘选线

踏勘选线就是在图上初步选线的基础上，到现场实地考查，看初步选定的线路是否合理，最后加以肯定或修改。如线路距离短、等级低、走向明确且地形简单的地区，也可以直接到实地去踏勘选线，而不用经过图上选线这一过程。渠道经过踏勘选线后，要在地面上确定出线路的起止点、转折点，并根据附近的地形与地物情况，绘制渠道草图。另外，对起点、终点及重要的转折点，应绘点注记图，以便施工时找寻点位。

二、中线测量

（一）中线测量的任务

经过渠道或道路选线，路线的起点、转折点、终点在地面上确定之后可通过测角、量距把路线中心线的平面位置用一系列木桩在实地标定出来，这一工作称为路线的中线测量。中线测量的主要任务是要测出线路的长度和转角的大小，并在线路转折处设置曲线。

（二）转角的观测

中线选定后，即可进行中线转角的测定。线路改变原来方向的转折点称为交点，以 JD 表示。所谓转角是指线路由一个方向偏转向另一方向后，偏转后的方向与原方向延长线的夹角，也称为交角。转角根据线路两相邻直线段交点处所得的右角计算而来。如图 11-1 所示，可得转角的计算规律：

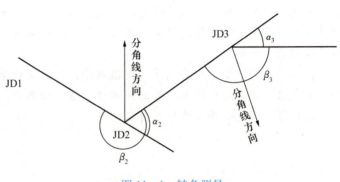

图 11-1 转角测量

当右角 $\beta<180°$ 时，为右转角，$\alpha_{右}=180°-\beta$

当右角 $\beta>180°$ 时，为左转角，$\alpha_{左}=\beta-180°$

实际工作中，在测量完水平角并计算出转角后，及时进行圆曲线半径的设计和圆曲线的测设工作，以便使里程延续。圆曲线测设在施工测量中介绍。

（三）里程桩、加桩

在平原地区，渠道中心线一般为直线，渠道长度可用皮尺沿渠道中心线丈量。为了便于计算渠道长度和绘制纵断面图的需要，沿中心线每隔 100 m 或 50 m 打一木桩，称为里程桩。两里程桩之间如果有重要地物（如道路、桥梁等）或地面坡度突变的地方，或渠道交叉处，也要打木桩，这些木桩称为加桩。里程桩和加桩都以渠道起点到该桩的距离进行编号，起点的桩号为 0+000，以后的桩号为 0+050，0+100，0+150，…，"+"号前面的数字单位是千米，"+"号后面的数字单位是米数，如 5+200 表示该桩距离渠道起点 5 200 m，如桩号为 0+25.1 表示加桩距离渠道起点 25.1 m。里程桩和加桩的编号都要用红漆写在木桩上，便于识别和寻找，在钉桩时，写桩号的面都朝向起点方向。

在距离测量中，如线路改线或测错，都会使里程桩号与实际距离不相符，此种里程桩不连续的情况称为"断链"。当出现断链，应进行断链处理，亦即为避免影响全局，允许中间出现断链，桩号不连续，仅在改动部分用新桩号，其他部分不变，仍用老桩号，并就近选取一老桩作为断链桩，分别标明新老里程。凡新桩号比老桩号短的称为短链，新桩号比老桩号长的称为长链，如图 11-2 所示。

在断链桩上应注明新老桩号的关系及长短链长度，如"1+570.6=2+420.5（短链

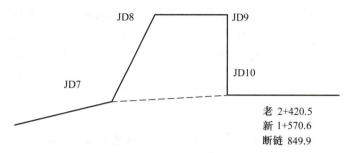

图 11-2 设置断链桩

849.9 m)"。习惯的写法是等号前面的桩号为来向里程（即新桩号），等号后面的桩号为去向里程（即老桩号）。手簿中应记清断链情况。由于断链的出现，线路的总长度应按该式计算：

$$路线的总长度 = 末桩里程 + 长链总和 - 短链总和$$

（四）起始设计高程的确定

在实际渠道或道路测量中，常要测定其起始高程。在丘陵山区，渠道一般是沿山坡按一定方向前进，即要找出渠道所通过的路线的位置。

如图 11-3 所示，渠道起点的高程为 95 m，图中水准点 M 的高程 H_M 为 94.560 m。要想选定渠道起点（0+000），使其高程等于 95 m，首先安置好水准仪，后视水准点 M，得读数 a 为 2.050 m，算出视线高程 $H_i = H_M + a = 94.560 + 2.050 = 96.610$ m，然后将前视尺沿山坡上、下移动，使前视读数 $b = 96.610 - 95.000 = 1.610$ m，此时这点的高程即为 95 m。在该点上打一木桩，标志渠道起点（0+000）为 95 m 的位置。

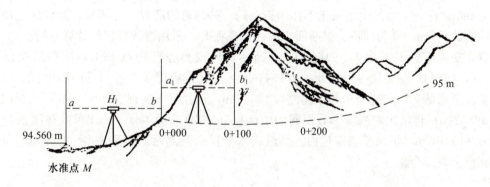

图 11-3 丘陵地区渠道的选线

当起点确定后，可按渠道设计的比降测设各里程桩。如渠道的比降是 -0.2%，则每 100 m 渠道应降低 $100 \times 2/1000 = 0.2$（m）。依次可得到 0+100，0+200，⋯的高程分别为 94.8 m，94.6 m，⋯。根据各里程桩的高程，用同样的方法可确定出 0+100，0+200，⋯点的位置。

任务二 纵、横断面测量

任务目标： 掌握纵断面测量里面的基平测量和中平测量，掌握横断面测量里横断面方向的确定和横断面测量方法等内容。学会手水准法、抬杆法、视距测量法等横断面测量方法。

渠道的纵断面测量是测出渠道中心线上各里程桩和加桩的高程，而渠道的横断面测量则是测出各里程桩和加桩位置与渠道中心线垂直方向的断面上地面坡度变化点的位置和高程。进行纵、横断面测量，主要是为渠道设计、施工及土石方工程预算等服务。

一、纵断面测量

（一）基平测量

基平测量即路线高程控制测量。在沿线路设置的高程控制点的密度和精度，要根据地形和工程的要求来确定，具体技术要求：

（1）水准点应选在离路线中心线 20 m 以外，便于保存，引测方便，不受施工影响的地方。

（2）根据地形条件和工程需要，每隔 0.5～1.0 km 设置一个临时水准点，在重要工程地段适当增设水准点数量。

（3）水准点高程有条件可从国家水准点引测，也可采用假定高程系统。

（4）水准点间采用往返观测，其精度不低于五等水准测量的要求，可用水准测量，或三角高程的方法进行施测。

（二）中平测量

中平测量是根据基平测量布设的水准点，测定路线中桩的地面高程，即从某一水准点开始逐点测定各中桩的地面高程，然后附合到另一个水准点，也称为中桩抄平。

传统的中平测量是用水准测量的方法逐点测量中桩的地面高程。由于中桩数量多，间距较短，为了保证精度的前提下提高测量观测的速度，里程桩一般可作为转点，读数和高程均计算至 mm。在每个测站上还需把不作为转点的一些加桩的高程一并测量，测读这些加桩上立尺的读数至 cm，称为间视。纵断面水准计算高程时，采用视线高程的计算方法。

首先安置仪器于测站 1，如图 11-4 所示，后视高程已知点 BM_3，读得后视读数为 1.864 m，前视 0+000 读得前视计数为 1.414 m，并将读数记录于表 11-1 中相应的位置中。将仪器搬至测站 2，后视 0+000，读数为 1.546 m，再立尺于前视点 0+100 m，读得前视读数为 1.852 m；再依次观测前、后视间的中间点 0+025、0+061.5，读得间视读数分别为 0.76 m 和 1.06 m，记录于相应栏内。然后将水准仪搬至测站 3，同法进行观测和记录，直到测完整个路线为止。

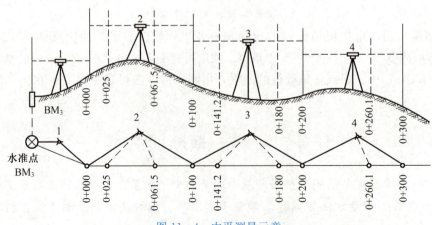

图 11-4　中平测量示意

表 11 - 1 中平测量记录

测站	桩号	水准尺读数 (m)			视线高程 (m)	高程 (m)	备注
		后视	前视	间视			
1	水准点 BM₃	1.864			46.624	44.760	水准点 BM₃ 已知
	0+000		1.414			45.210	高程 44.760 m
2	0+000	1.546			46.756	45.210	
	0+025			0.76		46.00	
	0+061.5			1.06		45.70	
	0+100		1.852			44.904	
3	0+100	1.474			46.378	44.904	
	0+141.2			2.26		44.12	
	0+180			1.79		44.41	
	0+200		1.779			44.599	
4	0+200	1.354			45.953	44.599	
	0+260.1			1.00		44.95	
	0+300		1.779			44.174	
5	0+300	1.485			45.659	44.174	
	0+380.9			1.34		44.32	
	0+400		1.742			43.917	
6	0+400	1.472			45.389	43.917	
	0+500		1.905			43.484	
7	0+500	1.568			45.052	43.484	
	0+600		1.834			43.218	
8	0+600	1.476			44.694	43.218	
	0+658			1.37		43.32	
	0+700		1.574			43.120	
9	0+700	1.827			44.992	43.120	
	0+728			1.60		43.39	
	0+800		1.341			43.651	
10	0+800	1.713			45.364	43.651	
	0+849			1.70		43.66	
	0+900		1.205			44.159	
11	0+900	1.431			45.590	44.159	水准点 BM₃ 已知
	1+000		1.819			43.771	高程 43.948 m
12	1+000	1.546			45.317	43.771	
	水准点 BM₄		1.345			43.972	
校核	∑后视 − ∑前视 = 18.801 − 19.589 = −0.788 43.972 − 44.760 = −0.788				$\Delta h_{测}$ = 43.972 − 43.948 = +0.024		$\Delta h_允 = \pm 10\sqrt{n}$ = ±35 mm

所有各点高程按该式计算：

视线高程 = 后视点高程 + 后视读数

转点高程 = 视线高程 − 前视读数

中间点高程 = 视线高程 − 间视读数

现以第 1、第 2 两测站为例，说明高程计算方法。在图 11-4 中：

第 1 测站的视线高程为　　　　　＝44.760+1.864＝46.624 m
0+000 的高程　　　　　　　　　＝46.624-1.414＝45.210 m
第 2 测站的视线高程　　　　　　＝45.210+1.546＝46.756 m
加桩 0+025（间视）的高程　　　＝46.756-0.76＝46.00 m
加桩 0+061.5（间视）的高程　　＝46.756-1.06＝45.70
00+100 的高程　　　　　　　　　＝46.756-1.852＝44.904 m

每测量一页上进行校核计算，方法与水准测量校核计算方法一样。

二、横断面测量

垂直于路线中线方向的断面称为路线的横断面。横断面测量就是测定过中桩横断面方向一定宽度范围内地面变坡点之间的水平距离和高差。施测的宽度与施工量的大小、地形、路基的设计宽度、边坡的坡度等有关。一般为从中桩向两侧各测量 20～50 m。

（一）横断面方向的确定

在横断面测量前，首先要确定横断面的方向。当地面开阔平坦，横断面方向偏差影响不大，其方向可以依照路线中心线方向目估确定。但在地形复杂的山坡地段其影响显著，需用方向架或经纬仪测定。

1. 直线段横断面方向的测定　在直线段上横断面方向常用十字架法进行测定，如图 11-5 所示。将十字架置于 0+300 的桩号上，以其中一组方向钉瞄准线路某一中线桩，另一组方向钉则指向横断面方向。当地形起伏较大，线路较宽时，常用经纬仪测角来定横断面方向。测定前，安置经纬仪于中桩上，以该直线上其他任一中桩为定向方向，对准后，拨角±90°，即分别为左右横断面的方向，用标杆在地面上标定出来。

2. 圆曲线上横断面方向的测定　当线路有圆曲线时，可用求心十字架来确定横断面方向。求心十字架，如图 11-6 所示，就是在十字方向架上安装一根可以水平旋转的定向杆，并装一制动螺旋，可以固定定向杆。圆曲线上的横断面方向通过圆心，但在作业中，圆心未定，断面方向无从确定。根据弦切角原理，利用求心十字架上的定向杆来确定横断面的方向。如图 11-7 所示，欲测圆曲线上的 1 点，在 ZY 点上安置求心十字架，AB 方向瞄准切线方向，此时，CD 必通过圆心，将定向杆 EF 瞄准曲线上的 1 点，并把它固定，则 EF 与 AB 间的夹角为 1 点的偏角。将求心十字架移至 1 点，并使 CD 方向瞄准 ZY 点，则定向杆 EF 指向圆心方向，在该点方向上作出标记即为 1 点的横断面方向。

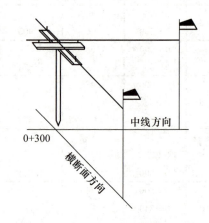

图 11-5　用十字架测定横断面方向

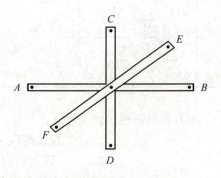

图 11-6　求心十字架

（二）横断面测量方法

由于横断面测量精度一般要求不高，所以常用简单的方法来施测。

1. 手水准法 手水准法测量横断面，就是用手水准测量横断面上相邻两变坡点之间的高差，用皮尺丈量水平距离的一种方法。将手水准放置在高1.5m的木杆顶端并立在中桩上，瞄准断面上所立的水准尺（或标杆），待手水准气泡居中，对水准尺进行读数，则利用手水准尺与地面的高度和水准尺上的读数，求出两点之间的高差。同时，再用皮尺测量出这两点的距离。依次可测量出其他点的高差与距离。记录格式见表11-2，表中分左、右两侧，用分数表示，分子表示高差，分母表示平距，高差注意正负号，"+"表示升高，"-"表示降低。

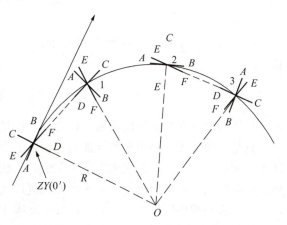

图11-7 用球心十字架测定圆曲线横断面方向

表11-2 横断面测量记录表

左侧横断面			里程桩桩号	右侧横断面		
$\dfrac{-0.5}{2.0}$	$\dfrac{-0.8}{3.0}$	$\dfrac{-0.9}{2.0}$	1+020	$\dfrac{+0.8}{3.0}$	$\dfrac{+0.57}{2.0}$	$\dfrac{+0.35}{2.0}$
$\dfrac{+0.9}{1.5}$	$\dfrac{+0.5}{3.0}$	$\dfrac{+0.7}{2.0}$	1+150	$\dfrac{+0.5}{3.0}$	$\dfrac{-0.8}{2.5}$	$\dfrac{-0.65}{4.0}$

2. 抬杆法 这种方法常用于坡度较陡的山坡上，使用两根标杆，如图11-8所示，一根标杆的一端置于高处的地面变化坡点上，并水平横放在横断面方向上，另一标杆竖直立在低处邻近的变坡点上，根据标杆上红、白相间的长度（红白相间的标杆每节长0.2m），可以分别估读出两点间的高差和水平距离。依次测出其他点间的高差与距离。与此类方法类似的是水平尺法，用抬平的尺量水平距离，用水平的尺截得的标尺求出两点之间的高差。

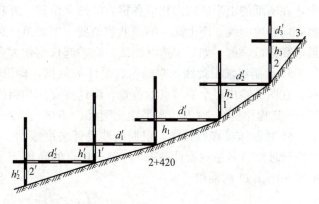

图11-8 抬杆法测量横断面

3. 视距测量法 此法多用于通视条件较好的山坡上，把仪器安置在中线的桩上，用视距测量的方法分别测出每个变化的坡度点与仪器安置点之间的水平距离和高差。

在实际测量中，如横断面测量精度的要求，在地面较平坦地区，可采用水准仪观测高差，用皮尺量平距。

任务三 纵、横断面图的绘制

任务目标：掌握渠道纵断面图的绘制方法和格式，掌握渠道横断面图的绘制方法和格式。

一、渠道（道路）纵断面图的绘制

渠道纵断面图是测量的成果资料之一，也是进行渠道设计、工程土方计算的主要依据之一。它是在中线测量和中平测量基础上，以平距为横坐标，高程为纵坐标，根据工程需要设计水平和垂直比例尺，在毫米方格纸上绘制的断面图。为了明显地显示渠道中线的地势起伏情况，纵断面图的高程比例尺常比水平比例尺大 10～20 倍。常用的高程比例尺为 1∶100 或 1∶200，水平比例尺为 1∶1 000、1∶2 000 或 1∶5 000。

绘制纵断面图的方法和格式主要包括以下几方面内容。

1. 绘制线路平面示意图　如图 11-9 所示，按桩号和规定的比例尺绘出渠道（路线）的直线和曲线部分。直线部分用直线表示；曲线部分用凹凸的折线表示，向上折表示线路向右转，向下折表示线路向左转。折线的凹起（或凸下）的高度为 5 mm，长度按曲线起点和终点的桩号来确定，并要求在凹凸部分注明交点号、转角、曲线半径及其他曲线的元素。该栏的图上高度为 2～2.5 cm。

2. 填写桩号　里程栏按水平比例尺换算出各桩号的位置，从左向右注明桩号，桩号填写与里程一致。该栏的图上高度一般为 1.5～2.0 cm。

3. 填写地面标高　在地面标高栏填写各里程桩的地面高程，并与桩号内相应的桩号对齐。要求使高程的小数点对齐，该栏的图上高度为 1 cm。

4. 绘制渠道（路线）断面方向的地面线　在以里程为横坐标，高程为纵坐标的坐标系中，在图纸的上半部绘出相应各桩点的图上位置，并将这些点用折线连接起来，即得到纵断面方向的地面线。图上高程的最低数值要根据渠道（路线）高程的实际确定一数值，一般比最低高程低一些。如果渠道（路线）高差起伏变化太大或线路过长，可分段绘图。

5. 绘制纵坡设计线　根据纵坡设计的数据，即纵坡设计得来的变坡点桩号及其设计高程，在图上绘出每个变坡点的位置，将这些点用加粗的折线连接起来就得到纵坡设计线。图 11-9 高程比例尺 1∶100 水平距比例尺 1∶5 000。

6. 绘制坡度和坡长栏　根据纵坡设计坡度线始、终点的桩号和设计高程，计算各坡段的设计坡度。各桩的设计高程 $H_{设}$ 等于该点的高程 $H_{起}$ 加上设计坡度 i 与该点到该坡起点间的水平距离 D 的乘积，即：

$$H_{设} = H_{起} - Di$$

用斜线表示两点间的设计坡度，用"/"表示上坡，用"\"表示下坡，用"—"表示平坡。在斜线或平线上注明坡度，在斜线或平线下注明两点间的水平距离。

7. 计算各桩点的挖深填高　将计算各桩点的挖深和填高的结果分别填入填、挖栏内。

二、渠道横断面图的绘制

横断面图的绘制与纵断面图的绘制基本相同，为了便于计算，横断面图上平距和高差一般用相同的比例尺，常用的比例尺有 1∶100 或 1∶200。

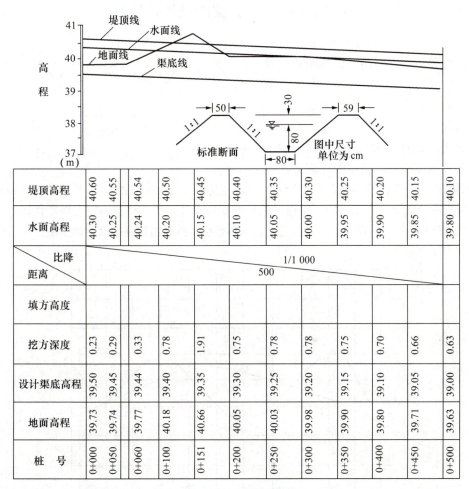

图 11-9 渠道纵断面

绘制横断面图时，先将横断面测量所获得的地面特征点位置展绘在毫米方格纸上，以供断面设计和计算土石方工程量。绘图时，先在图纸上定好中桩位置，然后分别向左右两侧按所测的平距和高差逐点绘制，并用折线连接，即得横断面图，如图 11-10 和图 11-11 所示。绘制横断面图是要分清左、右侧，一张图纸上绘制多幅图的顺序是从图纸的左边起，按中线桩号从下向上，从左到右，绘满一列，再从第二列由下向上，依次绘制。

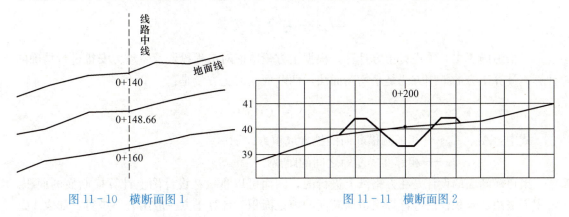

图 11-10 横断面图 1　　　　　　图 11-11 横断面图 2

三、渠道标准断面图的设计与绘制

地面线是根据横断面测量的数据绘制而成的,而渠道标准断面(设计断面)是根据里程桩挖深(1.30 m)、设计底宽(1.0 m)和渠道边坡(1:1)绘成的,如图11-12所示。

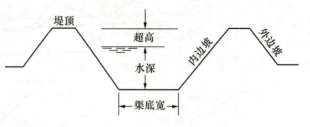

图11-12 渠道标准断面

地面线与设计断面线所围成的面积,即为挖方或填方面积。面积的计算方法可用地形图应用中面积计算方法。为了绘制标准断面方便,在实际工作中,常用硬纸片或透明塑料薄片刻成设计断面模片来套绘。根据该桩号的渠底设计高程,将它固定在横断面图上,再把设计渠道断面的轮廓线,用铅笔给到图纸上,即得该桩号的渠道标准断面图,如图11-13所示。

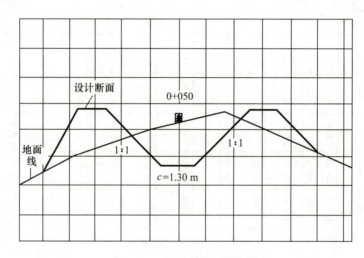

图11-13 标准断面图绘制

任务四 土石方计算与施工放样

任务目标:掌握平均断面法土方计算的方法,掌握施工放样的具体方法。

一、土石方计算

在渠道施工中必须进行土方计算,根据土方量才能对工程投资及劳动力安排进行精确的计算。计算土方的常用方法是平均断面法,两断面间的土方量是:

$$v = \frac{1}{2}(A_1 + A_2)L$$

式中:A_1、A_2——相邻两横断面的挖方或填方面积;
L——相邻两横断面之间的距离。

渠道横断面的设计是在方格纸上进行的,因而可以直接在设计图上计算横断面的面积。常用方格法、求积仪法等计算渠道横断面的填挖面积。计算土方一般用表格进行,如表11-

3所示,从纵、横断面图上将各中线桩的地面高程、设计高程、填挖数及各断面的填、挖面积分别填入表内,然后按平均断面法计算土方。

表 11-3 土方计算

计算者 —   校核者 —

桩号	地面高程 (m)	设计渠底高程 (m)	中心桩		断面面积 (m²)		平均断面面积 (m²)		距离 (m)	体积 (m³)		备 注
			填高 (m)	挖深 (m)	填	挖	填	挖		填	挖	
1	2	3	4	5	6	7	8	9	10	11	12	
0+000	45.21	44.80		0.41	0.40	2.80						
							1.55	3.40	25.0	38.8	85.0	
0+025	46.00	44.76		1.24	2.70	4.00						
							1.35	4.40	36.5	49.3	160.6	
0+061.5	45.70	44.71		0.99		4.80						
							0.45	3.10	38.5	17.3	119.4	
0+100	44.90	44.65		0.25	0.90	1.40						
							1.40	1.30	14.3	20.0	18.6	
0+114.3		44.63	0		1.90	1.20						
							2.45	0.60	26.9	65.9	16.1	
0+114.2	44.12	44.59	0.47		3.00							
							2.85		38.8	110.0		
0+180	44.41	44.53	0.12		2.70							
							2.30	0.15	10.9	25.1	1.6	
0+190.9		44.51	0		1.90	0.30						
							1.80	0.90	9.1	16.4	8.2	
0+200	44.60	44.50		0.10	1.70	1.50						
							2.65	1.50	60.1	159.3	90.2	
0+260.1	44.95	44.41		0.54	3.60	1.50						
							2.50	0.90	29.9	74.8	26.9	
0+290		44.36	0		1.40	0.30						
							1.70	0.15	10.0	17.0	1.5	
0+300.5	44.17	44.35	0.18		2.00							
							1.90	0.35	53.9	102.4	18.9	
0+353.9		44.27	0		1.80	0.70						
							1.60	0.80	27.0	43.2	21.6	
0+380.3	44.32	44.23		0.09	1.40	0.90						
							1.30	0.65	4.6	6.0	3.0	
0+385.5		44.22	0		1.20	0.40						
							1.60	0.40	14.5	23.2	5.8	
0+400	43.20	44.20	0.28		2.00	0.40						
							合计		400.0	769.3	577.4	

二、施工放样

为了开挖土方有所依据,必须在每个里程桩及加桩上进行渠道横断面的放样工作,即把渠道边坡与地面的交点用木桩标示出来。具体方法如下:

1. 标定各中心桩的填挖高度 在纵断面图上查得各中心桩填挖高度,分加在现场用红油漆写在各中心桩上。

2. 标出边桩位置 为了标明开挖范围,便于施工,需要把设计横断面的边坡线(内坡与外坡)与地面线的交点在实地用木桩标出,称为边桩。如图11-14所示,是一个半填半挖的渠道横断面图。按设计图上所注的数据,可从中心桩向两侧,分别量距定出 A、B、C、D 与 E、F、G、H 等点,在开挖点(A、E)与外堤脚点(D、H)处分别打入木桩。然后将两旁相应的内边桩撒石灰依次连续起来,就得到渠道的开挖线。同样将相应的外边桩依次连接起来得到渠道堤的坡脚线。

3. 架设边坡样板和施工坡架 边桩标定后,在堤顶边缘点(B、C 与 F、G)上按填高竖立木杆,架设边坡样板和施工坡架,并用绳子形成一个施工断面。

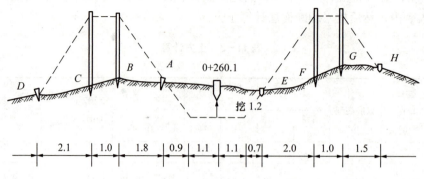

图 11-14　渠道横断面放样示意

▶ 技　能　训　练

将全班按每组 4～5 人分为若干小组，每组按线路测量项目要求领取测量仪器及工具，在测量情景教学场地内选择进行：①勘测选线与中线测量；②纵、横断面测量；③纵、横断面图的绘制；④土方计算与施工放样等项目技能训练。

要求每组成员熟练掌握勘测选线与中线测量，纵、横断面测量，纵、横断面图的绘制和土方计算与施工放样的基本方法与计算等相关知识，具体要求见线路测量相关内容。

▶ 思 考 与 练 习

1. 名词解释：里程桩、加桩、纵断面图、横断面图。
2. 思考渠道纵断面水准测量方法。
3. 渠道纵断面图如何绘制？
4. 简述横断面方向的确定方法。
5. 计算渠道土方。

项目十二

施 工 测 量

CELIANG

【项目提要】 主要介绍施工（测设）测量中距离、高程、角度、圆曲线的测设方法，介绍了园林工程中建筑物、假山、水景、绿化等单项工程的施工测量内容和方法以及工程竣工图的测绘方法等内容。

【学习目标】 熟悉已知水平距离、水平角度、高程点位、平面点位和圆曲线的测设方法；掌握建园施工测量的基本知识和基本方法。

任务一 施工（测设）测量的基本内容和方法

任务目标：掌握已知水平距离的测设方法，掌握已知水平角的测设方法，掌握已知高程点的测设方法，掌握平面点位的测设的几种方法，重点掌握圆曲线测设的几种方法。

测设工作是根据工程设计图纸上待建的建筑物、构筑物的轴线位置、尺寸及其高程，算出待建的建筑物、构筑物的轴线交点与控制点（或原有建筑物的特征点）之间的距离、角度、高差等测设数据，然后以控制点为根据，将待建的建筑物、构筑物的轴线交点（或特征点）在实地标定出来，以便施工。其工作的实质是点位的测设。测设的基本工作是：测设已知水平距离、水平角和高程。

一、已知水平距离的测设

已知水平距离的测设，是从地面上直线的一个已知点出发，沿给定的方向，量出设计（已知）的水平距离，并在地面上定出另一端点的位置。其测设方法常见的有：

（一）一般方法

如图 12-1 所示。

1. 在地面定出设计长度 从 A 点开始，沿 AB 方向用钢尺拉平丈量，按照已知设计长度 D 在地面定出 B' 位置。

2. 地面距离校核 重新再量取 AB' 之间的水平距离 D'，若相对误差在容许范围（1/3 000～1/5 000）内，则将端点 B' 加以改正，求得 B 点的最后位置，使得 AB 两点间水平距离等于已

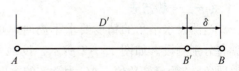

图 12-1 已知水平距离的测设

知设计长度 D。改正数 $\delta = D - D'$。当 δ 为正时，向外改正；反之，则向内改正。

（二）精密方法

当测设精度要求较高时，可以按照设计水平距离 D，用前面所讲述方法在地面上概略定出 B' 点，然后按照精密量距方法，测量 AB 距离，并加上尺长、温度、倾斜三项改正数，求出 AB' 的精确距离 D'。若 D 与 D' 不相等，则按照其差值 $\delta = D - D'$ 沿 AB 方向以 B' 点为准进行改正。当 δ 为正时，向外改正；反之，向内改正。

【例 1】 设需从一点起始沿某直线方向测设水平距离 28.457 m，已知所用钢尺的尺长方程式为 $l_{30} = 30 \text{ m} + 0.004 \text{ m} + 1.25 \times 10^{-5} \times 30 \text{ m}\ (t = 20℃)$，放样现场测的气温为 28℃，问需要从该端点沿直线方向丈量多长才能得到两个端点之间的水平距离为 28.457 m？

解：由尺长方程式可知，钢尺的名义长是 30 m，标准温度 20℃，钢尺的长度比名义长度长 0.004 m。因此，该钢尺测设该长度的尺长改正数为：

$$\Delta D_l = \frac{\Delta l}{l_0} \times S_0 = \frac{0.004}{30} \times 28.457 = 0.004$$

$$\Delta D_t = \alpha D_0 (t - 20℃) = 1.25 \times 10^{-5} \times 28.457 \times (28℃ - 20℃) = 0.003 \text{(m)}$$

因为放样长度与测量长度程序相反，各项改正数的符号与丈量距离加上的改正数的符号相反。所以，沿直线方向，用该钢尺应该丈量的长度为：

$$D = D_0 - \Delta D_l - \Delta D_t = 28.457 - 0.004 - 0.003 = 28.450 \text{(m)}$$

如果放样长度的地面是斜坡，则必须测定地面上两端点的高差，然后按照该式计算倾斜改正数：

$$\Delta D_h = -\frac{h^2}{2D_0}$$

（三）光电测距仪法

如图 12-2 所示，安置光电测距仪于 A 点，瞄准已知方向。沿此方向移动棱镜位置，使仪器显示值略大于测设的距离 D，定出 B' 点。在 B' 点安置棱镜，测出棱镜的竖直角 α 及其斜距 L，计算出水平距离 $D' = L\cos\alpha$，求出 D' 与应测设的已知水平距离之差（$\delta = D - D'$）。根据 δ 的符号在实地用小钢尺沿已知方向改正 B' 至 B 点，并用木桩标定点位。

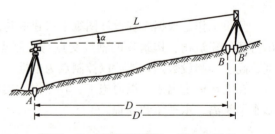

图 12-2 用测距仪测设一直水平距离

二、已知水平角的测设

已知水平角的测设，就是在已知角顶点根据一已知方向标定出另一边方向，使两方向的水平夹角等于已知角值。测设方法有：

（一）一般方法

当测设水平角的精度要求不高时，可以用经纬仪盘左、盘右分别测设。如图 12-3 所示，设地面已知方向 AB，A 为顶角，β 为已知角值，AC 为欲定的方向线，具体操作方法如下：

1. 盘左测设 安置仪器在顶角 A 上，对中、整平后，

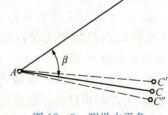

图 12-3 测设水平角

用盘左位置照准 B 点，调节水平度盘位置变换轮，使水平度盘读数为 $0°00'00''$，转动照准部使水平度盘读数为 β 值，按照视线方向定出 C' 点。

2. 盘右测设 用盘右位置重复上述步骤，定出 C'' 点。

3. 确定水平角 取 C' 和 C'' 连线的中点 C，则 AC 即为测设角 β 的另一个方向线，$\angle BAC$ 为测设的 β 角。

（二）精确方法

当测设水平角的精度要求较高时，可以先用一般方法测设出 AC 方向线，然后对 $\angle BAC$ 进行多测回水平角观测（图 12-4），其观测值为 β'。则 $\Delta\beta = \beta - \beta'$，根据 $\Delta\beta$ 及其 AC 边的长度 D_{AC}，按照式（12-1）计算垂距 CC_0：

$$CC_0 = D_{AC} \cdot \tan\Delta\beta = D_{AC} \cdot \frac{\Delta\beta''}{\rho} \quad (12-1)$$

从 C 点起沿 AC 边的垂直方向量出垂直距离 CC_0 定出 C_0 点。则 AC_0 即为测设角值为 β 时的另一方向线。必须注意，从 C 点起是向外还是向内量垂直距离，要根据 $\Delta\beta$ 的正负号来决定。若 $\beta' < \beta$，即 $\Delta\beta$ 为正值，则从 C 点向外量垂距，反之则向内量垂距改正。

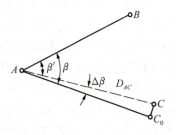

图 12-4 精确测和水平角

例如，$\Delta\beta = \beta - \beta' = +42''$，$D_{AC} = 120.000$ m，则

$$CC_0 = 120.000 \cdot \frac{+42''}{206265''} = 0.0244 \text{ m}$$

过 C 点作 AC 的垂线，在 C 点沿垂线方向向 $\angle BAC_0$ 外侧量垂距 0.0244 m，定出 C_0 点，则 $\angle BAC_0$ 即为要测设的 β 角。

三、已知高程点的测设

已知高程的测设是利用水准测量的方法，根据附近已知的水准点，将设计的点的高程测设（或标定）到地面上的过程。设已知水准点 A 的高程 H_A，需要放样点 P 的设计高程为 H_P，操作步骤如图 12-5 所示。

1. 将水准仪安置在已知水准点 A 和放样点 P 之间

2. 在已知点 A 上立水准尺 调平仪器后在水准尺上读数得 a，此时仪器的视线高程为：

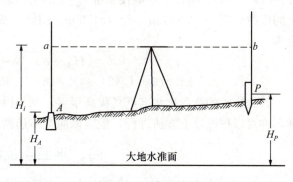

图 12-5 高程放样

$$H_i = H_A + a$$

P 点上竖立的水准尺读数（中丝读数）应该为

$$b = H_i - H_P = (H_A + a) - H_P \quad (12-2)$$

3. 将水准尺贴靠在 P 点木桩的一侧 水准仪照准 P 点上的水准尺。当水准管气泡居中时，P 点上的水准尺上下移动，当十字丝中丝读数为 b 时，此时水准尺底部的读数就是所需要放样的高程点 P（木桩侧面用红漆标定尺子底线位置）。

【例2】 如图 12-5 所示,设已知的水准点的高程 $H_A=72.768$ m,放样点 P 的设计高程为 $H_P=73.450$ m,若水准仪水准管气泡居中,读取 A 点水准尺中丝读数为 $a=1.426$ m,则前视 P 点水准仪的中丝读数应该为

$$b=(H_A+a)-H_P=72.768+1.426-73.450=0.744(\text{m})$$

所以,当 P 点读数为 0.744 m 时,P 点上水准尺底部的高程就是 73.450 m。

如果测设的高程点与已知水准点的高差很大时可以用悬挂钢卷尺的方法进行高程放样。如图 12-6 所示,设已知水准点 A 的高程 H_A,基坑内 B 的设计高程为 H_B。在坑内、坑外分别架设两台水准仪,并且在坑内悬挂一根钢卷尺,使钢卷尺零点朝下,在尺的下端挂一个重锤(为了减少小钢尺的摆动,把重锤放在装有液体的小桶内)。观测时两台水准仪同时进行读数,用坑口上的水准仪读取 A 点水准尺和钢卷尺上的读数分别为 a 和 c,基坑内水准仪读取钢卷尺上的读数为 d,则放样 B 点高程时的前视的读数 b 应该为

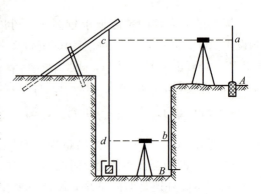

图 12-6 深坑内高程放样

$$b=H_A+a-(c-d)-H_B$$

所以,当坑内 B 点上的水准尺的读数为 b 时(即坑内水准仪气泡居中时,读取 B 点上水准尺的中丝读数),该水准尺的底部即为需要放样的高程点 B。为了校核,可以改变钢尺悬吊位置,采用上述方法进行测设,两次较差不应该超过标准 ± 3 mm。

【例3】 如图 12-6 所示,设水准点 A 的高程 $H_A=84.276$ m,基坑内 B 的设计高程为 $H_B=77.500$ m,坑口上水准仪照准 A 点上的水准尺读数 $a=1.424$ m,两台水准仪在钢卷尺上的读数分别 $c=8.646$ m、$d=1.458$ m。因此,基坑内水准仪照准 B 点水准尺的中丝读数应为

$$b=H_A+a-(c-d)-H_B$$
$$=84.276+1.424-(8.646-1.458)-77.500=1.012(\text{m})$$

若放样点的高程比水准点高程高很多,例如以地面上的水准点进行高层建筑物的高程放样,亦可以按照以上方法进行,但应该向上传递高程。

四、平面点位的测设

地物平面位置的放样,就是在实地测设出地物各特征点的平面位置,作为施工的依据。测设点平面位置的方法通常有:直角坐标法、极坐标法、角度坐标法、距离交会法等。

(一)直角坐标法

直角坐标法就是根据已知点与待定点的纵横坐标之差,测设地面点的平面位置。它适用于施工控制网为建筑方格网(即相邻两控制点的连线平行于坐标轴线的矩形控制网)或建筑基线的形式,并且量距方便的地方。如图 12-7 所示,A、B、C、D 为建筑方格网点,a、b、c、d 为需要测设的某建筑物的四个角点,根据设计图上各点的坐标,可求出建筑物的长、宽度及其测设的数据。现以 a 点为例说明测设方法。

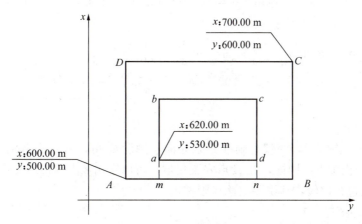

图 12-7 直角坐标法

1. 计算 A 点与 a 的坐标差

$$\Delta x = x_a - x_A = 620.00 - 600.00 = 20.00 (\text{m})$$
$$\Delta y = y_a - y_A = 530.00 - 500.00 = 30.00 (\text{m})$$

2. 在 A 点安置经纬仪 照准 B 点定线,沿 AB 方向测设长度 Δy(30.00 m)定出 m 点。

3. 搬仪器于 m 点 瞄准 B 点,向左测设 90°角,成为 ma 方向线,在该方向线上测设长度 Δx(20.00 m),即得 a 点的位置。

用同样的方法,可以测设建筑物其他各点的位置。最后检查建筑物四角是否等于 90°,各边长度是否等于设计长度,其误差均应在限差以内。

(二)极坐标法

极坐标法是根据已知水平角和水平距离测设地面点的平面位置,适合于量距方便,并且测设点距控制点较近的地方。其原理是根据已知地面点坐标和待放样点坐标,用坐标反算公式分别计算直线的坐标方位角和两条直线方位角间的水平夹角,用距离公式计算两点间的距离,然后在地面测设放样。

如图 12-8 所示,1、2 为建筑物轴线交点,A、B 为附近的控制点。1、2、A、B 点的坐标已知,欲测设 1 点,其方法步骤如下:

(1)计算放样元素 β_1 和 D_1:根据已知点 A、B 和待放样点 1 的坐标,用坐标方位角公式分别计算支线 AB 和 A1 的坐标方位角 α_{AB} 和 α_{A1}。

$$\alpha_{A1} = \arctan \frac{y_1 - y_A}{x_1 - x_A}$$

$$\alpha_{AB} = \arctan \frac{y_B - y_A}{x_B - x_A}$$

则:$\beta_1 = \alpha_{AB} - \alpha_{A1}$

$$D_1 = \sqrt{(x_1 - x_a)^2 + (y_1 - y_A)^2} \quad (12-3)$$

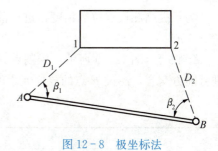

图 12-8 极坐标法

同理,也可以求出 2 点的测设数据 β_2 和 D_2。

(2)在已知点 A 上安置经纬仪,后视 B 点放样水平角 β_1,得出 A1 方向线。

(3)以 A 点为起点,沿 A1 方向线,测设 D_1 的水平距离得到 1 点。

【例 4】 已知 $x_1=370.000$ m，$y_1=458.000$ m，$x_A=348.758$ m，$y_A=433.570$ m，$\alpha_{AB}=103°48'48''$，求出测设数据 β_1 和 D_1。

$$\alpha_{A1}=\arctan\frac{y_1-y_A}{x_1-x_A}=\arctan\frac{458.000-433.570}{370.000-348.758}=48°59'34''$$

$$\beta_1=\alpha_{AB}-\alpha_{A1}=103°48'48''-48°59'34''=54°49'14''$$

$$D_1=\sqrt{(x_1-x_a)^2+(y_1-y_A)^2}=\sqrt{(370.000-348.758)^2+(458.000-433.570)^2}$$
$$=32.374 \text{ m}$$

测设时，在 A 点安置经纬仪，瞄准 B 点，向左测设 β_1 角，由 A 点起沿视线方向测设距离 D_1，即可以定出 1 点。同样，在 B 点安置仪器，可以定出 2 点。最后丈量 1、2 点间水平距离与设计长度进行比较，其误差应该在限差内。

（三）角度交会法

角度交会法（简称前方交会法）是根据前方交会的原理，分别在两个控制点上用经纬仪测设两条方向线，两条方向线相交得出待测设点的平面位置。它的放样元素是两个已知角，其角值根据两个已知点和待测设点的坐标计算得到。

该法适合于测设点离控制点较远或量距较困难的地形条件，如图 12-9 所示，设 P 点为桥墩的中心位置，其设计坐标为 x_P、y_P；A、B 为岸边上两个控制点，其坐标设为 x_A、y_A，x_B、y_B。现要根据控制点 A、B 测设位于河流中的 P 点位置。其方法步骤如下：

（1）按照坐标反算公式分别计算各边的坐标方位角 α_{AB}、α_{AP} 和 α_{BP}。

（2）计算放样元素 α 和 β。

在 A 点安置经纬仪测设的角度为 $\alpha=\alpha_{AB}-\alpha_{AP}$

在 B 点安置经纬仪测设的角度为 $\beta=\alpha_{BP}-\alpha_{BA}$

（3）画出放样草图，即将前方交会图形画出，并标注出各点坐标、三角形边长以及放样角度 α 和 β，如图 12-9 所示。

（4）分别在 A、B 两点上安置经纬仪。在 A 点的经纬仪后视 B 点放样 α 角（实际放样的角度为 $360-\alpha$，称为反拨）得方向线 AM。在 B 点的经纬仪后视 A 点放样 β 角（称为正拨）得方向线 AM 和 BN 相交得出待测设点 P 的位置。

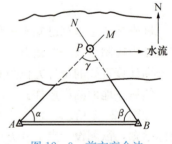

图 12-9　前方交会法

为了提高测设点位的精度，进行前方交会定位前，应选择控制点使交会角 γ 的角度值在 $60°\sim 150°$。

【例 5】 图 12-9 所示，控制点 A、B 和待测点 P 的坐标如下表，计算用 A、B 两个点进行前方交会，测设 P 点的放样元素的角值，如表 12-1 所示，并画出放样草图。

表 12-1　各点坐标值

点名	坐标	
	x (m)	y (m)
A	502.367	1 011.488
B	504.489	1 212.699
P	600.000	1 100.000

解：（1）根据各点的坐标，按照坐标方位角公式计算各点的坐标方位角为：

$$\alpha_{AB}=\arctan\frac{y_B-y_A}{x_B-x_A}=\arctan\frac{1\,212.699-1\,011.488}{504.489-502.367}=89°23'45''$$

$$\alpha_{AP}=\arctan\frac{y_P-y_A}{x_P-x_A}=\arctan\frac{1\,100.00-1\,011.488}{600.000-502.367}=42°11'41''$$

$$\alpha_{BP}=\arctan\frac{y_P-y_B}{x_P-x_B}=\arctan\frac{1\,100.00-1\,212.699}{600.000-502.367}=310°16'51''$$

（2）求放样元素 α 和 β 的角值。由图 12-9 可知：

$$\alpha=\alpha_{AB}-\alpha_{AP}=89°23'45''-42°11'41''=47°12'04''$$

$$\beta=\alpha_{BP}-\alpha_{BA}=310°16'51''-(89°23'45''+180°)=40°53'06''$$

（3）求各边的边长。

经过坐标反算，求得各边的边长为：

$$S_{AB}=201.222\text{ m}\qquad S_{AP}=131.782\text{ m}\qquad S_{BP}=147.728\text{ m}$$

（4）绘制放样略图。根据已知数据和计算出的放样角度 α 和 β 以及各边的边长绘制放样略图（省略）。

（四）距离交会法

距离交会法是利用两线段距离进行交会，其交点就是所要测设位置。该法适合于测设点离两个控制点较近（一般不超过一整尺长），并且地面平坦，便于量距的场合。

如图 12-10 所示，根据测设点 P_1、P_2 和控制点 A、B 的坐标，可以求出测设数据 D_1、D_2、D_3、D_4。

（1）使用两把钢尺，其零刻划线分别对准控制点 A、B，将钢尺拉平，分别测设水平距离 D_1、D_2 其交点即为测设点 P_1。

（2）同法，将钢尺零刻划线分别对准控制点 A、B，分别测设水平距离 D_3、D_4，其交点即为测设点 P_2。

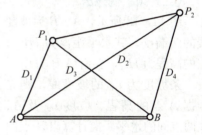

图 12-10 距离交会法

（3）实地量测 P_1P_2 水平距离与其测设长度进行比较后校核，要求其误差应该在限差范围内。

五、已知坡度的测设

在园林工程中的渠道、地下管线、园路路面和场地平整等工程都设计有一定的坡度。在工程施工之前往往需要按照设计坡度在实地测设一定密度的坡度标志点（即设计的高程点）连成坡度线，作为施工的依据。坡度线的测设是根据附近水准点的高程、设计坡度和坡度端点的设计高程，应用水准测量的方法将坡度线上各点的设计高程标定在地面上，实质是高程放样的应用。其测设的方法有水平视线法和倾斜视线法两种。

（一）水平视线法

如图 12-11 所示，A、B 为设计的坡度线的两端点，其设计高程分别为 H_A、H_B，AB 设计坡度为 i_{AB}，为施工方便，要在 AB 方向上，每隔一定距离 d 钉一个木桩，钉在木桩上标定出坡度线。施测方法如下：

（1）沿 AB 方向，用钢尺定出间距为 d 的中间点 1、2、3 位置，并打下木桩。

（2）计算各桩点的设计高程 H_i：

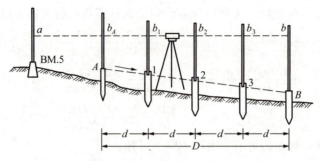

图 12-11 视线水平放坡

$H_1 = H_A + i_{AB} \cdot d \qquad H_2 = H_1 + i_{AB} \cdot d \qquad H_3 = H_2 + i_{AB} \cdot d$

$H_B = H_3 + i_{AB} \cdot d \qquad$ 或 $\qquad H_B = H_A + i_{AB} \cdot D$（校核） （12-4）

坡度 i 有正有负（上坡为正，下坡为负），计算设计高程时，坡度应该连同符号一块计算。

（3）在水准点的附近安置水准仪，后视读数 a，计算得出视线高程 $H_{视} = H_{BM.5} + a$，各点应读的前视读数为：$b_j = H_{视} - H_j$（$j=1,2,3$），其中 H_j 是各点的设计高程。

（4）将水准尺分别靠在各木桩的侧面，上下移动水准尺，直至水准尺读数为 b_j 时，便可以沿水准尺底面画一条横线，各横线连线即为 AB 设计坡度线。

（二）倾斜视线法

图 12-12 所示，A、B 为坡度线的两端点，其水平距离为 D，A 点的高程为 H_A，要沿 AB 方向测设一条坡度为 i_{AB} 的坡度线，则先根据 A 点的高程、坡度 i_{AB} 及 A、B 两点间的水平距离计算出 B 点的设计高程，再按测设已知高程的方法，将 A、B 两点的高程测设在地面的木桩上。然后将水准仪安置在

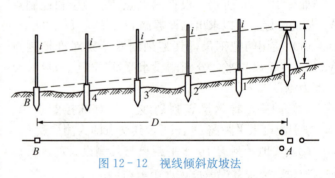

图 12-12 视线倾斜放坡法

A 点上，使基座上一个脚螺旋在 AB 方向上，其余两个脚螺旋的连线与 AB 方向垂直，量取仪器高 i，再转动 AB 方向上的脚螺旋和微倾螺旋，使十字丝中横丝对准 B 点水准尺上的读数等于仪器高 i，此时，仪器的视线与设计坡度线平行。在 AB 方向的中间各点 1、2、3…的木桩侧面立尺，上、下移动水准尺，直至尺上读数等于仪器高 i 时，沿尺子底面在木桩上画一红线，则各桩红线的连线就是设计坡度线。

六、圆曲线的测设

为了行车安全，在路线交点处，路线由一个方向转到另一个方向时，必须用半径不同的曲线加以连接，这种曲线称为圆曲线。常见的圆曲线有单圆曲线、复曲线、反向曲线和回头曲线等，它们都是投影在水平面上，因此也称为水平曲线。

圆曲线测设分两步进行，先测设曲线主点，即曲线的起点、中点和终点，再在主点间进行加密，按规定桩距测设曲线各副点。测设过程中，根据所测路线偏角 α，曲线半径 R，来计算圆曲线上测设数据。

(一) 圆曲线主点测设

1. 圆曲线主点测设元素的计算 如图 12-13 所示设交点 JD 的偏角为 α，曲线半径为 R，则曲线主点的测设元素的计算公式为：

$$T = R \cdot \tan\frac{\alpha}{2} \quad (12-5)$$

$$L = \frac{\pi R \alpha}{180°} \quad (12-6)$$

$$E = R\left(\sec\frac{\alpha}{2} - 1\right) \quad (12-7)$$

$$D = 2T - L \quad (12-8)$$

式中，T、L、D——用于计算里程；

T、E——用于设置主点。

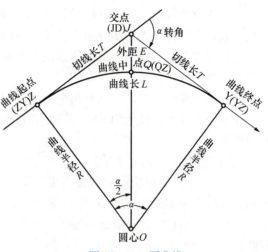

图 12-13 圆曲线

【例 6】 设 JD 的桩号为 3+573.36，转角 $\alpha = 34°36'$（右偏），设圆曲线半径 $R = 200$ m，求各测设元素。

$$T = 200 \times \tan 17°18' = 62.293 \text{ m}$$

$$L = 200 \times 34°36' \frac{\pi}{180°} = 120.777 \text{ m}$$

$$E = 200\left(\frac{1}{\cos 17°18'} - 1\right) = 9.477 \text{ m}$$

$$D = 124.586 - 120.777 = 3.809 \text{ m}$$

2. 三主点桩号里程的计算 三主点桩号里程是根据交点桩号里程推算出来，由图 12-13 可知：

$$ZY \text{ 桩号里程} = JD \text{ 桩号里程} - T$$

$$QZ \text{ 桩号里程} = ZY \text{ 桩号里程} + \frac{L}{2}$$

$$YZ \text{ 桩号里程} = QZ \text{ 桩号里程} + \frac{L}{2}$$

为避免计算错误，应进行检核计算：

$$JD \text{ 桩号里程} = YZ \text{ 桩号里程} - T + D$$

或者

$$JD \text{ 桩号里程} = QZ \text{ 桩号里程} + \frac{D}{2}$$

用例 6 测设元素为例：

```
  JD       3+573.360
 -T           62.293
  ZY       3+511.067
 +L/2         60.389
  QZ       3+571.455
 +L/2         60.389
  YZ       3+631.844
 -T           62.293
 +D            3.809
  JD       3+573.360    （计算无误）
```

3. 主点的测设

(1) 测设曲线起点。安置经纬仪于 JD，转角测完后，仪器未搬动时，照准后一方向线的交点或转点，沿此方向测设切线长 T，得曲线起点桩 ZY，插一测钎。

(2) 测设曲线终点。将仪器望远镜照准前一方向线相邻的交点或转点，沿此方向测设切线长 T，得曲线终点，打下 YZ 桩。

(3) 测设曲线中点。沿内夹角平分线方向量取外距 E，打下曲线中点桩 QZ。

注意一定要在木桩上用油漆写清楚各自的编号、里程，在周围明显地方作上标记，便于将来识别。

(二) 圆曲线的详细测设

1. 偏角法 偏角法的原理是以曲线起点或终点至曲线上任一点 P_i 的弦线与切线 T 之间的弦切角 Δ_i（偏角）和弦长 c 来确定 P_i 点的位置，是一种类似于极坐标法的测设曲线上点位的方法。如图 12-14 所示。

(1) 计算原理。根据几何原理，偏角 Δ 应等于相应弧长 l 或弦长 c 所对的圆心角 φ 的一半，Δ、l、c 和曲线半径的关系为

$$\Delta = \frac{\varphi}{2} = \frac{1}{2R}\rho'' \quad (12-9)$$

$$c = 2R\sin\Delta \quad (12-10)$$

圆心角 φ 所对圆弧 l 与弦长 c 之差称弧弦差，为

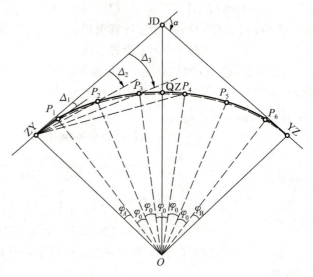

图 12-14 偏角法测设圆曲线

$$\delta = l - c = l - 2R\sin\left(\frac{1}{2R}\rho''\right) \approx \frac{l^3}{24R^2} \quad (12-11)$$

偏角 Δ 与曲线上起点至某桩的弧长成正比，可得

$$P_1 \text{ 点} \quad \Delta_1 = \frac{\varphi_A}{2} = \Delta_A$$

$$P_2 \text{ 点} \quad \Delta_2 = \frac{\varphi_A + \varphi_0}{2} = \Delta_A + \Delta_0$$

$$P_3 \text{ 点} \quad \Delta_3 = \frac{\varphi_A + 2\varphi_0}{2} = \Delta_A + 2\Delta_0$$

$$\vdots \qquad \vdots$$

$$\text{YZ 点} \quad \Delta_{YZ} = \frac{\varphi_A + n\varphi_0 + \varphi_B}{2} = \Delta_A + n\Delta_0 + \Delta_B$$

$$\Delta_{YZ} = \frac{\alpha}{2} \text{（用于检核）}$$

式中：φ_A、φ_B、φ_0 和 Δ_A、Δ_B、Δ_0——曲线首、尾段分弧长 l_A、l_B 及整弧长 l_0 所对的圆心角和偏角；

n——整弧段个数。

偏角法测设曲线，一般采用整桩号法，按规定的弧长 l_0（20 m、10 m 或 5 m）设桩。由于曲线起，终点多为非整桩号，除首、尾段的弧长 l_A、l_B 小于 l_0 外，其余桩距均为 l_0。

用偏角法测设曲线上各桩，所量距离为弦长而非弧长，因此必须顾及弧弦差 δ（表 12-2）（详细可以参考公路圆曲线测量有关表格），一般以差值小于 1 cm 为宜。

表 12-2 曲线弧弦差 δ（单位：m）（节选）

弧长	曲线半径（R）		
	50	100	200
20	0.133	0.033	0.008
10	0.017	0.004	0.001
5	0.002	0.001	0.000

【例7】 按例 6 的曲线元素（$R=200$ m）及桩号，取整桩距 $l_0=20$ m，算得 $\Delta_A=1°16'45''$，$\Delta_0=1°41'50''$，$\Delta_B=2°51'53''$，曲线测设数据列于表 12-3。

表 12-3 圆曲线偏角法测设数据

曲线里程桩号		弧长（m）	弦弧差（m）	偏角值
ZY	3+511.07			0°00'00''
		8.93	0.003 9	
P_1	3+520			1°16'45''
		20.00	0.008	
P_2	3+540			4°08'38''
		20.00	0.008	
P_3	3+560			7°00'31''
		11.46	0.004 6	
QZ	3+571.46			8°39'00''
		8.54	0.003 4	
P_4	3+580			9°52'24''
		20.00	0.008	
P_5	3+600			12°44'17''
		20.00	0.008	
P_6	3+620			15°V36'10''
		11.85	0.004 7	
YZ	3+631.85			17°18'00''

(2) 测设步骤。

①计算曲线元素，见表 12-3。

②安置经纬仪于 ZY 点，仪器整平后，用盘左后视照准 JD，使水平度盘读数为 0°0'00''。顺时针转动照准部，使水平度盘读数为 $\Delta_1=1°16'45''$，沿此视线方向从 ZY 点量弧长 l_1 的弦长 $c_1=8.92$ m，定曲线上第一个整桩 P_1。

③继续转动顺时针旋转仪器照准部，使度盘读数为 $\Delta_2=4°08'38''$，从 P_1 点量整弧 l_0 的弦长 c_0 与视线方向相交，得 P_2 点。依此类推，测设出曲线上所有桩点。

④检核及注意事项。观测者将水平度盘读数放在 $8°39'00''\left(\dfrac{\alpha}{4}\right)$ 时，应能看到 QZ 桩。当测设至 YZ 点时，可用 $\dfrac{\alpha}{2}$ 及 l_n 所对弦长 c_n 进行检核，其闭合差一般不得超过：

半径方向（横向） ±0.1 m

切线方向（纵向） ±L/1000 （L 为曲线长）

注意：本例是右转角，若为左转角，可以将仪器安置在 YZ 点向起始方向逐点观测，否则，如仪器安置在 ZY 点上，曲线上各点的度盘读数应等于 360 减去各点的偏角值，并且逆时针方向转动照准部依次测设。

2. 切线支距法（直角坐标法） 切线支距法是以圆曲线起点（ZY）或终点（YZ）为原点，切线为 x 轴，过原点的半径方向为 y 轴，根据坐标 x、y 来测设曲线上各桩点 P_i，如图 12-15 所示。测设时分别从曲线的起点和终点向中点各测设曲线的一半。一般采用整桩距法设桩，即按规定的弧长 l_0（20 m、10 m、5 m），桩距为整数，桩号多为零数设桩。

设 l_i 为待测点至原点间的弧长，φ_i 为 l_i 所对的圆心角，R 为半径。待定点 P_i 的坐标按式（12-12）计算：

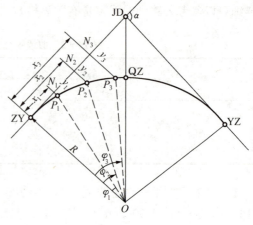

$$\left.\begin{array}{l} x_i = R \cdot \sin\varphi_i \\ y_i = R(1-\cos\varphi_i) \end{array}\right\} \quad (12-12)$$

图 12-15 切线支距法测设圆曲线

式中：$\varphi_i = \dfrac{l_i}{R} \cdot \dfrac{180°}{\pi} = \dfrac{l_i}{R} \cdot \rho$ （$i = 1, 2, 3 \cdots$）。

在切线函数表中列有"切线支距表"，它是根据弧长和半径代入式(12-12)计算的。

【例 8】 按例 7 的曲线元素（$R=200$ m）及桩号，取 $l_0=20$ m，算得的曲线测设数据列于表 12-4。

表 12-4　圆曲线切线支距法测设数据

曲线里程桩号		横距 x（m）	纵距 y（m）	相邻点间弧长（m）
ZY	3+511.07	0.00	0.00	20
P_1	3+531.07	19.97	1.00	20
P_2	3+551.07	39.73	3.99	20
P_3	3+571.07	59.10	8.93	0.39
QZ	3+571.46	59.48	9.05	0.39
P'_3	3+571.85	59.10	8.93	20
P'_2	3+591.85	39.73	3.99	20
P'_1	3+611.85	19.97	1.00	20
YZ	3+631.85	0.00	0.00	

施测步骤如下：

（1）从 ZY（或 YZ）点开始用钢尺沿切线方向量取 x_i 长度得到 P_i 点的横坐标垂足 N_i，用测钎作标记。

（2）在各垂足点 N_i 上用方向架作垂线，量出纵坐标 y_i，定出曲线点 P_i。为了减少量距，可以从曲线起点和终点分别向中点方向测设。

校核时，可以量取 QZ 点至其最近一个曲线桩的距离，该实量距离与相应两桩号之差（弦长）应该相等，如差数小于曲线长一半的 1/500，即认为是合格，否则应该查明原因。

切线支距法宜用于平坦开阔地区，使用工具简单，且有测点点位误差不累积的优点。

（三）圆曲线遇障碍时的测设

在曲线测设过程中，假若地形地势，遇到障碍等条件的限制，在交点和曲线起点不能安置仪器，或视线受阻时，圆曲线的测设不能按常规方法进行，必须因地适宜采取其他相应的方法。

1. 偏角法测设视线受阻 用偏角法测设圆曲线，遇有障碍物，使得视线受阻时，可将仪器搬到能与待定点相通视的已定桩点上，运用同一圆弧段两端的弦切角（偏角）相等的原理，找出新测站点的切线方向，继续施测。

如图 12-16 所示，仪器在 ZY 点与 P_4 不通视，将经纬仪移至已测定的 P_3 点上，盘左后视 ZY 点，使水平度盘读数为 $0°00'00''$，倒镜后（盘右）再仪器转动出 P_4 点的偏角 Δ_4，则视线方向便是 P_3P_4 方向。从 P_3 点沿此方向量出分段弦长，即可定出 P_4。以后仍可用测站在 ZY 时计算的偏角值测设其余各点，不必再另算偏角。

在实测中，若 P_3 点或 P_4 点不能通视，P_3 点又不能设站施测时，可以运用圆曲线上同一弧段的圆周角和弦切角相等的原理，来克服障碍测设曲线点。如图 12-16 所示，P_3 点不便设站施测，则将仪器安置于 C（QZ）点，后视 A 点使度盘读数为 $0°00'00''$，然后仍按测站在 A 点计算的数据，转动照准部，转动出 P_4 的偏角值 Δ_4 得 CP_4 方向，同时由 P_3 点量出分段弦长与 CP_4 方向线交会，即得 P_4 点，同理，继续转动照准部，依次找出原计算的其余各点之偏角值，则望远镜视线方向同从邻近已测的桩点量出的分段弦长相交，便可分别确定各桩点的位置。

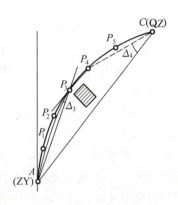

图 12-16 视线受阻

2. 虚交点法测设圆曲线主点 当路线的交点 JD 位于河流、深谷、峭壁、建筑物等处，不能安置仪器测定转折角 α 时，可用另外两个转折点 A、B 来代替，形成虚交点，通过间接测量的方法进行转折角测定、曲线元素计算和主点测设。

测设方法：如图 12-17 所示，设交点落入河中，因此，在设置曲线的外侧，沿切线方向选择两个辅助点 A、B，形成虚交点 C。在 A、B 点分别安置经纬仪，用测回法测算出偏角 α_A、α_B，并用钢尺往返丈量 AB 长度，其相对误差不得超过 $1/2\,000$。

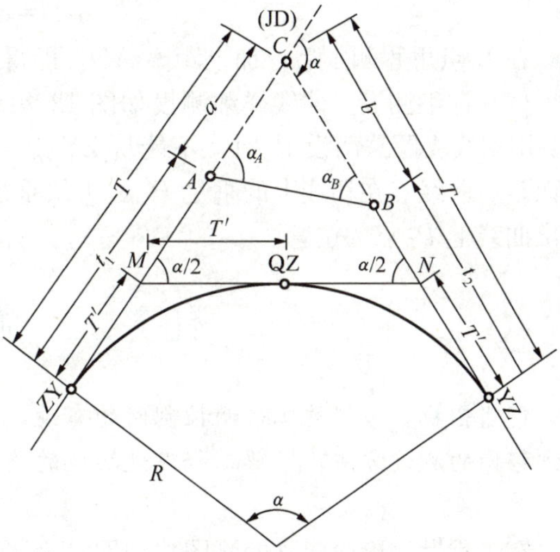

根据 ABC 三角形的边角关系（正弦定理），得到

图 12-17 虚交点测设圆曲线

$$\left.\begin{aligned}\alpha &= \alpha_A + \alpha_B \\ a &= AB\,\frac{\sin\alpha_B}{\sin(180°-\alpha)} = AB\,\frac{\sin\alpha_B}{\sin\alpha} \\ b &= AB\,\frac{\sin\alpha_A}{\sin(180°-\alpha)} = AB\,\frac{\sin\alpha_A}{\sin\alpha}\end{aligned}\right\} \quad (12-13)$$

根据偏转角 α 和设计半径 R，可算得 T、L。由 a、b、T 可计算辅助点 A、B 离曲线起

点、终点的距离 t_1 ($T-a$) 和 t_2 ($T-b$)。

地面上由 A 点沿切线方向量取 t_1 长定出 ZY 点，由 B 点沿切线方向量取 t_2 长定出 YZ 点。

曲线中点 QZ 的测设，用偏角法或切线支距法测定，或者采用中点切线法。即设 MN 为曲线中点的切线，由于 $\angle CMN = \angle CND = \alpha/2$，则 M、N 至 ZY、YZ 的切线长 T' 为：

$$T' = R\tan\frac{\alpha}{4} \quad (12-14)$$

按式（12-14）计算或按 R、$\frac{\alpha}{4}$ 查曲线表求得 T'，然后由 ZY、YZ 点分别沿切线方向量 T' 值，得 M、N 点，由 M 点沿 MN 方向量取 T'，即得曲线中点 QZ。也可由 N 点沿 NM 方向量取 T'，得 QZ，作为检查。

3. 曲线起点或终点遇障碍时 当曲线起点（或终点）受地形、地物限制，其里程不能直接测得，不能在起点（或终点）进行曲线详细测设时，可用下法进行。

(1) 里程测设。如图 12-18 所示，A（ZY）落在水中。测设时，先在 CA 方向线上选一点 D，再在 C（JD）点向前沿切线方向用钢尺量出 T 定下 B（YZ）点。将经纬仪置于 B 点，测出 β_2，则在三角形 BCD 中，有

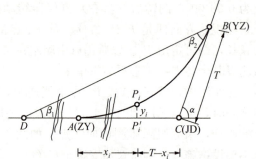

图 12-18 曲线起（终）点遇障碍

$$\beta_1 = \alpha - \beta_2$$
$$CD = \frac{T \cdot \sin\beta_2}{\sin\beta_1} \quad (12-15)$$

则
$$AD = CD - T \quad (12-16)$$

在 D 点里程测定后，加上距离 AD，即得 ZY 里程。

(2) 详细测设。曲线详细测设如图 12-18 所示，曲线上任一点 P_i，其直角坐标为 x_i、y_i。用切线支距法测设 P_i 时，不能从 ZY 点量取 x_i，但可从 JD 点沿切线方向量取 $T-x_i$，从而定出曲线点在切线上的垂足 P'_i。再从垂足 P'_i 定出垂线方向，沿此方向量取 y_i，即可定出曲线上 P_i 点的位置。

任务二 施工控制网

任务目标：掌握施工平面控制网的布设，学会施工坐标系与测量坐标系的坐标换算，掌握方格网的测设方法，了解工程建设场地的施工高程控制网的建立方法等内容。

在工程勘测阶段建立的测图控制网是为测图服务的，往往不能满足施工测量要求，而且在施工现场，由于大量的土方填挖，地面变化很大，原来布置的测图控制点往往会被破坏掉，因此在施工以前，应在建筑场地重新建立统一的施工控制网，以供建筑物的施工放样和变形观测等使用。相对于测图控制网来说，施工控制网具有控制范围小、控制点密度大、精度要求高、使用频繁等特点。

一、平面控制网

施工控制网一般布置成矩形的格网，称为建筑方格网。当建筑物面积不大、结构又不复

杂时，只需布置一条或几条基线作平面控制，称为建筑基线。当建立方格网有困难时，常用导线或导线网作为施工测量的平面控制网。平面控制网的布设形式，应根据施工总平面图，施工现场的地形条件以及测量仪器的精密程度等综合考虑。对于地形起伏较大的山岭地区的水利水电、隧道、桥梁等工程，一般采用三角锁网的布设形式；对于仪器先进精密度高的采用边角网（即测边又测角的三角锁网）、测边网（指测控制网的各边不测角度）、导线网及用卫星定位等测量方法。

（一）施工坐标系与测量坐标系的坐标换算

施工坐标系也称建筑坐标系，为便于进行建筑物的放样，其坐标轴应与建筑物主轴线相一致或平行。施工控制测量的建筑方格网大都采用建筑坐标系，而施工坐标系与测量坐标系往往不一致，因此施工测量前常常需要进行施工坐标系与测量坐标系的换算。

如图 12-19 所示，设 XOY 为测量坐标系，$X'O'Y'$ 为施工坐标系，x_0、y_0 为施工坐标系的原点 O' 在测量坐标系中的坐标，α 为施工坐标系的纵轴 $O'X'$ 在测量坐标系中的方位角。设已知 P 点的施工坐标为 (x'_p, y'_p)，则可按该式将其换算为测量坐标 (x_p, y_p)

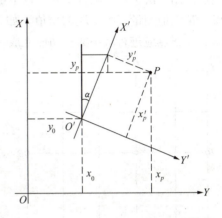

图 12-19 施工坐标与测量坐标的换算

$$x_p = x_0 + x'_p \cos\alpha - y'_p \sin\alpha$$
$$y_p = y_0 + x'_p \sin\alpha + y'_p \cos\alpha$$

如已知 p 点的测量坐标 (x_p, y_p)，则可以将其换算为施工坐标 (x'_p, y'_p)：

$$x'_p = (x_p - x_0)\cos\alpha + (y_p - y_0)\sin\alpha$$
$$y'_p = -(x_p - x_0)\sin\alpha + (y_p - y_0)\cos\alpha$$

（二）建筑基线

建筑基线应邻近建筑物并与其主要轴线平行，以便使用比较简单的直角坐标法来进行建筑物的放样。通常建筑基线可布置成三点直线形、三点直角形、四点丁字形和五点十字形，如图 12-20 所示。建筑基线主点之间应相互通视、边长为 100～400 m，点位应该便于保存。

（三）方格网测设

1. 方格网的设计　方格网的设计应根据建筑物设计总平面图上的建筑物和各种管线的布设，并结合现场的地形情况而定。设计时先定方格网的主轴线，后设计其他方格点。格网可设计成正方形或矩形，如图 12-21 所示。

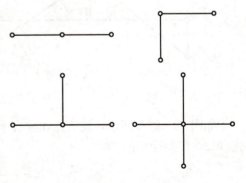

图 12-20 建筑基线的形式

方格网设计时应注意：

（1）方格网的主轴线应布设在整个场区中部，并与拟建主要建筑物的基本轴线相平行。

（2）方格网的转折角应严格成 90°。

（3）方格网的边长一般为 100～200 m，边长的相对精度一般为 1/1 000～1/20 000。

（4）方格网的边应保证通视，点位标石应埋设牢固，以便能长期保存。

2. 建筑方格网主轴线的测设 建筑方格网主轴线点的定位是根据测图控制点来测设的。首先应将测图控制点的测量坐标换算成施工坐标。如图12-22中，N_1、N_2、N_3为测量控制点，A、O、B为主轴线点，按坐标反算公式计算出放样元素β_1、D_1、β_2、D_2、β_3、D_3，然后用经纬仪配合测距仪以极坐标法测设A、O、B点的概略位置A'、O'、B'（图12-23），再用混凝土桩把A'、O'、B'标定下来。桩的顶部常设置一块 100 mm×100 mm 的铁板供调整点位用。由于存在测量误差，三个主轴线点一般不在一条直线上，因此要在点上安置经纬仪，精确地测量∠$A'O'B'$的角值，如果它和180°之差超过±10″时应进行调整。调整时A'、O'、B'三点应进行微小的移动使之成一直线。

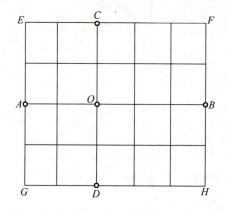

图 12-21 建筑方格网

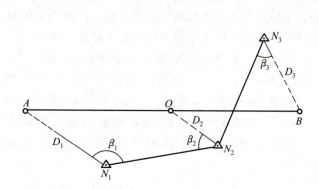

图 12-22 主轴线点的测设

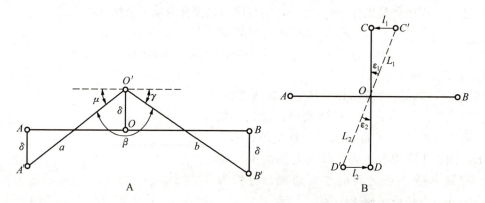

图 12-23 长轴线点位的调整

如图12-23A所示，设三点在垂直于轴线的方向上移动一段微小的距离δ，则δ值可按式（12-17）计算：

$$\delta = \frac{ab}{2(a+b)} \cdot \frac{180°-\beta}{\rho''} \tag{12-17}$$

在图12-23A中，由于μ、γ均很小，故有：

$$\mu = \frac{2\delta}{a}\rho'' \quad \gamma = \frac{2\delta}{b} \cdot \rho''$$

而

$$\mu + \gamma = 180° - \beta,$$

因此，

$$\left(\frac{2\delta}{a} \cdot \rho'' + \frac{2\delta}{b} \cdot \rho''\right) = 180° - \beta$$

$$\delta = \frac{ab}{2(a+b)} \cdot \frac{180° - \beta}{\rho''}$$

如图 12-23B 所示，定好 A、O、B 三个主点后，将仪器安置在 O 点，再测设与 AOB 轴线相垂直的另一主轴线 COD。实测时瞄准 A 点（或 B 点），分别向右、向左各转 90°，在地上用混凝土桩定出 C′ 和 D′ 点，再精确地测出 ∠AOC′ 和 ∠AOD′，分别计算出它们与 90° 之差 ε_1 和 ε_2，可以按照该式计算出改正值 l_1 和 l_2：

$$l_1 = D_1 \frac{\varepsilon_1''}{\rho''} \qquad l_2 = D_2 \frac{\varepsilon_2''}{\rho''}$$

式中：D_1、D_2——OC′ 和 OD′ 的水平距离。

将 C′ 沿垂直方向移动距离 l_1 得 C 点，同法定出 D 点。然后再实测改正后的 ∠COD，其角值与 180° 之差不应超过 ±10″。最后，自 O 点起，用钢尺分别沿支线 OA、OC、OB 和 OD 精密测设主轴线的距离，最后在桩顶的铁板上刻出 A、O、B、C、D 的点位。

3. 建筑方格网的详细测设 在主轴线测定后，随之详细测设方格网。参照图 12-21，做法是：在主轴线的四个端点 A、B、C、D 上分别安置经纬仪，每次都以 O 点为起始方向，分别向左、向右测设 90° 角，交会出方格网的四个交点 E、F、G、H。为了校核，要将仪器安置在方格网点上，测量其角值是否是 90°，在测量方格网各边距离是否与设计距离相等，若误差均在容许范围内可以适当调整。此后，再以基本方格网为基础，加密网格中其余各点。

二、施工高程控制网

工程建设场地的水准网即高程控制网，高程控制网一般应与国家水准点联测。测量大多采用水准测量方法。一般用三、四等水准测量方法测定各水准点的高程。水准点通常布设在土质坚实、不受震动影响、便于长期使用的地点，并埋设永久标志。当布设的水准点不够用时，建筑基线点、建筑方格网点以及导线点也可兼做高程控制点。水准点的密度（包括临时水准点）应满足测量放线的要求，尽量做到设一个测站即可以测设出待测点的高程。

高程控制一般分两级布设，即布满整个工程测区的基本高程控制和直接为高程放样的加密高程控制。基本高程控制一般采取三等以上水准测量进行观测；加密的临时水准点可以采用四等水准测量观测，其水准点一般选在露出地面的基岩或已经浇筑的混凝土上。临时水准点密度应达到只设一个测站就能够进行高程放样的程度，其目的是减少高程传递过程中的误差。

任务三 园林工程施工测量

任务目标： 掌握自然地形的放线、平整场地的施工放线、园林建筑物和园路测设放线，了解堆山挖湖放线、园林小品在地面位置的放线和绿化种植过程的放线等。

一、园林建筑物施工测量

园林建筑物测设前应该做好熟悉设计图纸（清楚将要施工建筑物与相邻地物的关系、施工要求、相关的尺寸大小）、现场踏查（了解施工现场平面控制点坐标值大小和水准点位置）、制定测设方案（测设过程将要采取的方法如极坐标法、直角坐标法等）、准备测设数据

(如原有建筑物和现在设计建筑物的基础边线与定位尺寸，测量控制点之间的平面尺寸和高差等基础测设数据）等准备工作。

园林建筑物的放样可以分为主轴线测设、园林建筑定位、基础放样和施工放样等工作。

（一）园林建筑物主轴线测设

建筑物主轴线是建筑物细部位置放样的依据，施工前，通常在建筑场地上测设出建筑物的主轴线。建筑物主轴线布设形式是根据建筑物的布置情况和施工场地实际条件，可以布置成三点直线形、三点直角形、四点丁字形及五点十字形等各种形式，与作为施工控制的建筑基线相似（可参看图12-20）。主轴线无论采用何种形式，主轴线的点数不得少于3个。

1. 根据建筑红线测设主轴线 在城市建设中，新建建筑物均由规划部门给设计或施工单位规定建筑物的边界位置，由城市规划部门批准并经测定的具有法律效用的建筑物边界线，称为建筑红线。建筑红线一般与道路中心线相平行。

因为建筑物主轴线和建筑红线平行或垂直，所以用直角坐标法来测设主轴线就比较方便。如图12-24所示，Ⅰ、Ⅱ、Ⅲ三点设为地面上测设的场地边界点，其连线Ⅰ-Ⅱ、Ⅱ-Ⅲ称为建筑红线。建筑物的主轴线 AO、OB 就是根据建筑红线来测设的。当 A、O、B 三点在地面上标出后，应在 O 点架设经纬仪，检查∠AOB 是否等于90°，实地测量 OA、OB 的长度（精度要求小于角度和长度误差标准），如在误差容许范围内，作合理的调整即可。

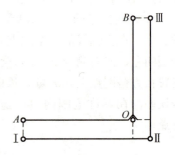

图12-24 根据建筑红线测设主轴线

2. 根据现有建筑物测设主轴线 常见的测设方法有：

（1）平行线法。如图12-25（a）所示，等距离延长山墙 CA 和 DB 两直线定出 AB 的平行线 A_1B_1，在 A_1 和 B_1 两点分别安置经纬仪，以 A_1B_1、B_1A_1 为起始方向，测设出90°角，并按此设计给定尺寸在 AA_1 方向上测设出 M、P 两点，在 BB_1 方向上定出 N、Q，从而得到新建筑（未画斜线）的主轴线。

（2）延长直线法。如图12-25（b）所示，等距离延长山墙 CA 和 DB 两直线，定出 AB 的平行线 A_1B_1。再做 A_1B_1 延长线，在此延长线上依设计给定距离关系测设出 M_1N_1，然后在 M_1 和 N_1 点安置经纬仪，分别以 M_1N_1、N_1M_1 为零方向，测设90°定出两条垂线，并依设计给定尺寸测设出 MP 和 NQ，从而得到新建筑的主轴线 MN 和 PQ。

（3）直角坐标法。如图12-25（c）所示，首先等距离延长山墙 CA 和 DB，作出平行于 AB 的直线 A_1B_1。安置经纬仪于 A_1 点，作 A_1B_1 的延长线，丈量出 Y 值，定出 P_1 点，其次在 P_1 点上安置经纬仪，以 A_1 为零方向测设出90°角的方向，丈量 P_1P 等于 X 值，测

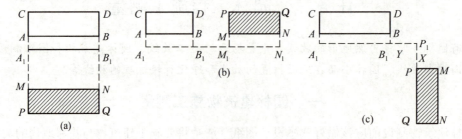

图12-25 根据原有建筑物测设主轴线示意
(a) 平行线法 (b) 延长直线法 (c) 直角坐标法

设出 P 点及 Q 点。最后在 P 和 Q 点分别安置经纬仪，测设出 M 和 N，最终得到主轴线 PQ 和 MN。

（4）根据原有道路测设。如图 12-26 所示，AB 为道路中心线。在道路中线上安置经纬仪，根据图上给定的各项尺寸关系，测设出平行于道路中线的建筑主轴线 PQ 和 MN。操作方法与前述基本相同。当拟建筑道路与原有道路中线平行时多采用此法。

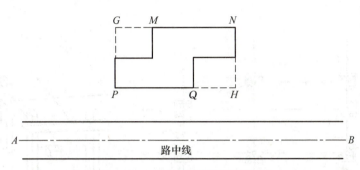

图 12-26　根据原有道路测设主轴

上述四种方法在测设完成后均应作出校核。其校核方法主要是用钢尺实量新建筑物的各边长及对角线长度是否对应相符，其精度应达到 $1/5\,000\sim1/2\,000$，建筑物的内角是否是 $90°$，其精度要求与前述相同。

建筑主轴线定出后均应以坚固的木桩或石桩标定，木桩上应钉小钉，石桩上应镶刻十字标志，以准确标点位，这类桩称为主轴线定位桩，这项工作称为园林建筑物定位。就是将建筑物外轮廓各轴线交点（简称角点）测设在地面上，然后再根据这些点进行细部放样的工作。

3. 利用建筑方格网测设主轴线　在施工现场有建筑方格网控制时，可根据建筑物各角点的坐标利用前面介绍的直角坐标法来测设主轴线。

（二）园林建筑物放线

建筑物的放线就是根据已经定位的外墙轴线交点桩详细测设出建筑物的交点桩（或中心桩），然后根据交点桩用白灰撒出基槽开挖边界线。

1. 建筑物基础放线　在建筑物主轴线的测设工作完成之后，应立即将主轴线的交点用木桩标定于地面上，并在桩顶上钉小钉作为标志，然后根据建筑物平面图，将其内部开间的所有轴线都一一测出。最后检查房屋各轴线之间的距离，其误差不得超过轴线长度的 $1/2\,000$。最后根据中心轴线，用石灰在地面上撒出基槽开挖边线，以便开挖。

2. 设置龙门板　施工开挖槽时，轴线桩往往要被挖掉。为了方便施工，在建筑物施工中，常在基槽外一定距离（至少 1.5 m）外钉设龙门板（图 12-27B）（常在建筑物转角和中间隔墙处），便于将来随时寻找到建筑物轴线桩。钉设龙门板的方法步骤：

（1）钉设龙门桩（桩要竖直并且牢固），然后根据建筑场地的水准点，在每个龙门桩上测设 ±0 高程线；

（2）沿龙门桩上测设的 ±0 高程线钉设龙门板，龙门板高程的测定容许误差为 ±5 mm。

（3）用经纬仪根据轴线桩的位置以及设计图上建筑物位置将建筑物墙、柱的轴线投到龙门板顶面上，并钉小钉标明（所钉之小钉称为轴线钉）。投点（即所定轴线钉）位置容许误差为 ±5 mm。在轴线钉之间拉紧钢丝，可吊垂球随时恢复轴线桩点（图 12-27B）。

3. 测设轴线控制桩（引桩）　施工单位为了节约木材，目前多采用在基槽外各轴线的延长线上测设轴线控制桩的方法（图 12-27A）代替龙门板。房屋轴线的控制桩又称引桩，在多层建筑物施工中，引桩是向上层投测轴线的依据。

如图 12-27A 所示，引桩一般钉在基槽开挖边线 2～4 m 的地方，如果是较高大的园林建筑，间距还应再大一些。若附近有建筑物等，可用经纬仪将轴线延长，投影到原有建筑的基础顶面或墙壁上，用油漆涂上标记代替引桩，则更为完全。此外，还应将±0 标高依前法在桩上划线标明。

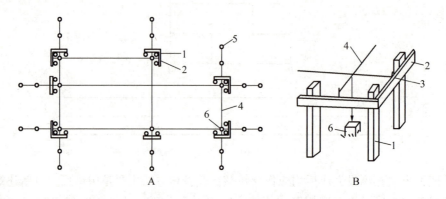

图 12-27 龙门板与轴线控制桩
1. 龙门桩 2. 龙门板 3. 轴线桩 4. 线绳 5. 轴线控制桩 6. 轴线桩

（三）施工过程中的测量工作

根据施工过程中进度的要求，及时准确测设出各种施工标志所进行的各项测量工作称为施工过程中的测量工作。

1. 基础工程施工测量

（1）基槽高程测设。基槽高程测设又称为基层抄平。在施工过程中，基槽是根据基槽灰线破土开挖的。为了控制基槽的开挖深度，当基槽挖到离槽底设计高 0.3～0.5 m 时，用水准仪在槽壁上自拐角开始每隔 3～5 m 测设一个水平的小木桩（水平桩），使木桩的上表面离槽底的设计高程为一固定值，将它作为挖槽深度、修平槽底和打基础垫层的依据。

水平桩高程的测设的方法是：如图 12-28 所示，设槽底的设计标高为 -1.700 m，预测定比槽地设计标高高 0.500 m 的水平桩，其操作程序是：①安置仪器并立水准尺于龙门板顶面上，读取后视读数 0.774 m，求出测设水平桩的前视读数为 $0.774+1.700-0.500=1.974$ m；②将水准尺立于槽内一侧并上下移动，直至水准仪读数为 1.974 m，然后在尺底面处槽壁打水平桩。高程点的测量容许误差为 ±10 mm。

为了方便可沿水平桩的上表面拉上白线绳，作为清理槽底和打基础垫层时掌握高程的依据。

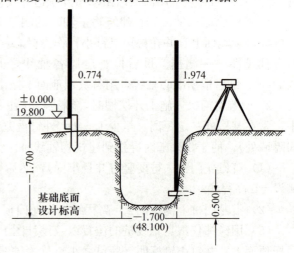

图 12-28 测设水平桩的方法

(2) 垫层中线投测与高程控制。垫层打好以后，根据轴线控制桩或龙门板上的轴线钉，用经纬仪把轴线投测到垫层上，在垫层上用墨线弹出墙中心线和基础边线，作为砌筑基础的依据。

垫层高程可以在槽壁弹线，或者在槽底钉入小木桩进行控制，如果在垫层上有支模板，则可以直接在模板上弹出高程控制线。

(3) 防潮层抄平与轴线投测。当基础墙砌筑到±0.000高程下一层砖时，应用水准仪测设防潮层的高程，其测量容许误差为±5 mm。防潮层做好之后，根据轴线控制桩或龙门板的轴线钉进行投点，其投点容许误差为±5 mm。然后，将墙轴线和墙边线用墨线弹到防潮层面上，并把这些线加以延伸，画到基础墙的立面上。

2. 墙体工程测量（墙身皮数杆的设置） 其工作主要是墙体的定位和提供墙体各部位的高程标志。当基础工程结束后，要对龙门板（或控制桩）位置和高程进行认真检查核对，复核无误后可以利用龙门板将轴线测设到基础或防潮层等部位的侧面，作为墙体砌筑和向上投侧高程的依据。

在砌墙体过程中，在建筑物拐角和隔墙处立一个墙身皮数杆（是根据建筑物剖面图立面图中每皮砖和灰缝的厚度，并注明墙体上窗台、门窗洞口、过梁、雨篷、圈梁、楼板等构件高度位置的专有木杆），作为砌墙时掌握高程和砖缝水平的主要依据。立墙身皮数杆时要做到以下三点：

(1) 在立杆处打一木桩，用水准仪在木桩上测设出±0高程位置（图12-29），并画一横线作为标志（其测量容许误差为±3 mm）；

(2) 把皮数杆上的±0线与木桩上±0线对齐，并用钉钉牢；

(3) 用水准仪进行检测，并用垂球来校正皮数杆的竖直。为了保证皮数杆稳定，可在皮数杆上加钉两根斜撑。

3. 建筑物的轴线投测和高程传递

(1) 轴线投测。在建筑施工过程中，常用经纬仪将轴线投测到各层楼板边缘或柱顶上。

操作的程序：如图12-30所示，投测时，①把经纬仪安置在轴线控制桩上，后视首层墙底部的轴线标志点，用正倒镜取中的方法，将轴线投到上层楼板边缘或柱顶上。②当各轴

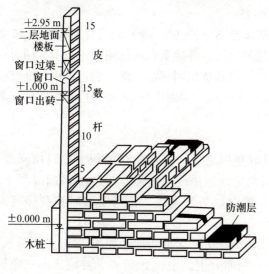

图12-29 墙身皮数杆设置示意

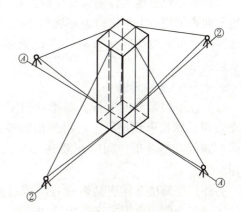

图12-30 经纬仪竖向投测轴线

线投到楼板上之后,要用钢尺实量其间距作为校核,其相对误差不得大于 1/2 000。经校核合格后,方可开始该层的施工。投点时仰角不要过大,因此要求经纬仪距建筑物的水平距离要大于建筑物的高度,否则应采用正倒镜延长直线的方法将轴线向外延长,然后再向上投点。

除了上述方法以外,还可以采取悬吊垂球法将轴线逐层向上投测。

(2) 高程传递。建筑物施工中,要由下层楼面向上层传递高程,以便使楼板、门窗口、室内装修等工程的高程符合设计要求。高程传递一般可采用以下几种方法进行:

①利用皮数杆传递高程:±0.000 高程,门窗口、过梁、楼板等构件的高程都已在皮数杆上标明。一层楼砌好后,再从第二层立皮数杆,一层、一层往上传。

②利用钢尺直接丈量:在高程精度要求较高时,可用钢尺沿某一墙身自±0.000 起向上直接丈量,把高程传递上去。然后根据由下面传递上来的高程立皮数杆,作为该屋墙身砌筑和安装门窗、过梁及室内装修、地坪抹灰时掌握高程的依据。

③吊钢尺法:在楼梯间悬吊钢尺,钢尺零点朝下,用水准仪读数,把下层高程传到上层。

④普通水准测量法:使用水准仪和水准尺,按普通水准测量方法沿楼梯间也可将高程传递到各层楼面。

4. 柱列轴线的测设　在有些园林建筑中,设有梁柱结构。其梁柱等构件有时事先按照设计尺寸预制。因此,必须按设计要求的位置和尺寸进行安装,以保证各构件间的位置关系正确无误。

当建筑物矩形控制网建立后,即可以按照柱列间距和跨距用钢尺从靠近的距离指标柱桩量起,沿矩形控制网各边定出柱列轴线的位置,并在桩顶钉小钉,作为柱基放样和构件安装的依据。如图 12-31 所示。

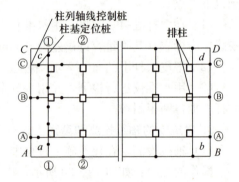

图 12-31　矩形控制网中柱列轴线桩位置示意

柱列基础的放样过程:用两台经纬仪分别安置在相应的柱列轴线控制桩上,沿轴线方向交会出各柱基的位置(即定位轴线交点)。然后按照基础放样图(图 12-32)的尺寸和基坑放坡宽度,用特制角尺根据定位轴线和定位点放出基坑开挖线,并撒上白灰标明开挖范围。同时在基坑的四角轴线钉上小钉作为修坑和立模的依据。当基坑挖到一定的深度后,再用水准仪在坑壁四周离坑底设计标高 0.3~0.5 m 处测设几个水平桩,如图 12-33 作为检验坑底标高和打垫层的依据。

5. 柱子安装的测量

(1) 柱子吊装前的准备。基槽开挖完毕打好垫层之后,要在相对的两个桩间拉麻线,将交点用垂球投影到垫层上,再弹出轴线及基础边线的墨线,以便立模浇灌基础混凝土,或吊装预制杯型基础。同时还要在杯口内壁,测设一条标高线,作为安装时控制标高时所用。

另外,还要检查杯底是否有过高或过低的地方,以便及时处理,如图 12-34A 所示。在柱子的三个侧面要用墨线弹出柱中心线,第一侧面分上、中、下三点,并画出小三角形▲标志,便于安装时校正。如图 12-34B 所示。

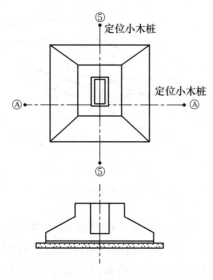
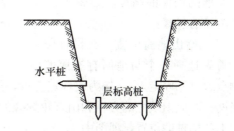

图 12-32　基坑四周轴线上小木桩示意　　　图 12-33　基层高程测设

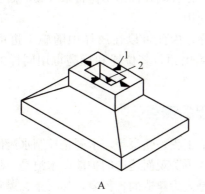
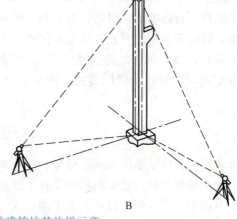

图 12-34　园林建筑柱基放样示意
1. 柱中心定位线　2. 标高线

（2）柱子安装时的竖直校正。①柱子吊起插入杯口，使柱脚中心线与杯口顶面中心线对齐（容许偏差±5 mm），然后用钢楔或硬木楔暂时固定；②将两台经纬仪分别安置在互相垂直的两条轴线上（一般应距柱子在 1.5 倍柱高以外，如图 12-34B 所示），先瞄准柱子底部中心线，照准部固定后，再逐渐抬高望远镜，直至柱顶。若柱中心线一直在经纬仪视线上，则柱子在这个方向上就是竖直的，否则应对柱子进行校正，直至两中心线同时满足两经纬仪的要求时为止。

为提高工效，有时可将几根柱子竖起后，将经纬仪安置在一侧，一次校正若干根柱子。在施工中，一般是随时校正，随时浇筑混凝土固定，固定后及时用经纬仪检查纠偏。轴线的偏差应在柱高的 1/1 000 以内。

此外，还应用水准仪检测柱子安放的标高位置是否准确，其最大误差一般应不超过±5 mm。

二、园林假山工程的测量

人们通常所说的"假山工程"实际上包括假山和置石两部分。假山的体量大，可观可游，使人们仿佛置于大自然之中，而置石则以观赏为主，体量小而分散。假山因使用的材料不同，分为土山、石山及土、石相间的山。它们施工测量的工作主要是施工放样，即用测量仪器（经纬仪或者平板仪）找到施工的具体位置，确定将要堆的山体的高度。如图 12-35 所示其测设的步骤：

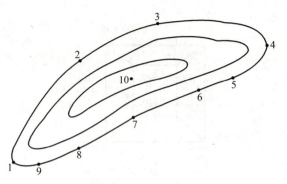

图 12-35 假山放样示意

1. 确定假山地面位置 在设计图方格网上首先选择一个与地面有参照的明显地物点（可靠固定点），作为放样定位点，然后以此点为基点，按照实际尺寸在地面上画出方格网；对应图纸上的方格和山脚轮廓线的位置，用经纬仪和标杆定出所设计的假山在地面位置上各标桩的位置，即图中 1，2，3，…，9 等各点，然后将各点用白灰或绳索加以连接标定。

2. 测定各个标桩的标高 用水准仪和水准尺利用附近水准点的已知高程测设出 1～9 各点应有的标高。若高度不是很高，可以在各桩点插设标杆画线标出山体将来堆砌的高度；若山体较高，则可于桩侧标明上磊高度，供施工人员使用。

对于较高山体，堆山的施工大多采用分层堆叠，因此可以在放样中随施工进度随时测设，分层放线、分层设置标高桩。图中心点 10 为山顶，其位置和标高也用同样的方法测出。

三、园林水景工程的测量

园林水景工程包括小型水闸、驳岸、护坡和水池工程、喷泉等。水闸是控制水流出流入某段水体的水工构筑物；驳岸和护坡是在水体边缘为了美观而建造的护坡；水池是一定面积的水域，当面积大且深便可以成为人工湖；人工泉是人为建造的各种泉，如喷泉、瀑布、涌泉、溢泉、跌水等。以上工程通常完整的结合在一起，有时形成不同的水景成为园林工程中的理水工程。在本部分里，重点介绍人工湖和驳岸、护坡等水体边坡的放样。

（一）水池或人工湖的放样

开挖水池或人工湖的放样与堆山的放样原理基本相同，但是由于水体挖深一般较一致，而且池底长年隐没在水下，因此放线可以粗放些，但是水体底部应该尽量平整，不留土墩。其操作的方法是：

1. 在地面确定水池或人工湖的位置 在地面上用经纬仪和标杆依照设计图确定出水池或人工湖的各标桩的位置，如图 12-36 中所示 1，2，3，…，30 等各点，钉上木桩，然后将各点用白灰或绳索加以连接标定。

2. 测定各个基地标桩的高程 在边缘界限的水体内，再打上一定数量的基底标高木桩，如图 12-36 所示的①、②、③、④、⑤、⑥等点，使用水准仪，利用附近水准点的已知高程，根据设计给定的水体基底标高在木桩上进行测设，在木桩上画线标明开挖深度。

在施工中，各桩点尽量不要破坏，可以留出土台，待水体开挖接近完成时，再将此土台挖掉。为了便于开沟挖槽，还可以在现场每隔 30～100 m 设置一块龙门板。

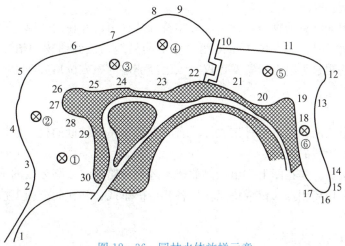

图 12-36　园林水体放样示意

（二）驳岸、护坡等水体边坡的放样

水体的边坡放样，首先按照设计图定出边坡的上坡和下坡位置，钉上木桩，然后按设计坡度 $1:m$ 大小制成边坡样板，置于边坡各处，以控制和检查各边坡坡度，如图 12-37 所示。也可以利用经纬仪进行放样，放样的方法与线路测量中路基放样、路堑倾斜地面放样方法相似。

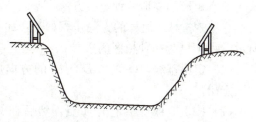

图 12-37　水体边坡放样示意

四、园林植物种植施工测量

园林植物种植施工放样依栽植方式的不同，可采用自然式、规则式、整体式、等距弧线等方法达到目的，其中，自然式放样最不易掌握。

在绿化设计图中，通常已经标明园林植物的种植形式、种植点位和范围、树种、株数等。在定点放线时，根据种植形式采取不同的方式放线，常用的方法有：

（一）极坐标法

在进行单株植株测设时以设计图中树木符合的几何中心位置为准。在进行成片区域种植测设时，则应准确测设出其周界的各转折点。确定植株中心点位置时可用罗盘仪或经纬仪配合皮尺进行。具体的测设方法步骤是：

（1）在图上栽植植株的附近寻找一个明显地物，由图上量出此明显地物标至栽植植株的几何中心位置的水平距离和磁方位角，然后将图上的水平距离依据图面比例尺换算成实地距离。

（2）将罗盘仪安置于现地同名的明显地物标志上，根据换算的实地距离和磁方位角在现地引点定位，此点即为要测设的标桩位置，要求定位误差应小于 $\pm 1\,\text{mm}$。

（3）将经纬仪安置在地面已经确定的某一点上（栽植植株的几何中心位置），利用特制量角器、视距尺（即水准尺）配合进行测量（方法同于碎部测量），确定其他植株栽植位置或者植株栽植丛的其他转折点位置。

（4）在各点位或范围定出后，应钉上木桩或撒白灰线标明。此外，还应根据要求在桩侧写明要栽植的树种名称及其规格等。

（二）方向交会法

此法适用于现场已有地物与设计图位置相符绿地种植，并在两个以上的测点位置均能够看到待放样点。放样时首先在图上量出两个以上明显地物点到植物种植点的磁方位角和距离，其次在现场的明显地物点安置罗盘仪，依已经测定的磁方位角方向和距离在现场交会定出单株或树群边界线。

（三）支距法

此法多用于道路两侧的植物种植放样。有时在要求精度较低的施工放样中，此法也可用于挖湖、堆山等轮廓线的测放。

具体实施方法为：先在图上作出欲测放树木等至道路中线或路牙线的垂线，并量出各个垂直距离。然后在现场用经纬仪或皮尺作出各相应的垂线，并在此方向上按比例扩大后量出各距离，定出各点。

（四）规则种植区域的放样

在有些公园、游览区、苗圃等地段常采用成片的规则式种植林带、片林，它们的种植方式主要有矩形和菱形两种定植方法。

1. 矩形定植　放样的方法步骤如下：如图 12-38 所示，$ABCD$ 为一种植区的边界。

（1）定出基线，基线 $A'B'C'D'$ 的方向应依设计的图定出。

（2）按 1/2 株行距定出 A 点。然后在 A 点安置经纬仪，在平行于 $A'B'$ 基线的方向上确定 AB 方向并量出 AB 长度，使 AB 的长度为行距的整数倍。在 A 点利用经纬仪定出 $AD \perp AB$，利用皮尺在 AD 方向量出 AD 距离（为株距的整数倍）。

（3）同理，在 B 点安置经纬仪利用皮尺作 $BC \perp AD$，并使 $BC=AD$，定出 C 点。而后检验 CD 长度是否与 AB 相等。若误差过大，应查明原因，重新测定。

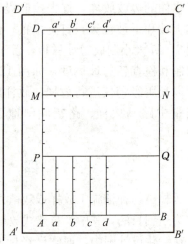

图 12-38　矩形定植放样

（4）在 AD 和 BC 线上量出若干分段，每分段为株距的若干整数倍，定出 P、Q、M、N 等点。

（5）在 AB、PQ、MN 等点连线方向上按行距定出 a、b、c、d、…及 a'、b'、c'、d'、…各点。

（6）在 aa'、bb'、cc'、…连线上按株距定出各种植点，撒上白灰标记。

2. 菱形定植　如图 12-39 所示为一种植区域。按设计要求，拟测设出菱形种植点位。放样方法与前述矩形相似。由第（1）～第（4）步同矩形定植。第（5）步是按半个株行距定出 a、b、c、d、…和 a'、b'、c'、d'、…各点。第（6）步是连接在 aa'、bb'、cc'、…。奇数行的第 1 点应从起点 A 算起，按株距定出各种植点；偶数行是与奇数行错开 1/2 株距。

图 12-39　菱形（品字形）定植

（五）行道树定植放样

道路两侧的行道树一般是按道路设计断面定点，在有道牙的道路上，一般应以道牙作为定点的依据。无道牙的道路，则以路中线为依据。为加强控制，减小误差，可隔10株左右加钉一木桩，且应使路两侧的木桩一一对应，单株的位置均以白灰标记。

（六）在种植放样中的常见问题

1. 地形和绿化种植脱离 地形和绿化种植应该是相辅相成的，造成这种情况的原因有时是设计图的改变，或者由于某些原因需要临时增减一些苗木或基础设施，这时如何最大限度地保留原作品中的面貌，施工人员的放样就显得特别重要。如某原绿化施工图中靠围墙布置了3~5排宽度不等的水杉作背景，后来由于某些原因，水杉被取消而改成一排绿篱，这样原来占地至少4 m的空间现在改成了50 cm左右。如果地形一成不变，那么原来种在高坡上的主景树木只能种在山坡背面了，就违背了设计的原有意图。这时，只能将地形适当向围墙靠近，主景树木位置稍向后移，使之仍然处于最高点，既避免了空档的形成，又保证了原有的布景要求。

2. 种植地块走样 造成这种情况的主要原因是施工图理解不够。特别是在一些自然式种植时，常常做成"排大蒜式""列兵式"，给种植效果打了很大的折扣。对于一些景点及景观带的放样，应根据树形及造景需要，确定每棵树的具体位置。

3. 苗木数量配置不当 这主要是受施工图的约束。有时临时改变了苗木的规格，或者立体体量发生了变化，应该现场及时调整，而不能单纯堆砌，做成苗圃式、森林式地块。

五、竣工总平面图的编绘

竣工总平面图是设计总平面图在施工结束后实际情况的全面反映。在施工过程中，经常会出现由于设计时没有考虑到的问题而使设计有所变更，使得设计总平面图与竣工总平面图一般不会完全一致，此时这种临时变更设计的情况必须通过测量反映到竣工总平面图上，因此，施工结束后应及时编绘竣工总平面图，其目的在于：①它是对园林工程竣工成果和质量的验收测量；②它将便于日后进行各种设施的维修工作，特别是地下管道等隐蔽工程的检查和维修工作；③为企业的扩建提供了原有各项建筑物、地上和地下各种管线及测量控制点的坐标、高程等资料。也是工程维修和回访期施工单位和监理工程师工作的主要依据之一。

编绘竣工总平面图，需要在施工过程中收集一切有关的资料，并对资料加以整理，然后及时进行编绘。其依据是：设计总平面图、单位工程平面图、纵横断面图和设计变更资料、施工检查测量及其竣工测量资料。

（一）编绘竣工总平面图的方法和步骤

1. 绘制前的准备工作

（1）确定竣工总平面图的比例尺。建筑物和构筑物竣工总平面图的比例尺一般为1：500或1：1 000。

（2）绘制竣工总平面图图底坐标方格网。编绘竣工总平面图，首先要在图纸上精确地绘出坐标方格网。坐标格网画好后，应进行严格检查。一般采用直尺检查有关的交叉点是否在同一直线上；用比例直尺量出正方形的边长和对角线长，看其是否与应有的长度相等。图廓的对角线绘制容许误差为±1 mm。为了能长期保存竣工资料，竣工总平面图应该采用质量较好的图纸,如聚酯薄膜、优质绘图纸等。

(3) 展绘控制点。以绘出的坐标方格网为依据,将施工控制网点按坐标展绘在图上。展点对所临近的方格而言,其容许误差为±0.3 mm。

(4) 展绘设计总平面图。根据坐标格网,将设计总平面图的图面内容按其设计坐标,用铅笔展绘于图纸上,作为底图。

2. 竣工总平面图的编绘　在建筑物和构筑物、道路、水景、绿化等工程施工过程中,在每一个单位工程完成后,应该进行竣工测量,并提出该工程的竣工测量成果。对凡有竣工测量资料的工程,若竣工测量成果与设计值之比差不超过所规定的定位容许误差时,按设计值编绘;否则应按竣工测量资料编绘。

对于各种地上、地下管线,应用各种不同颜色的墨线绘出其中心位置,注明转折点及井位的坐标、高程及有关注记。若同一张图上各管线图线相互干扰,可根据专业图分图绘制。在一般没有设计变更的情况下,墨线绘的竣工位置与按设计原图用铅笔绘的设计位置应该重合。随着施工的进展,逐渐在底图上将铅笔线都绘成为墨线。在图上按坐标展绘工程竣工位置时,和在图底上展绘控制点的要求一样,均以坐标格网为依据进行展绘,展点对临近的方格而言,其容许误差为±0.3 mm。

另外,园林建筑物、园林小品、水景、绿化树木等的竣工位置应到实地去测量,如根据控制点采用极坐标法或直角坐标法实测其坐标。外业实测时,必须在现场绘出草图,最后根据实测成果和草图,在室内进行展绘,便成为完整的竣工总平面图。

(二) 竣工总平面图的附件

为了全面反映竣工成果,便于管理、维修和日后的扩建或改建,下列与竣工总平面图有关的一切资料,应分类装订成册,作为竣工总平面图的附件保存:

(1) 各种园林工程如园林建筑物、园林小品、假山和水景、绿化树木及其苗木花卉等建筑场地及其附近的测量控制点布置图及坐标与高程一览表。

(2) 建筑物或构筑物沉降及变形观测资料。

(3) 地下管线竣工纵断面图。

(4) 工程定位、检查及竣工测量的资料。

(5) 设计变更文件。

(6) 建设场地原始地形图等。

对于大型较复杂的园林工程,如果将所有的园林建筑物、水景、道路、绿化和各种地上和地下管线均绘制在一张图上,会使得图面线条太密集,内容太多,不容易辨认。为了使图面清晰醒目,便于使用,可以根据工程的复杂程度,按照工程的性质分类编绘成竣工总平面图,如综合竣工总平面图、给排水管线竣工总平面图、道路竣工总平面图等。

▶ 技 能 训 练

将全班按每组4~5人分为若干小组,每组按施工测量项目要求领取测量仪器及工具,在测量情景教学场地内选择进行:①点位测设的基本工作;②圆曲线施工测量;③施工控制测量;④园林(建筑)工程施工测量等项目技能训练。

要求每组成员掌握点位测设的基本工作,熟练掌握圆曲线施工测量、施工控制测量,园林(建筑)工程施工测量等相关知识,具体要求见施工测量实训相关内容。

▶ **思考与练习**

1. 什么是施工测量，其内容有哪些？
2. 如何建立施工控制网？
3. 设水准点 A 的高程 $H_A=23.497$ m，欲测设 B 点，使其高程 $H_B=25.000$ m，仪器安置在 A、B 两点之间，后视 A 尺读数为 1.563 m，问前视 B 点桩上读数为何值时，桩顶高程恰为 25.000 m。
4. 曲线三主点如何测设？曲线的细部测设放样有哪几种方法？
5. 在园林建筑物施工中如何确定建筑物的主轴线？如何标定龙门板？
6. 如何进行园林假山和水景工程测量？
7. 园林植物栽植放样的方法步骤是什么？

测量实习实训

CELIANG

第一部分　测量实习须知

一、测量实习要求

测量实习的目的是将学到的理论知识应用到实践中去，使理论与实践有机结合，提高理论水平，锻炼工作能力。通过实习，能加深理解和掌握各种常规测量仪器工具的构造、性能、工作原理及操作方法；掌握一些常规测量项目的测量原理、步骤、所需仪器工具及该项目的具体观测、计算方法；通过实习能提高及时处理和现场解决实习过程中出现的常见问题的能力；通过亲手操作仪器和对观测成果的数据整理，达到更好地掌握测量工作的基本理论和基本技能的效果。

（一）测量实习前的准备要求

应预习所做实习项目，认真阅读有关教材和实习指导书，初步了解实习目的、要求、操作方法、步骤、记录、计算及注意事项等，以便更好地完成实习项目。

（二）测量实习的组织要求

在指导教师的安排下，对所在班级进行分组（每4～5人为一个实习小组），并对所有实习小组进行编号、安排组长。

（三）测量实习时借还仪器要求

各小组按次序进入实验室，组长凭身份证或学生证借用测量仪器和工具。实习结束时，应清点仪器工具，如数归还后取回证件。

如果初次接触仪器，未经讲解，不得擅自开箱取用仪器，以免发生损坏。经实习指导教师讲授，明确仪器的构造、操作方法和注意事项后方可开箱进行操作。

（四）测量实习课的考勤要求

上实习课不得迟到、早退，应遵守学校纪律和测量仪器操作规程，听从实习指导教师和仪器室管理人员的安排和指导。

（五）测量过程中做好测量数据的记录和计算工作的要求

1. 观测数据应记在指定的表格中　观测数据不得以其他纸张记录再事后填写，而应直接填入指定的记录表格或实习报告簿中。

2. 数据记录应当规范　数据记录时应填写在单元格的偏下位置，如记录发生错误，不得直接涂改，也不得用橡皮擦拭，应用单线将错误数据划去，并在其上方写上正确数据。

3. 数据记录应当清晰　记录时应当选用2H或3H铅笔书写，采用正楷字体，不得潦草，并在规定表头处写上实习日期、天气、仪器号码及参加人员的姓名等内容。

4. 观测数据应当随测随记　当观测者报告观测数据后，记录者应当立即向观测者回读所记数据，以防听错或记错。

5. 观测数据应当随记随算　在测量进行时以判断测量成果是否合格，对测量数据应当随测随计算，经检查确认计算结果无误后方可搬动仪器，以免影响测量进度。

6. 实习结束后应当从速归还仪器　实习结束后将表格上各项内容计算填写齐全，自检合格后将实习结果交给指导教师审阅，符合要求并经允许后方可收拾仪器工具归还实验室，结束实习。

二、测量仪器和测量工具操作规程与注意事项

(一) 开箱提取仪器

第一步安置三脚架：将脚架的三条腿侧面的螺旋逆时针旋松后伸长至合适长度再拧紧，然后把各脚插入土中，用力踩实，使脚架放置稳妥。

第二步开箱取仪器：开箱取出仪器之前应看清仪器在箱中的安放位置，以免装箱时发生困难。

第三步将仪器安置在三脚架上：从箱中取出仪器时不可握拿望远镜，应用双手分别握住仪器基座和望远镜的支架，取出仪器后小心地安置在三脚架上，并立即旋紧三脚架上用来连接仪器的中心连接螺旋，做到"连接牢固"。严禁未旋紧中心螺旋即开始使用仪器，否则将导致仪器跌落损坏。

第四步随手关好仪器箱盖：取出仪器后，应将仪器箱盖随手关好，以防灰尘等杂物进入箱中，仪器箱上不得坐人。

(二) 必须爱护仪器

1. 严禁用手帕、纸张等物擦拭仪器上的光学部件　以免损坏镜头上的药膜。

2. 严格遵守仪器操作规程

(1) 作业时应先松开制动螺旋，然后握住支架进行转动，不得握住望远镜旋转，使用仪器各螺旋时必须十分小心，应有轻重感。

(2) 观测过程中，除正常操作仪器螺旋外，尽量不要用手扶仪器及脚架，以免碰动仪器，影响观测精度。

3. 严禁仪器无人看管

(1) 仪器必须安置在固定的控制点上或尽量靠路边安放，并保证时时有观测人员在仪器周围，做到"人不离仪器"，以防止其他无关人员拨弄仪器或行人、车辆撞倒仪器。

(2) 暂停观测时，仪器必须安放在稳妥的地方由专人看护或将其收入仪器箱内，不得将其脚架收拢后倚靠在树枝或墙壁上，以防侧滑跌落。

4. 严禁在烈日或细雨下使用仪器　在太阳或细雨下使用仪器时必须撑伞保护仪器，特别注意仪器不得受潮，雨大必须停止观测。

(三) 搬动仪器

(1) 搬动仪器前，应使望远镜物镜对准度盘中心，若为水准仪则物镜应向后。

(2) 搬动仪器前先检查一下连接螺旋是否连接牢固，搬动时必须一手握住仪器的基座或支架，一手抱住三脚架，近于垂直地稳妥搬动，不得横放在肩上，以免碰坏仪器。当距离较长时，必须装箱搬动。

(3) 搬动仪器时需带走仪器箱及有关工具。

(四)使用完毕

1. 清除尘土　应清除仪器及箱子上的灰尘、脏物和三脚架上的泥土。

2. 原位装箱　使仪器基座的脚螺旋处于大致等高位置后松开连接螺旋，卸下仪器装入箱中，然后将制动螺旋松开。

3. 关紧箱门　仪器装箱后并立即扣上门扣或上锁。

4. 检查附件　工作完毕应检查、清点所有附件及工具，以防遗失。

(五)其他测量工具

(1) 钢尺使用时，应防止扭转、打结或折断；丈量时防止行人践踏或车辆压过；量好一段后，必须将钢尺两头拉紧，抬起钢尺行走，不得在地面拖行，以免损坏钢尺刻划。

(2) 钢尺使用完毕，必须用抹布擦去尘土，涂油防锈。

(3) 水准尺、花杆等木制品不可用来抬挑仪器，以免使其弯曲变形；读数时水准尺需用手扶直，不得随手靠在墙壁或树干上，以免倒地损坏，更不能将其当成板凳坐在上面；花杆不得当作标枪或棍棒来玩耍打闹。

(4) 所有仪器工具必须保持完整、清洁，不得任意放置，并需由专人保管以防遗失，尤其是测钎、垂球等小件工具。

(六)仪器损坏处理

所有仪器工具若发生故障，应及时向指导教师或实验室管理人员汇报，不得自行处理；若有损坏、遗失，应到实验室管理人员处进行登记，写书面检查并照价赔偿，不得隐瞒或自行处理，否则将视其情节严重程度酌情取消实习成绩或上报学校予以校纪处分。

第二部分　测量单项实习与实践技能训练

实践技能训练一　水准仪的认识与使用（2学时）

(一)实训目的

熟悉 DS_3 型水准仪的基本构造，初步掌握水准仪的使用方法。

(二)实训内容

(1) 熟悉 DS_3 型、自动安平水准仪的基本构造，主要部件的名称、作用和使用方法。

(2) 练习水准仪的安置、瞄准、精平和读数。

(3) 测量地面上两点间的高差。

(三)仪器及工具

每组（建议4~5人一组）DS_3 型水准仪1台或自动安平水准仪1台，水准仪脚架1个，水准尺2根（底部起始点刻划必须一致），尺垫2块，自备计算器、铅笔、小刀、记录板、记录表格等。

(四)操作步骤

1. 安置仪器　先将仪器的三脚架张开，使其高度适中，架头大致水平，并将脚架踩实（最好安置在土地上而非水泥地）。开箱（取出仪器之前，看清仪器在盒中的摆放位置）取出仪器，将其固定和连接在三脚架上。

2. 认识仪器　对照书中有关仪器构造图，识别准星、缺口、目镜及其调焦螺旋、物镜及其调焦螺旋（对光螺旋）、管水准器、圆水准器、制动和微动螺旋、微倾螺旋、脚螺旋等构件，了解各个部件的作用并练习其使用方法；对照水准尺，熟悉其分划注记并练习读数。

3. 测高练习

（1）粗平。用双手食指和拇指各拧一只脚螺旋，同时以相反的方向转动，使圆水准器气泡向中间移动（观察左手拇指转动脚螺旋的方向与气泡移动方向之间有何关系）；然后再拧动另一只脚螺旋，使圆气泡居中。若一次不能居中，可反复进行直至气泡居中。

（2）瞄准目标。在离仪器不远处选一点 A，并在其上立一根水准尺；转动目镜调焦螺旋，使十字丝清晰；松开制动螺旋，转动仪器，用缺口和准星大致瞄准 A 点水准尺，拧紧制动螺旋（手感螺旋有阻力）；转动对光螺旋看清水准尺；转动微动螺旋使水准尺位于视线中央；再转动对光螺旋，使目标清晰并消除视差（观察视差现象，练习消除方法）。

（3）精平。在水准管气泡窗观察，转动微倾螺旋，使符合水准管气泡两端的半影像吻合（成圆弧状），即水准管气泡居中（观察微倾螺旋转动方向与气泡移动方向之间的关系）。

（4）读数。从望远镜中观察十字丝横丝在水准尺上的分划位置，读取 4 位数字，即直接读出米（m）、分米（dm）、厘米（cm）的数值，估读毫米（mm）的数值，记为后视读数 a。注意读数完毕时水准管气泡仍需居中。若不居中，应再次精平，重新读数。

（5）在 B 点立尺。在 B 点立尺（距仪器的水平距离与 A 点距仪器的水平距离大致相等）等位置立尺，按（2）～（4）步读取前视读数 b，记录。

（6）计算高差。$h=a-b$。

（7）测量多点之间的高差。在 C、D、E 等点立尺，重复以上测高方法，测量它们之间的高差。还可以改变仪器高度或搬站再次观测 A 与 B、C、D、E 等的高差，进行比较高差有无差别。

（五）注意事项

（1）水准尺应专人扶持，保持竖直，尺面（不论黑面还是红面）正对仪器。

（2）中心连接螺旋不宜拧得太紧，以防破损。水准仪上各部位螺旋操作时用力不得过猛，以免将仪器损坏。

（3）读数前一定要注意消除视差。以十字丝的横丝读数，不要误用上、下丝。读数时应看清尺上的上下两个分米（dm）注记，从小到大进行。

（4）读数前符合水准气泡要严格居中（不能用脚螺旋调整符合水准气泡居中），读数完毕检查确认气泡仍居中，读数方可记录。

（六）实训报告（记录与计算表格）

每人上交一份实训报告。

表实 1　水准测量记录

仪器型号_____　班组_____　观测者_____　记录者_____　日期_____　天气_____

测站	点号	水准尺读数		高差=后视−前视		备 注
		后视	前视	+	−	
O	A					
	B			AB		
	C			AC		
O	D			AD		
	E			AE		

实践技能训练二　普通水准测量（2学时）

（一）实训目的

掌握水准路线测量的观测、记录和数据整理校核的方法；掌握水准路线闭合差调整及求出待测点高程的方法。

（二）实训内容

（1）每组在一条4～6个水准点（最好每人1个水准点）的闭合水准路线上进行测量，假定起点高程为500.000 m。

（2）整理测量结果，根据测量精度要求计算闭合水准路线的高差闭合差，并进行高差闭合差的调整和各点高程计算。

（三）仪器及工具

DS_3型水准仪（或自动安平水准仪）1台，水准仪脚架1个，双面水准尺1对（要求水准尺起始点刻划一致），尺垫2块，皮尺1个，自备计算器、铅笔、小刀、记录板、记录表格等。

（四）操作步骤

（1）在实验场地选定一条闭合水准路线（在各水准点位置钉立木桩并在木桩顶部钉一个小钉，以做标记。或者用混凝土座固定标志），其长度以安置4～6个测站为宜，中间设待定点1、2、3、…、6（相邻点之间应略有起伏且相距不远）。确定起始点及水准路线的前进方向。如1→2→3→…→1。

（2）在起始1和待定点2分别立水准尺，在距两点大致等距离处安置水准仪，照准1点水准尺，消除视差、精平后读取后视读数 a_1'；同法照准待测点2水准尺，读取前视读数 b_1'，分别记录并计算其高差 h_1'；改变仪器高度（或用双面水准尺的红、黑面分别观测），再读取后视读数 a_1''、前视读数 b_1''，计算其高差 h_1'' 检查互差是否超限（≤5 mm，若未超限，计算平均高差 h_1）。假若测点间距离较长，需要转点，分测站进行，则要计算测站间的高差，最后计算测点间的高差 h_1。

（3）将1点水准尺立于待测点3，2点水准尺不动，同上法读取待测点2为后视读数及待测点3为前视读数，计算平均高差 h_2。

（4）以上述方法继续进行，将所有待测点测完后回到起点。

（5）检核计算。检查后视读数总和减去前视读数总和是否等于高差总和（即 $\sum a - \sum b = \sum h$ 是否成立），若不相等，说明计算过程有错，应重新计算。

（6）高差闭合差的调整及高程计算。统计总测站数 n，计算高差闭合差的容许误差，即 $f_{h容} = \pm 10\sqrt{n}$ mm。若 $|\sum h| \leqslant |f_{h容}|$，即可将高差闭合差按符号相反、测站数成正比例的原则分配到各段导线实测高差上，再计算各段导线改正后的高差和各待测点的高程。

（五）注意事项

（1）仪器的安置位置应保持前、后视距离大致相等，每次读数前应当精平及消除视差。

（2）立尺员应当立直水准尺。在已知点和待测点上不能放置尺垫，但中间的转点必须用尺垫，各测站已读完后视读数未读前视读数时，仪器不能随便移动；各测点读完前视读数未读后视读数，尺垫不能动。在仪器迁站时，前视点的尺垫也不能移动。

（3）本实训各限差均采用等外水准测量。若用公式 $f_{h容}=\pm 40\sqrt{L}$ mm 计算水准路线高差闭合差容许值，应量取各测站至各测点的距离。

（4）改正数计算取至毫米（mm），最后要保证改正数总和与高差闭合差大小相等，符号相反。

（六）实训报告（记录与计算表格）

每人上交一份实训报告。

表实 2　水准测量校核记录计算

仪器型号_____　班组_____　观测者_____　记录者_____　日期_____　天气_____

测站	次数	立尺点	后视读数	前视读数	高差（m）		平均高差（m）
					+	−	
Ⅰ	1	A					
		B					
	2	A					
		B					
Ⅱ	1	B					
		C					
	2	B					
		C					
校核			$\sum a - \sum b =$		$\sum h =$		

表实3 闭合水准路线高差调整及高程计算

仪器型号_____ 班组_____ 观测者_____ 记录者_____ 日期_____ 天气_____

点号	距离 (km)	测站数	平均高差 (m)	高差改正数 (m)	改正后高差 (m)	高 程 (m)
1						500.000
2						
3						
4						
5						
6						
1						
∑						

实践技能训练三　四等水准测量（2学时）

（一）实训目的

掌握四等水准测量的观测、记录和计算程序方法；掌握水准测量的闭合差调整及求出待测点的高程。

（二）实训内容

在实验场地选择一条闭合水准路线，中间设置三个固定水准点 A、B、C 作为水准点，以 A 点为已知高程点假定高程为 400.000 m。由 A 点出发，测定 B、C 点高程，并测回到 A 点，组成闭合水准路线。对闭合差进行调整，求出待测点高程。

（三）仪器及工具

DS_3 型水准仪（或自动安平水准仪）1台，水准仪脚架1个，双面水准尺1对（要求水准尺红面起始点刻划相差10 cm），尺垫2块，皮尺1个，测伞1把，自备计算器、铅笔、小刀、记录板、记录表格等。

（四）操作步骤

（1）从已知点 A 出发，在固定水准点 A、B、C 中间设置若干个转点。

（2）每测站观测程序为：

① 后视黑面尺，符合水准气泡居中，读下、上、中丝读数，数值填入实训表3-1中。

② 前视黑面尺，符合水准气泡居中，读下、上、中丝读数，数值填入实训表3-1中。

③ 前视红面尺，符合水准气泡居中，读中丝读数，数值填入实训表3-1中。

④ 后视红面尺，符合水准气泡居中，读中丝读数，数值填入实训表3-1中。

（3）每测站各读数按四等水准表格记录，计算和校核计算要求如下。

① 视线长≤100 m。

② 前、后视距差 d≤±5 m。

③ 红、黑面读数差≤±3 mm。

④ 高差之差≤±5 mm。

⑤ 视距差累计值 $\sum d \leqslant \pm 10$ m。

(五)注意事项

(1)每测站观测完毕,应该在现场立即进行计算和校核,符合要求后方可搬站。否则,需要重测。

(2)本站的 $\sum d$ 接近 10 m 时,下一站要调整前、后视距,使之减少,但一次不超过 5 m。

(六)实训报告(记录与计算表格)

每人上交一份实训报告。

表实4 四等水准测量记录与计算

仪器型号_____ 班组_____ 观测者_____ 记录者_____ 日期_____ 天气_____

测站编号	后尺 上丝 下丝	前尺 上丝 下丝	方向及尺号	水准尺中丝读数		K+黑−红	高差中数	高 程
				黑面	红面			
	后视距	前视距						
	前后视距差	累计差						
	(1)	(4)	后	(3)	(8)	(14)		
	(2)	(5)	前	(6)	(7)	(13)	(18)	
	(9)	(10)	后−前	(15)	(16)	(17)		
	(11)	(12)						
1								
2								
3								
4								
5								
6								

表实5　水准测量成果整理

仪器型号_____ 班组_____ 观测者_____ 记录者_____ 日期_____ 天气_____

点 号	距 离 （km）	测站数	平均高差 （m）	高差改正数 （m）	改正后高差 （m）	高 程 （m）
						400.000
∑						

实践技能训练四　DS_3 型水准仪的检验与校正（2个学时）

（一）实训目的

了解 DS_3 型水准仪各轴线间的正常关系；掌握 DS_3 型水准仪检验与校正的方法。

（二）实训内容

(1) 圆水准器的检验与校正。

(2) 十字丝环的检验与校正。

(3) 水准管轴的检验与校正。

（三）仪器工具

DS_3 型水准仪1台，水准仪脚架1个，水准尺（3 m）1对，木桩（或尺垫）1对，锤子1把，校正针1支，记录板1块。

（四）操作步骤

DS_3 型水准仪的轴线有：视准轴 CC、水准管轴 LL、圆水准轴 LL、仪器竖轴 VV。它们应该满足以下几何条件：

(1) 圆水准轴平行于仪器竖轴（$L'L' // VV$）；

(2) 十字丝横丝垂直于仪器竖轴；

(3) 水准管轴平行于视准轴（$LL // CC$）。

而 DS_3 型水准仪的检验与校正则主要是针对这几个轴线之间的几何条件是否满足所进行的。

1. 圆水准器的检验与校正

(1) 目的：使圆水准器轴平行于仪器竖轴（$L'L' // VV$）。

(2) 检验：转动脚螺旋使圆气泡居中。将望远镜旋转180°，若气泡仍居中，则条件满足；若气泡偏离中央，则需校正。

(3) 校正：用校正针（拨针）拨动圆水准器的校正螺丝，改正气泡偏离值的一半（估计），调节脚螺旋，使气泡完全居中。

以上步骤需重复进行，直至校正完善为止。

2. 十字丝环的检验与校正

（1）目的：使十字丝横丝垂直于仪器竖轴。

（2）检验：将仪器安平，以十字丝交点瞄准一固定点，拧紧制动螺旋，旋转水平微动螺旋，如果此固定点的轨迹始终通过横丝，则条件满足，否则需进行校正。

（3）校正：旋下目镜前的外罩，再松开十字丝环的四只固定螺丝，转动十字丝环直至横丝水平，再旋紧四只固定螺丝，旋上外罩。

3. 水准管轴的检验与校正

（1）目的：使水准管轴平行于视准轴（$LL // CC$）。

（2）检验：在相距约 80 m 处钉立两个木桩（或放置两块尺垫）A 和 B，并各立上水准尺。首先将仪器置于 AB 的中间，测出两点的正确高差 $h_1 = a_1 - b_1$，然后将仪器移至 B 之外约 8 m 处，置平仪器，再测 A、B 间高差 $h_2 = a_2 - b_2$。若 $h_2 = h_1$，则望远镜视线在水平位置，即水准管轴平行于视准轴；如果 $h_2 \neq h_1$，且差值大于 3 mm，则必须进行校正。

（3）校正：先计算出视准轴水平时在 A 尺上的应有读数 a_2'。

$$a_2' = b_2 + (a_1 - b_1) \qquad \text{（实训 4-1）}$$

然后转动望远镜的微倾螺旋，使横丝对准 a_2' 读数，此时视线水平，而水准管气泡必然偏离中央，用校正针直接调整水准管上、下校正螺丝使气泡居中。

此项校正亦需反复进行，直至 h_2 与 h_1 之差不大于 3 mm 为止（或使 i 角不超过 $\pm 20''$）。

$$i'' = \frac{a_2 - a_2'}{D_{AB}} \cdot \rho'' \qquad \text{（实训 4-2）}$$

（五）注意事项

（1）检验校正前认真复习，弄清检校目的及各项步骤的校正原理与方法。

（2）检验校正是一项过细的工作，每一项检验完毕，应将数据交指导老师复核，在老师指导下，再开始进行校正。

（3）每一项检验与校正都应反复进行 2～3 次，直至满足要求，不能简单地认为校正 1 次就行了。

（4）使用校正针进行校正时，应具有"轻重感"，用力不可过大，否则会损坏仪器。校正时，校正螺丝一律要先松后紧，一松一紧。当校正完毕时，校正螺丝不能松动，应处于稍紧状态。

（5）三个检校项目按顺序进行，不能颠倒。

（6）随时小心谨慎，爱护仪器。

（六）实训报告（记录与计算表格）

每人上交一份实训报告。

表实 6　DS_3 型水准仪的检验与校正记录

仪器型号_____　班组_____　观测者_____　记录者_____　日期_____　天气_____

第一次读数（m）仪器在 A、B 中间		第二次读数（m）仪器在 B 点一端		距离（m）
a_1		a_2		$S_A =$
b_1		b_2		$S_B =$
h_{AB}		h_{AB}		$D_{AB} = S_A - S_B =$

(续)

第一次读数（m）仪器在 A、B 中间	第二次读数（m）仪器在 B 点一端	距离（m）

实践技能训练五　经纬仪的认识与使用（2 学时）

（一）实训目的

熟悉经纬仪的基本结构，初步掌握经纬仪的读数方法与使用方法。

（二）实训内容

熟悉 DJ_6 级光学经纬仪的基本构造，掌握各部件的名称、作用和使用方法；掌握经纬仪的基本操作要领，练习对中、整平、瞄准和读数方法。

（三）仪器设备

以实习小组为单位，每小组准备 DJ_6 级光学经纬仪（或 DJ_2 级光学经纬仪）1 台，标杆 2 根、铅笔、实习报告纸等。

（四）操作步骤

1. 安置经纬仪　从箱中取出经纬仪，注意经纬仪在箱中放置的位置。在指定的点位上安置经纬仪并熟悉仪器各部件的名称和作用。

2. 经纬仪操作练习

（1）对中：先将三脚架张开架在测站上，调节脚架腿的长度，使其高度适宜，以便于观测，目估架头大致水平；把仪器安置在三脚架上，把垂球挂在连接螺旋中心的挂钩上，并把连接螺旋大致放在三脚架头的中心，进行初步对中。如果偏移较大，可平移三脚架，使垂球尖大致对准测站点中心，踩实三脚架。稍松连接螺旋，在架头上平移仪器，使垂球尖精确对准测站点（限差为±3 mm），最后旋紧连接螺旋。如仪器装有光学对中器，可用其进行对中。

（2）整平：先平圆水准气泡（同水准仪），后平管水准气泡，即：松开水平制动螺旋，转动照准部，使水准管平行于任意两个脚螺旋的连线，根据气泡移动方向与左手大拇指移动方向相一致的原则，双手同时向内（或向外）转动这两个脚螺旋，使水准管气泡居中；将照准部旋转 90°，旋转第三个脚螺旋，使气泡居中。按上述方法反复操作几次，直至水准管在任何部位，气泡偏离中央不超过一格为止。

用光学对中器对中时，对中和整平会互相影响，应反复进行，直至两者都满足为止。

（3）瞄准：随机选点竖立标杆，盘左位置用望远镜上的缺口和准星大致瞄准目标，使目标位于视场内，旋紧望远镜和照准部的制动螺旋；转动目镜调焦螺旋，使十字丝清晰；转动对光螺旋，使目标影像清晰；再转动望远镜和照准部的微动螺旋，使目标被十字丝的单丝平分，或被双丝夹在中央。

（4）读数：调节反光镜的位置，使读数窗亮度适当；旋转读数显微镜的目镜螺旋，使度盘及分微尺的刻划清晰；读取水平度盘、竖盘读数，分微尺测微器估读至 0.1′，单平板玻璃测微器估读至 5″，DJ_2 级光学经纬仪读数估读到 0.1″。读完数后可邀请指导教师检查自己的读数是否正确。

（5）盘右位置同法瞄准、读数。

(五) 注意事项

（1）盘左、盘右尽可能瞄准标杆同一点位（十字丝交点对准所选点位），以提高精度。

（2）切勿抓住望远镜来转动照准部，以免损坏仪器及破坏轴线间关系。

（3）观测者随照准部转动时，勿碰动三脚架。

(六) 实训报告（记录与计算表格）

每人上交一份实训报告。

表实 7　经纬仪读数练习记录

仪器型号＿＿＿＿　班组＿＿＿＿　观测者＿＿＿＿　记录者＿＿＿＿　日期＿＿＿＿　天气＿＿＿＿

测站	目标	竖盘位置	水平度盘读数 (° ′ ″)	竖盘读数 (° ′ ″)
		左		
		右		
		左		
		右		
		左		
		右		

实践技能训练六　水平角观测（2~4学时）

(一) 实训目的

掌握测回法、全圆方向法观测水平角的方法步骤和计算方法。

(二) 实训内容

测回法观测水平角；全圆方向法观测水平角。

(三) 仪器设备

每组 DJ_6 级经纬仪（或 DJ_2 级光学经纬仪）1 台，标杆 4 根、记录板 1 块、铅笔、记录表格和计算器等。

(四) 操作步骤

1. 测回法

（1）设测站点为 O 点，左边目标为 A，右边目标为 B；把经纬仪安置在 O 点上。

（2）盘左观测：先照准左边目标 A，度盘读数调至 $0°00′00″$ 处或略大于 $0°00′00″$ 处，读取水平度盘读数；顺时针转动照准部，照准右边目标 B，读取水平度盘读数；把读数分别记入手簿，并计算上半测回角值。

（3）盘右观测：先照准右边目标 B，读取水平度盘读数，再逆时针转动照准部，照准左边目标 A，读取水平度盘读数。把读数分别记入手簿，并计算下半测回角值。

（4）若上、下两半测回角值之差≤40″，取平均值作为最后结果；否则，应重测该测回。

2. 全圆方向法

（1）设测站点为 O 点，观测目标从左到右依次为 A、B、C、D 四点；把经纬仪安置在

O 点上。

(2) 盘左观测：瞄准 A 点，并将水平度盘读数调至 $0°00'00''$ 处或略大于 $0°00'00''$ 处的读数处，顺时针方向转动照准部，依次照准 B、C、D、A 各点，分别读取水平盘读数，将观测数据记入观测手簿的相应栏内。DJ_6 级光学经纬仪的半测回归零差限差规定为 $24''$。如归零差超限，此半测回应该重测。

(3) 盘右观测：瞄准起始方向 A，读数并记录，逆时针方向旋转照准部，依次观测 D、C、B、A 各点方向，并依次读数、记录，其半测回归零差不应超过 $24''$，如超限应重测。

（五）注意事项

(1) 按规定的限差进行对中和整平；瞄准目标时必须消除视差，并尽量瞄准目标基部，以减少照准目标的误差。

(2) 望远镜盘左照准起始目标时，可根据需要调整起始读数，在该测回以后的观测中不能再转动变换手轮（或扳下复测扳钮），以免发生错误。

(3) 在同一测回中，若发现水准管气泡偏移超过一格时，应重新整平并重测该测回。

（六）实训报告（记录与计算表格）

每人上交一份实训报告。

表实 8　水平角观测（测回法）记录

仪器型号＿＿＿＿　班组＿＿＿＿　观测者＿＿＿＿　记录者＿＿＿＿　日期＿＿＿＿　天气＿＿＿＿

测点	竖盘位置	目标	水平度盘读数 (° ′ ″)	半测回角值 (° ′ ″)	一测回角值 (° ′ ″)	各测回平均角值 (° ′ ″)	备注
O	左	A					
		B					
	右	A					
		B					
O	左	A					
		B					
	右	A					
		B					

表实 9　水平角观测手簿（全圆方向观测法）

仪器型号＿＿＿＿　班组＿＿＿＿　观测者＿＿＿＿　记录者＿＿＿＿　日期＿＿＿＿　天气＿＿＿＿

测回	测站	目标	水平度盘读数		2c (° ′ ″)	平均读数 (° ′ ″)	归零后之方向值 (° ′ ″)	各测回归零方向值之平均值 (° ′ ″)	略图角值
			盘左 (° ′ ″)	盘右 (° ′ ″)					
1	O	A							
		B							
		C							
		D							
		A							

实践技能训练七　竖直角观测（2学时）

（一）实训目的
掌握竖直角的观测步骤和计算方法。

（二）实训内容
熟悉经纬仪竖直度盘的构造和注记形式；竖直角的观测和计算方法及竖盘指标差的计算。

（三）仪器设备
DJ_6级光学经纬仪（或DJ_2级光学经纬仪）1台、花杆或水准尺1根、木桩2根、记录板及记录表、计算器、铅笔等。

（四）操作步骤

1. 观测
（1）在地面上选定具有一定坡度的两个点 A 和 B。

（2）在 A 点安置经纬仪，对中、整平后量取仪器高，精确至 0.01 m。转动望远镜，观察所用仪器的竖盘注记形式，确定竖直角的计算公式，并记在备注栏内。

（3）盘左位置：瞄准 B 点的水准尺，并使中丝读数等于仪器高，旋转竖盘指标水准管微动螺旋，使竖盘指标水准管气泡居中（或将竖盘归零装置的开关转到"ON"），读取竖直度盘读数，记入手簿。

（4）用盘右位置瞄准 B 点的水准尺的同一位置，同法读取竖盘读数，记入手簿。

2. 计算

$$\alpha_{左}=90°-L;\alpha_{右}=R-270°$$

竖直角平均值：
$$\alpha=\frac{1}{2}(\alpha_{左}+\alpha_{右})$$

竖盘指标差：
$$x=\frac{1}{2}[(L+R)-360°]$$

（五）注意事项
（1）观测竖直角时，同一测回应瞄准目标的同一部位，每次读取竖盘读数前，必须使竖盘指标水准管气泡居中或将竖盘归零装置的开关转到"ON"的位置；计算竖直角和指标差时，应注意"＋""－"号。

（2）现场边测量边计算。

（六）实训报告（记录与计算表格）
每人上交一份实训报告。

表实 10　竖直角观测手簿

仪器型号_____　班组_____　观测者_____　记录者_____　日期_____　天气_____

测站	目标	竖盘位置	竖盘读数 (° ′ ″)	半测回竖直角 (° ′ ″)	指标差 (″)	一测回竖直角 (° ′ ″)	备注
A	B	左					
		右					
	C	左					
		右					

实践技能训练八　经纬仪的检验与校正

一、实训目的

掌握光学经纬仪的检验与校正方法。

二、实训内容

照准部水准管轴应垂直于竖轴；十字丝纵丝应垂直于横轴；视准轴应垂直于横轴；横轴应垂直于竖轴；竖盘指标差等于零。

三、仪器设备

DJ_6 级光学经纬仪 1 台、花杆 1 根、校正针、螺丝刀、记录板及记录表、计算器、铅笔等。

四、操作步骤

（一）照准部水准管轴应垂直于竖轴的检验与校正

1. 检验方法　转动照准部，使水准管轴平行于任意一对脚螺旋，调节脚螺旋，使水准管气泡居中，然后将照准部绕竖轴旋转 180°，如气泡仍居中，说明条件满足；如气泡偏离水准管中点，则说明条件不满足，应进行校正。

2. 校正方法　转动两个脚螺旋，使气泡向中央移动偏离格值的一半，然后用校正针拨动水准管一端的校正螺丝，使气泡居中。此项检验、校正必须反复进行，直到气泡居中后，再转动照准部 180°后，气泡偏离在一格以内为止。

（二）十字丝纵丝应垂直于横轴的检验与校正

1. 检验方法　整平仪器，以十字丝的交点精确瞄准任一清晰的小点 P，拧紧照准部和望远镜制动螺旋，转动望远镜微动螺旋，使望远镜作上、下微动，如果所瞄准的小点始终不偏离纵丝，则说明条件满足；若十字丝交点移动的轨迹明显偏离了 P 点，则需进行校正。

2. 校正方法　卸下目镜处的外罩，即可见到十字丝分划板校正设备，松开四个十字丝分划板套筒压环固定螺钉，转动十字丝套筒，直至十字丝纵丝始终在 P 点上移动，然后再将压环固定螺钉旋紧。

（三）视准轴应垂直于横轴的检验与校正

1. 检验方法　整平仪器后，以盘左位置瞄准远处与仪器大致同高的一点 P，读取水平度盘读数 a_1；纵转望远镜，以盘右位置仍瞄准 P 点，并读取水平盘读数 a_2；如果 a_1 与 a_2 相差 180°，即 $a_1=a_2\pm180°$，则条件满足，否则应进行校正。

2. 校正方法　转动照准部微动螺旋，使盘右时水平度盘读数对准正确读数 $a=1/2[a_2+(a_1\pm180°)]$，这时十字丝交点已偏离 P 点。用校正拨针拨动十字丝环的左右两个校正螺丝，一松一紧使十字丝环水平移动，直至十字丝交点对准 P 点为止。

（四）横轴垂直于竖轴的检验与校正

1. 检验方法　在距一洁净的高墙 20～30 m 处安置仪器，以盘左瞄准墙面高处的一固定点 P（视线尽量正对墙面，其仰角应大于 30°），固定照准部，然后大致放平望远镜，按十字丝交点在墙面上定出一点 A；同样再以盘右瞄准 P 点，放平望远镜，在墙面上定出一点 B，如果 A、B 两点重合，则满足要求，否则需要进行校正。

2. 校正方法 取 AB 的中点 M，并以盘右（或盘左）位置瞄准 M 点，固定照准部，抬高望远镜使其与 P 点同高，此时十字丝交点将偏离 P 点而落到 P' 点上。校正时，可拨动支架上的偏心轴承板，使横轴的右端升高或降低，直至十字丝交点对准 P 点，此时，横轴误差已消除。

由于光学经纬仪的横轴是密封的，测量人员只要进行此项检验即可，若需校正，应由专业检修人员进行。

（五）竖盘指标差的检验与校正

1. 检验方法 安置仪器，分别用盘左、盘右瞄准高处某一固定目标，在竖盘指标水准管气泡居中后，各自读取竖盘读数 L 和 R。根据式（3-6）计算指标差 X 值，若 $X=0$，则条件满足；如 X 值超出 $\pm 2'$ 时，应进行校正。

2. 校正方法 检验结束时，保持盘右位置和照准目标点不动，先转动竖盘指标水准管微动螺旋，使盘右竖盘读数对准正确读数 $R-X$，此时竖盘指标水准管气泡偏离居中位置，然后用校正拨针拨动竖盘指标水准管校正螺钉，使气泡居中。反复进行几次，直至竖盘指标差小于 $\pm 1'$ 为止。

五、实训报告（记录与计算表格）

每人上交一份实训报告。

表实 11　视准轴应垂直于横轴的检验记录

仪器型号_____　班组_____　观测者_____　记录者_____　日期_____　天气_____

测站	竖盘位置	目标	水平盘读数	$a_1-(a_2\pm 180°)$	检验结果是否合格
O	盘左	P			
	盘右	P			

表实 12　视准轴应垂直于横轴的校正记录

仪器型号_____　班组_____　观测者_____　记录者_____　日期_____　天气_____

测站	竖盘位置	目标	水平盘读数	盘右水平盘的正确读数 $a=\frac{1}{2}[a_2+(a_1\pm 180°)]$
	盘左	P		
	盘右	P		

表实 13　竖盘指标差的检验与校正记录

仪器型号_____　班组_____　观测者_____　记录者_____　日期_____　天气_____

检验	测站	目标	竖盘位置	竖盘读数（° ′ ″）	指标差（″）	校正	竖盘位置	目标	正确读数 $R-X$
	A	B	左				盘右	B	
			右						

实践技能训练九　直线定线与距离测量（2学时）

一、实训目的
学会目估法进行直线定线方法；掌握用钢尺丈量距离的一般操作方法。

二、实训内容
每实习小组用标杆直线定线并用钢尺往返丈量 2~3 段每段 60~80 m 的线段。

三、仪器设备
钢尺 1 副，标杆 3 根，测钎 1 组（6 根或 11 根），手锤一把，垂球 2 个，木桩及小钉各 4~6 个；自备铅笔、小刀、记录板、记录表格等。

四、操作步骤

（一）直线定线
在地面选择 A、B 两点，分别钉上木桩，并在上面各钉一小钉或划一"十"字表示点的位置。在 A、B 两点上立标杆，单独进行两点间定线或两点延长线定线。

（二）距离丈量
在指定的 A、B 两点间用钢尺丈量其水平距离。

1. 往测　后司尺员拿一根测钎在 A 点处，并拿尺的起始端，前司尺员拿其余测钎和尺的末端及一根标杆向 B 方向前进，行至整尺距离附近时，立标杆听后司尺员指挥定线。当标杆在 AB 视线方向上即可在地面上定出其位置。后司尺员将尺零点对准 A 点，与前司尺员沿地面并通过定线地面点位拉紧钢尺，前司尺员立即在整尺终点分划处插入一根测钎于地面，此时第一尺段丈量结束。然后依次向 B 方向丈量。最后不足整尺读出余数。则往测全长

$$D_{往} = n \cdot l + q$$

n 为丈量整尺段数；l 为整尺长；q 为余长。

2. 返测　从 B 点向 A 点重复测量，返测全长

$$D_{返} = n \cdot l + q$$

3. 计算　计算往返丈量的相对误差 K，$K = \dfrac{|D_{往} - D_{返}|}{D_{平均}}$。如 $K \leqslant 1/3\,000$，取平均值作为最后结果，$D = \dfrac{1}{2}(D_{往} + D_{返})$

如 $K \geqslant 1/3\,000$，应重新丈量。

五、注意事项
（1）钢尺必须经过鉴定才能使用。丈量前，要看好尺子是端点尺还是刻线尺。
（2）丈量时，钢尺要拉平、拉紧，用力要均匀。
（3）爱护钢尺，勿使折绕，勿沿地面拖拉，不可车压人踩，用后将尺擦净涂上机油，防止生锈。
（4）计算测钎数时，最后地面插的一个测钎不计入。

六、实训报告（记录与计算表格）

每人上交一份实训报告。

表实 14　钢尺量距记录与计算

仪器型号＿＿＿＿　班组＿＿＿＿　观测者＿＿＿＿　记录者＿＿＿＿　日期＿＿＿＿　天气＿＿＿＿

直线编号	测量方向	整尺段长 $n×l$	余长 q	全长 D	往返平均 $\bar{D}$	相对误差 K	备注
	往						
	返						
	往						
	返						
	往						
	返						

实践技能训练十　经纬仪视距测量（2学时）

（一）实训目的
掌握经纬仪视距测量的作业方法；学会用计算器进行视距计算。

（二）实训内容
熟悉视距尺的刻划和注记形式，用视距法观测两点之间的水平距离和高差。

（三）仪器设备
每组 DJ_6 经纬仪 1 台，水准尺 2 根，2m 钢卷尺 1 副，记录板 1 块；自备计算器、钢笔、小刀、记录表格等。

（四）操作步骤

1. 视距测量作业方法

（1）在 A 点安置经纬仪，对中、整平。

（2）量取仪器高 i 至厘米。

（3）在 B 点立水准尺，用盘左瞄准水准尺，并使中丝读数等于仪器高。转动竖盘指标水准管微动螺旋，使竖盘水准管气泡居中（或将竖盘归零装置的开关转到"ON"），读取竖盘读数 L，记录并计算 $α_左$。同时读取上、中、下丝读数（a、v、b）并记录。

（4）盘右观测同一目标的同一位置，同法读取竖盘读数 R，记录并计算 $α_右$。

2. 计算

（1）计算竖直角平均值：　　　　　$α=(α_左+α_右)$

（2）求尺间隔：　　　　　　　　　$L=|b-a|$

（3）水平距离：　　　　　　　　　$D=K·L·\cos^2 α$

（4）高差：　　　　　　　　　　　$h=\frac{1}{2}·k·l·\sin 2α+i-v$

（五）注意事项

（1）观测时视距尺要竖直并保持稳定。

（2）读取竖直读数时，竖盘水准管气泡必须居中。

（3）在测量中，多次观测距离的相对误差应≤1/300，再取平均值作为最后结果。

(六) 实训报告

表实 15　视距测量记录

仪器型号_____　班组_____　观测者_____　记录者_____　日期_____　天气_____

| 测站
仪器高 | 目标 | 尺上读数（m） | | | 尺间隔
（m） | 竖盘
读数 | 竖直角 | 高差
（m） | 水平距离
（m） |
		上丝	下丝	中丝					

实践技能训练十一　罗盘仪的认识与使用（1学时）

（一）实训目的

熟悉罗盘仪的各部件及其作用；掌握罗盘仪安置和测量磁方位角的方法；熟悉正、反方位角的关系及其换算。

（二）实训内容

罗盘仪的构造及磁方位角测量和计算。

（三）仪器设备

每组罗盘仪1台，标杆2根，木桩2个，手锤1把，记录板1块，比例尺1把，量角器1个，坐标纸1张；自备铅笔、小刀、记录表格等。

（四）操作步骤

（1）在地面选择两点 A、B，分别钉上木桩。

（2）在 A 点安置罗盘仪，在 B 点立上标杆。罗盘仪对中、整平后，松开磁针固定螺旋，使磁针能自由旋转，用望远镜瞄准目标 B，精确瞄准后，固定磁针固定螺旋。读取磁针北端在刻度盘上的读数（若物镜与刻度盘的180°在同一侧，则读磁针南端所指的读数），即为直线 AB 的正磁方位角。

（3）将罗盘仪安置在 B 点，在 A 点立标杆，用望远镜瞄准 A 点，测出 AB 边的反磁方位角。

（4）若直线 AB 正、反磁方位角的差值在 179°~181°，取其平均值作为最后结果。即：

$$\alpha_{平均}=\frac{1}{2}[\alpha_{正}+(\alpha_{反}\pm 180°)]$$

（五）注意事项

（1）测定磁方位角时，要认清磁针的指北、指南针，知道使用的罗盘仪用什么指针读数。

（2）选点时要注意避开导磁金属及高压线对测量的干扰。

（3）罗盘仪在搬站时或装盒前要固定磁针升降螺旋，以免对磁针造成不必要的磨损。

（4）读数时，眼睛要在磁针上方垂直向下看，准确读取方位角。

（5）测得正、反方位角如超过误差允许值，应检查原因并重测。

（六）实训报告

表实 16　罗盘仪测磁方位角记录

仪器型号＿＿＿＿　班组＿＿＿＿　观测者＿＿＿＿　记录者＿＿＿＿　日期＿＿＿＿　天气＿＿＿＿

直线名称	正方位角	反方位角	平均方位角	互　差	备　注
AB					

实践技能训练十二　红外测距仪认识与使用（2学时）

（一）实训目的
了解红外测距仪的基本构造；初步学会红外测距仪的使用方法。

（二）实训内容
红外测距仪的基本构造、显示器上各显示符号的意义；红外测距仪的使用和计算。

（三）仪器设备
红外测距仪 1 台，单棱镜 1 组，对中杆（或单棱镜脚架）1 副，经纬仪 1 台，温度计 1 根，气压表 1 个，2 m 钢卷尺 2 副，测伞 1 把；自备计算器、铅笔、小刀、记录表格等。

（四）操作步骤
（1）由教师讲解红外测距仪的基本构造和显示器上显示符号的意义，并演示其使用方法。

（2）在测站 A 安置测距仪，对中（光学对中器对中，误差小于 1 mm）、整平后量取仪器高（至 mm）；在镜站 B 安置反光镜，并量取棱镜高。

（3）利用温度计、气压表分别测定 A、B 两点的气压、温度，记入手簿。一般要求每测回开始、结束各测一次。

（4）打开测距仪的电源开关，仪器自检正常后，将 A、B 点的温度、气压（注意仪器使用说明中气压单位）、测距仪的加常数、乘常数、棱镜常数按使用说明分别输入测距仪。

（5）瞄准棱镜中心，轻轻触动测距键，进行距离测量。

（6）观测竖直角或天顶角。

（7）计算各项改正数和改正后的水平距离。

说明：不同类型测距仪的测距操作方法、测距方式、显示距离不同。实验时应认真听取指导教师的讲解，然后才可以操作。

（五）注意事项
（1）测距仪属于贵重仪器，本实验应由指导教师演示后在教师指导下按操作规程进行。

（2）避免太阳直接照射仪器，在任何情况下不允许照准头对向太阳或其他强光源。

（3）物镜、目镜、反光镜不宜用手或普通的纸、布擦拭，以保护镜头。

（4）反光镜的镜面必须与视线正交。镜站背景不能有反光物体，如玻璃窗户、光洁的墙面等，测线必须远离高压线。

（六）实训报告
每组上交测距仪观测距离记录表一份。

表实17　测距仪观测距离记录

仪器型号_____　班组_____　观测者_____　记录者_____　日期_____　天气_____

仪器号	仪器高（m）	棱镜高（m）	棱镜常数	觇标高（m）	

距离观测							
测站	测点	天顶角	斜距（m）	水平距离（m）	平均水平距离（m）	气象观测	
						t(℃)	P（kPa）

注：气压单位 1 mm Hg=133.32 Pa，输入气压时应按仪器使用说明书中规定的单位输入。

实践技能训练十三　全站仪的认识与使用（2学时）

（一）实训目的

了解全站仪各部件的基本结构与几何关系；熟练掌握全站仪的对中、整平和基本操作及安全保管工作；熟练掌握全站仪在角度测量、距离测量和坐标测量中的基本操作与基本要领。

（二）实训内容

全站仪的安置和整平；熟悉全站仪各部件的主要功能；利用全站仪进行角度测量，距离测量，坐标测量。

（三）仪器及工具

NTS-320型全站仪1台、全站仪脚架3付、反光棱镜2组、对中杆1根、大气温度计1根、小钢卷尺或皮尺2把。

（四）操作步骤

（1）在测站O点上架设TS三脚架，高度与人的胸部平齐，稳定三脚架；开箱、取出全站仪，安置于三脚架上，完成对中、整平等仪器安置工作；用钢尺量取仪器高并记录。

（2）同时间内，由另外学生在测点处（3~4点）完成棱镜组（或对中杆组）的对中、整平安置操作；用钢尺量取各棱镜高并报测站处记录；记录大气温度。

（3）按F4键开机，进入NTS-320全站仪基本设置，完成全部的基本设置项选值操作后按F4键确认；让全站仪进入角度测量模式。

（4）在角度测量模式下，盘左，瞄准其中一测点A，作为全圆法测量水平角的起始点；设置目标A水平方向角值为$0°00'00''$，并作为坐标测量的后视方位角$A_{后}$值，录取目标A处的竖直角；按距离测量键，完成距离测量变量设置后，进行距离测量，录取OA间平距HD、高差VD和斜距SD值，按ANG键，切换到角度测量模式下。

（5）松开水平制动和竖直制动，顺时针转动全站仪的照准部，瞄准目标B，录取目标B的水平角方向值和竖直角后，按距离测量键，完成距离测量变量设置后，进行距离测量；录取OB间平距HD、高差VD和斜距SD值后，按坐标测量键，完成坐标测量设置后，按F1键，进行坐标测量；录取B点坐标值后，按ANG键，切换至角度测量模式。

（6）同理，顺时针旋转全站仪的照准部，依次瞄准目标B、C、D、A，完成角度、距离、坐标测量和数据录取工作。

（7）盘右，瞄准目标 A，逆时针旋转全站仪的照准部，依次瞄准目标 D、C、B、A，同理完成各目标的角度、距离、坐标测量和数据录取工作。

（8）关机，盖上镜头盖，松开各制动螺旋，旋下中心连接螺旋，将仪器取下，放入箱中归位，盖好箱盖，清点仪器、工具，结束本次实训。

（9）本次实训测量的成果精度检验计算不作要求，有兴趣的学生可以自己思考完成。

（五）注意事项

（1）全站仪是精密贵重的光电仪器，仪器安置至三脚架或拆卸时，要一只手先握住仪器，以防仪器跌落；实训中仪器旁不能无人看管。

（2）装卸电池必须在关机状态下进行；仪器在各测站间搬运必须入箱；仪器要求防震、防尘和防潮，要保持干燥，不能受潮、雨淋。仪器从室内取出使用，应避免温度的骤变。

（3）日光下测量，全站仪应避免物镜直接瞄准太阳，在强日光下测量，应安装滤光器。

（4）全站仪测量出现异常情况，应请示实训指导老师处理，不允许擅自处理。

（5）各种测量设置要注意关机后重新开机后的变化，NTS-320 全站仪的基本设置中设置的参数，在按 F4 键确认后，一般不会发生变化。

（6）仪器高、棱镜高数据通过钢尺进行测量，测量中注意垂直度和起始点：仪器高指测站地面至仪器中心标志处高度；棱镜高指测点地面至棱镜中心处高度。

（7）测量时的大气温度应由专人负责从大气温度计上，根据温度变化幅度间隔读取，保留一位小数；间隔时间一般是：5:00～9:00、12:00～15:00、18:00 以后时间段内时间间隔为 0.5～1.0 h；白天其他时间段内间隔时间为 1.0～2.0 h。

（8）棱镜附近不应有反射物，若存在有反射物应采取防干扰措施。如棱镜背后有反射物，则在棱镜后布置一块黑布等。

（六）实训报告（结果计算）

见全站仪认识与检验实训记录手簿和全站仪基本测量实训记录手簿。

表实 18 全站仪认识与检验实训记录手簿

仪器型号_____ 班组_____ 观测者_____ 记录者_____ 日期_____ 天气_____

序号	项目	要求或观察记录（描述）				
1	绘图说明光学对点器检验过程及结论				管水准器检验结论	
2	竖盘指标零点自动补偿检校过程				绘图说明十字丝垂直、水平检验及结论	
3	全站仪指标差检校	检验：			全站仪指标差 $X×10''$	
		校正后：				
		L	R	$X=[(L+R)-360]/2$	结论：	

(续)

序号	项目	要求或观察记录（描述）			
4	对中杆垂直整平检校过程及结论					
5	$2c$ 检校（同一目标）	A_L	A_R	$C=A_L-(A_R\pm180°)$	标准：$2c\leqslant20''$ 结　论
6	绘图描述垂直照准检验过程及结论					
		盘　右		盘　左	结　论

表实 19　全站仪基本测量实训记录手簿

仪器号_____　观测地点_____　观测者_____　班_____
日　期_____　天　气_____　记录者_____　测站坐标(　　)
大气压_____　棱镜常数_____　仪器常数_____　两差改正_____

测站	竖盘位置	目标	水平度盘读数(° ′ ″)	竖直角(水平零)(° ′ ″)	距离测量（m）			坐标测量（m）			
					温度 $t(℃)$	SD	HD	VD	仪器高 v	棱镜高 i	$X(N)$	$Y(E)$	Z
盘左		A											
		B											
		C											
		D											
		A											
盘右		A											
		B											
		C											
		D											
		A											

备注：测量略图：

实践技能训练十四　面积量算（2学时）

一、实训目的

掌握二至三种常用的面积求算方法

二、实训内容

练习用几何图形法、解析法、网点板法、透明方格纸法、平行线法求算图形面积的方法；熟悉 KP-90N 型电子数字求积仪的各部件的名称、作用与用法，练习并掌握其用法。

三、仪器设备

透明毫米方格纸一张（16 开）；自备三角板一幅、铅笔、小刀、计算器和记录表等；KP-90N 型电子数字求积仪 1 台，自备一张地形图。

四、操作步骤

（一）几何图形法

解析法、网点板法、透明方格纸法、平行线法测算图形的实地面积。拿出自备的地形图，在其上任选一图形，确定其轮廓线的位置，然后分别用几何图形法、解析法、网点板法、透明方格纸法、平行线法测算该图形的实地面积，并对各种算法所得结果进行比较。

（二）求积仪法

用 KP-90N 型电子数字求积仪测算上述图形的实地面积，并与用几何图形法、解析法、网点板法、透明方格纸法、平行线法测算图形的实地面积相比较。

1. 准备工作　将图纸固定在平整的图板上，把跟踪放大镜大致放在图的中央，并使动极轴与跟踪臂约成 90°。然后用跟踪放大镜沿图形轮廓线试绕行 2~3 周，以检查是否能平滑地移动。如果在转动中出现困难，可调整动极位置，以期平滑移动。

2. 打开电源　按下 ON 键，显示屏上显示 0。

3. 设定面积单位　按 UNIT（单位）键，定出面积单位，可选用米（m）制。再按下 AVER（决断）键后，显示数值是面积。

4. 设定比例尺　设定比例尺为 $1:M$，利用数字键定出 M 值，再按 SCALE（比例尺）键、R-S 键，则以 M^2 的形式被输入到存储器内。

5. 跟踪图形

（1）图形面积测量。在图形边界上选取一点作为起点，该点尽可能在图的左侧边界中心，并与跟踪放大镜中心重合。按下 START（开始）键，蜂鸣器发出音响，显示窗显示 0。然后把放大镜中心准确地沿着图形边界顺时针方向移动，直至回到起点止，再按 AVER 键，即显示面积，将这一面积值记录下来，与透明方格纸法等量测面积相比较。

（2）累加测量。利用 HOLD 键，能把大面积图形分割成若干块进行累加测定。当第一个图形测定后按下 HOLD 键，即把已测得的面积固定起来；当测定第二块图形时，再按 HOLD 键，这样便解除固定状态可以同法进行其他各块面积的测定。

（3）平均测量。对一块面积重复几次测量，取平均值作为最后结果。测定时主要使用 MEMO 键和 AVER 键，即每次测量结束后，需按 MEMO 键，最后按 AVER 键。

五、实训报告（记录与计算表格）

每人上交一份实训报告。

表实 20　面积测量记录计算

仪器型号_____　班组_____　观测者_____　记录者_____　日期_____　天气_____

方法	几何图形法	解析法	网点板法	透明方格纸法	平行线法	求积仪法
面积						

实践技能训练十五　GPS 的认识与应用

（一）实训目的

了解 GPS 接收机的基本组成和主要性能；初步掌握 GPS 接收机作业的一般方法。

（二）实训内容

（1）有实习指导教师现场介绍所使用 GPS 接收机的基本组成和主要性能，并进行示范操作的基本步骤。

（2）分组进行操作练习，学会接收机的安置、观测数据采集和记录等方法。

（三）仪器工具

（1）GPS 接收机及脚架等配套附件。

（2）GPS 接收机的类型根据学校的配备情况确定，不必强求一致。

（四）注意事项

（1）严格按照操作规程操作 GPS 接收机，以免损坏仪器。

（2）观测员不得离开仪器，不用手机、对讲机等通信设备，以免引起信号干扰。

（五）实训报告

实践技能训练十六　土地平整测量（2 学时）

（一）实训目的

掌握平整土地的基本方法：即各桩点地面高程的测量、水平地面高程的设计和挖、填土石方的计算等。

（二）实训内容

方格网法土地平整测量；水平地面高程设计；填、挖土石方计算。

（三）仪器设备

DS$_3$ 型水准仪 1 台，水准仪脚架 1 付，水准尺（3 m）1 对，尺垫 2 块，记录板 1 块，皮尺 1 把，花杆 4 根，木桩若干。

（四）操作步骤

1. 方格网的测设

在待平整的地面上布设边长为 10～50 m 方格网，每隔一定距离打一木桩，如图 10-2 所示的 A、B、C、D、…。然后在各木桩上作垂直基准线的垂线（可用经纬仪测设或用卷尺根据勾股弦定律、用距离交会的办法来作垂线），延长各垂线，在各垂线上按与基准线同样的间距设点打入木桩，这样就在地面上组成了方格网。为了计算方便，各方格点应对照现场绘出草图，并按行列编号（图 10-2 所示）。

2. 测量各地面桩点高程

可将仪器大约安置在地块中央，整平仪器，依次测出各方格点的高程。水准尺应立在桩位旁具有代表性的地面上（特别是桩位恰好落在局部的凹凸处），读数至厘米即可，记录时要注意立尺点的编号，可将标尺读数直接记在方格草图上，并现场计算各方格点高程，随时与实地情况校对。

3. 地面高程设计与土石方计算

详见教材有关内容。

（五）实训报告（记录与计算表格）

每人上交一份实训报告。

表实 21　水准仪测量地面高程记录

仪器型号_____　班组_____　观测者_____　记录者_____　日期_____　天气_____

假定水准点	桩号	水准尺读数（m）			视线高（m）	高程（m）
		后视	间视	前视		

（六）实训报告

实践技能训练十七　线路测量与断面图的绘制（4学时）

一、实训目的

掌握线路纵横面积的测量方法；初步学会纵、横断面图的绘制方法。

二、实训内容

基平测量、中平测量、各桩号地面点高程的计算；纵横断面测量和纵横断面图的绘制。

三、仪器设备

每组 DS_3 水准仪 1 台，水准尺 2 把，花杆 4 根，十字架 1 把，记录板 1 块；自备记录表格、计算器、铅笔、毫米方格纸等。

四、操作步骤

（一）纵断面测量

1. 基平测量

（1）选一测量线路，并沿线路方向且 20 m 以外的两侧，每隔大约 300 m 选一稳固的点（如固定的石头、屋角、树桩等）作为临时水准点，分别以 BM_1、BM_2、…进行编号。

(2) 用水准测量的方法往、返测量相邻两水准点之间的高差，若往返测量的高差之差≤$10\sqrt{n}$（mm）（n 为测站数），取平均值作为最后结果。

(3) 假定起始水准点的高程为 100.000 m，推算出其他水准点的高程。

2. 中平测量　以相邻两水准点为一测段，用附合水准测量的方法测定各中桩的地面高程。

(1) 将水准仪安置于适当位置，后视水准点 BM_1 前视转点 TP_1，读数至（mm）、记录。

(2) 观测 BM_1 与转点 TP_1 之间的中间点 0+000、0+020、…等里程桩和加桩的水准尺，读数至（cm），并分别记录表中相应栏内。

(3) 测完第一测站测量后，将水准仪搬到下一测站，在适当位置选好转点 TP_2，并分别观测转点 TP_1、TP_2 及其中间点各桩号。同法依次观测至 BM_2 完成一个测段的观测工作。

(4) 第一段高差闭合差的校核。若高差闭合差在允许误差 $\pm 50\sqrt{L}$（mm）范围内，可进行下一测段的观测工作，否则重测。

(5) 计算中桩地面高程。先计算视线高，然后计算各转点高程，再计算各中桩地面高程。每一测站的各项计算按该式进行，即

$$视线高程 = 后视点高程 + 后视读数$$
$$转点高程 = 视线高程 - 中间点读数$$
$$待求点高程 = 视线高程 - 前视读数$$

（二）横断面测量

(1) 用十字架测定中桩横断面方向，并插标杆作标志。

(2) 用抬杆法测量中桩横断面方向一定范围内地面变坡点之间的水平距离和高差。即用两根标杆，一根标杆的一端置于高处的地面变坡点，并水平横放在横断面方向上，另一标杆竖直立在低处的相邻变坡点上，两点间的高差和水平距离分别在竖杆和横杆上估读至 5 cm，依次测量其他各点间的高差和水平距离。

（三）纵、横断面图的绘制

1. 纵断面图的绘制　以水平距离为横坐标，高程为纵坐标，在毫米方格纸上绘出线路纵断面方向的地面线。纵、横比例尺分别选为 1∶100 和 1∶1 000 或 1∶200 和 1∶2 000。

2. 横断面图的绘制　按 1∶100 或 1∶200 的比例尺在毫米方格纸上给出横断面图，绘图顺序为从下到上，从左到右。

3. 标准断面图的绘制　见教材的内容

五、注意事项

(1) 前视点和转点测量要达到要求。中间点的读数和计算因无校核，所以要特别认真。另外，立尺点应立在中桩附近具有代表性的地面上。

(2) 横断面测量与绘图应注意分清左、右侧和高差的正、负。

(3) 所有记录表格中的计算应现场完成，不许只记不算或实验后总算。

六、实训报告

每组交一份基平测量记录表、中平测量记录表和横断面测量记录表；每人上交一份纵断面图和横断面图。

表实 22　路线中平测量记录

仪器型号_____　班组_____　观测者_____　记录者_____　日期_____　天气_____

测点	读数（m）			视线高程（m）	高程（m）	备注
	后视	中间点	前视			

表实 23　横断面测量记录

仪器型号_____　班组_____　观测者_____　记录者_____　日期_____　天气_____

左侧 $\dfrac{\text{高差}}{\text{距离}}$（m）	桩　号	右侧 $\dfrac{\text{高差}}{\text{距离}}$（m）

实践技能训练十八　点位测设的基本工作（2 学时）

（一）实训目的

掌握水平角、水平距离和高程测设的基本方法。

（二）实训内容

练习水平角、水平距离和高程的测设方法。

（三）仪器及工具

经纬仪 1 台，水准仪 1 台，钢尺 1 把，水准尺 2 根，测杆 1 束，记录板 1 块，斧头 1 把，木桩若干，油漆若干，毛笔 1 支，小钉若干，自备铅笔，小刀，橡皮，计算器等。

（四）操作步骤

在实验现场每组测量距离 40～60 m 的 A、B 两点，在点位上钉一个木桩（木桩顶部中心钉上小铁钉），并假定 A 点的高程为 500.500 m。以 A、B 两点的连线为测设角度的已知方向线，在其附近再测一个临时水准点 C，作为测设高程的已知数据。现欲测设 B 点，使 $\angle ABC=50°$（或其他度数，自定），BC 的长度为 55 m，C 点的高程为 502.000 m。

要求测设限差：水平角 $\leqslant \pm 40''$，水平距离的相对误差 $\leqslant 1/3\,000$，高程 $\leqslant 10$ mm。

1. 水平角和水平距离的测设，确定点的平面位置（极坐标法）

（1）将经纬仪安置于 B 点，用盘左后视 A 点，并使水平度盘读数为 $0°00'00''$。

（2）顺时针转动照准部，水平度盘读数为 $50°$，然后在望远镜视准轴方向上测定水平距离 55 m 标定一点 C'（假定长度约为 55 m）。

（3）倒镜，用盘右后视 A 点，读取水平度盘读数为 α，顺时针转动照准部，使水平度盘读数确定在 $(\alpha+50°)$，同样的方法量取水平距离为 55 m 在地面上标定点 C''，假若 C' 和 C'' 不重合，取其中点 C，并在点位上打木桩、钉小钉标出其位置，即为按规定角度和距离测设的点位。最后以点位 C 为准，检核所测角度和距离，若与规定的 β 和 D 之差在限差内，则符合要求。

2. 高程的测设

（1）设上述 C 点设计高程 $H_i = H_{木桩} + a$；同时计算 C 点的尺上读数 $b = H_i - H_C$。

（2）安置水准仪于距离 B、C 的大约相等处，整平仪器后，后视 B 点上的水准尺，得水准尺读数为 a。前视 C 点木桩上水准尺，使尺缓缓上下移动，当尺读数恰为 $b(b = 500.500 + a - 502.000)$，则尺底的高程即为 502.000 m，沿尺底用笔划横线标出，即为设计高程的位置。

（3）在水准点（木桩）设计高程位置处立水准尺，再前后视观测，以作检核。施测时，若前视读数大于 b，说明尺底高程低于欲测设的设计高程，应将水准尺慢慢提高至符合要求为止；反之应降低尺底。

（五）注意事项

测设完毕要进行检测，测设误差超限时应重测，并做好记录。

（六）实训报告

每人上交一份实验报告。

实践技能训练十九　圆曲线施工测量（2学时）

（一）实训目的

掌握圆曲线三主点测设元素和其里程的计算方法；掌握在地面上测设圆曲线三主点的方法。

（二）实训内容

计算圆曲线三主点测设元素和其里程，在地面测设圆曲线三主点并钉立木桩。

（三）仪器及工具

经纬仪 1 台，皮尺 1 把，标杆 3 根，木桩 6 个，小铁钉若干，油漆若干，毛笔 1 支，斧头 1 把，记录板 1 块；自备铅笔，小刀，橡皮，记录纸，计算器等。

（四）操作步骤

（1）在地面上钉立交点桩 3 个，分别编号 JD_1、JD_2、JD_3。每个木桩顶部中心各钉一个小铁钉，作为将来仪器对中使用。

（2）在 JD_2 上安置经纬仪，对中整平。在 JD_1 和 JD_3 分别立一根标杆，盘左后视 JD_1，在水平度盘上读数，再前视 JD_3 水平度盘读数，计算三点之间的内角（即∠123 水平夹角），同时计算转向角 α。

（3）假设圆曲线半径为 50 m，根据圆曲线半径 R、转向角 α 数值，用公式计算切线长 T、曲线长 L、外距 E、切曲差 D；假设 JD_2 里程为 3+350.75，依据相应的公式计算圆曲线三主点的里程，填入实训表 18-1 中。

（4）将经纬仪仍旧安置在 JD_2 上，后视 JD_1，从 JD_2 到 JD_1 方向的切线上量取切线长 T 钉一木桩为 ZY，前视 JD_3，从 JD_2 到 JD_3 方向的切线上量取切线长 T 钉一木桩为 ZY；然后顺时针方向转动水平度盘使得角度增加 1/2 水平夹角，在视线方向上量取外距 E 长度钉一木桩为 QZ。

（五）注意事项

（1）在地面所钉 3 个交点桩，不能在同一直线上，三者之间要有夹角，夹角在 30°~150°。

（2）路线测量中，圆曲线所测水平夹角的内角应为右角，计算转向角公式应准确。

（3）在各交点桩及其圆曲线三主点位置所钉木桩，侧面一定要注字标明其相应的里程。

(六) 实训报告（记录和计算表格）

每人上交一份实训报告。

表实 24　中线测量记录

仪器型号_____　班组_____　观测者_____　记录者_____　日期_____　天气_____

交点桩号					里程	
角度观测		点号	里程桩号	桩号计算	附　图	
盘左	后视	ZY		JD−T		
	前视					
	右角 β			ZY+L		
盘右	后视	QZ		ZY+L		
	前视					
	右角 β	YZ		YZ−L/2		
β平均值				QZ+D/2		
转角 α	左					
	右					
R=　　L/2=						
T=　　D=						
L=　　E=						

实践技能训练二十　园林工程施工测量（2学时）

(一) 实训目的

初步掌握用极坐标法进行建筑物主轴线的放样；掌握用水准仪进行建筑物设计高程的放样；掌握用经纬仪进行某一园林植物种植地段放样。

(二) 实训内容

（1）用极坐标法进行建筑物主轴线（1、2各点）放样；
（2）用水准仪进行建筑物设计高程的放样；
（3）用经纬仪进行某一园林植物种植地段放样。

(三) 仪器及工具

经纬仪 2 台，水准仪 1 台，钢尺 2 把，水准尺 1 对，斧头 1 把，木板若干，记录板 1 块，木桩、小钉若干；自备记录表格、铅笔和计算器等。

(四) 操作步骤

在实验场地教师指导布置场地，在较平坦的地面上选定相距为 40 m 的 A、B 两点（距离相对误差 ≤1/2 000），在点上钉入木桩（木桩的顶部钉小钉以标志）。以 A、B 两点作为建筑工地的控制点（导线点）。假定它们的坐标分别为（100.00，100.00）和（100.00，140.00）。如实训图 20-1 所示。

已知放样数据 $\beta_1 = 80°45'30''$，$S_1 = 18.000$ m；

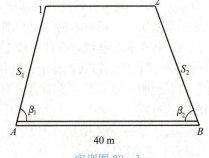

实训图 20-1

$\beta_2 = 32°35'36''$，$S_2 = 22.967$ m。要求把 1，2 位置在实地标定。

测设要求：以 AB 为基线，用极坐标法测设建筑物 1 和 2 点。

1. 极坐标法进行园林建筑主轴线（1 和 2 点）的测设

（1）根据已知的测设数据 $\beta_1 = 80°45'30''$，$S_1 = 18.000$ m；$\beta_2 = 32°35'36''$，$S_2 = 22.967$ m。在 A 点安置经纬仪，前视 B 点（点上立一个标杆）使得水平度盘读数为 $0°00'00''$，盘左逆时针转动照准部使得水平角读数为 $360° - \beta_1$，沿望远镜视线方向量取 S_1 即得 1 点实地位置，在 1 点上钉木桩。

（2）在 B 点安置经纬仪，后视 A 点上的标杆使得水平度盘读数为 $0°00'00''$，盘左顺时针转动照准部使得水平角读数为 β_2，沿望远镜视线方向量取 S_2 即得 2 点位置，在 2 点上钉木桩。

（3）将经纬仪安置在 1 点，瞄准 2 点，沿视线方向在基槽外侧的 2~4 m 处打下木桩，在桩顶钉上小钉，准确标志出轴线位置。如有条件也可以把轴线引测到周围原有固定的地物上。

（4）龙门板的设置。在教师示范指导下，在建筑物轴线的基槽开挖线外 1.5~3 m 处设置龙门板，桩的外侧面与基槽平行，桩要钉得竖直，牢固；根据场地内的水准点，用水准仪把 ±0 的标高测设在龙门桩上，用红笔画一横线；沿龙门桩上 ±0 线钉设龙门板，使板的上缘高程正好为 ±0；将经纬仪安置在 3 点，瞄准 4 点，沿视线方向在 4 点附近的龙门板上定出一点，并钉轴线标志；倒转望远镜，沿视线在 3 点附近的龙门板上定出一点，也钉轴线标志；在龙门板顶面将墙边线、基础边线、基槽开挖边线等标定在龙门板上。

2. 用水准仪进行建筑物设计高程的放样

（1）假定 A 点桩顶高程为 100.500 m，1、2 点设计高程均为 100.400 m，根据 A 点将 1、2 点设计高程在桩上用红蓝铅笔划线表示。

（2）放样选择在平坦、开阔通视的场地进行。具体步骤靠参考实践技能训练十八相关内容。

3. 用经纬仪进行某一园林植物种植地段放样

根据某一道路设计图，对道路两侧的三排行道树（菱形布置）进行放样。

（1）在地面上钉立二个交点桩（JD_1、JD_2 连线为放样的基线）作为道路中线位置。

（2）将经纬仪安置在道路中线的 JD_1 交点桩上，盘左前视交点桩 JD_2，使得水平度盘读数为 $0°00'00''$，逆时针转动照准部使得水平角读数为 $360° - 90°$，沿望远镜视线方向量取 S_1（道路中线相距栽植第一行树木的距离）即得 1 点实地位置，在 1 点上钉木桩。

（3）将经纬仪安置在道路中线的 JD_2 交点桩上，盘左前视交点桩 JD_1，使得水平度盘读数为 $0°00'00''$，顺时针转动照准部使得水平角读数为 $90°$，沿望远镜视线方向量取 S_2（道路中线相距栽植第一行树木的距离）即得 2 点实地位置，在 2 点上钉木桩。

（4）将 1 和 2 连线，在此连线上按照设计的栽植树木株距分别划出第一行树木的 a、b、c…各点位置，撒上白灰以标记；平行于 1 和 2 连线在设计的行距上定出 a′、b′、c′…各点位置，需要说明的是 a 和 a′ 在垂直方向上应该错开 1/2 株距；第三行和第一行株距完全平行，相距 2 倍行距。

（5）道路另一侧做法同于以上 1~4 步。

（五）注意事项

（1）2 个点位测设完成后，应以经纬仪和钢尺检查转折角和边长，角度误差 ≤1′ 为合格，边长的相对误差≤1/2 000 为合格。

（2）假若受场地限制，指导教师可调整已知数据，使该实验能够顺利完成。

（六）实训报告

每人上交一份实训报告。

第三部分　测量综合实习

一、实习目的

测量综合实习是测量教学的组成部分，是巩固和加深课堂所学知识的重要环节，是培养学生动手能力和训练严格的实践科学态度和工作作风的手段，通过实习，达到如下两个目的：

（1）基本学会根据测区实际情况选择合适的布网形式和控制点的数量，掌握平面控制点外业测量和内业计算方法，掌握坐标格网的绘制和控制点展绘的方法，熟练掌握一至两种地形测量的方法，学会地形图、平面图的整饰方法。

（2）基本学会根据线路规划设计的要求和现场实际情况进行选线，掌握路线中线测量、纵断面水准测量和横断面测量的方法。

二、实习任务

1. 地形图测绘　每组完成图幅为 30 cm×30 cm，比例尺为1∶1 000或1∶500比例尺地形图一张，包括平面控制测量的外业和内业、坐标格网的绘制和导线点展绘、碎部测量、平面图的整饰等。

2. 线路测量　每组完成面宽 15～20 m 的渠道或道路 200～300 m，包括中线测量、纵断面水准测量、横断面测量和纵、横断面图的绘制。

三、实习组织

1. 实习指导教师　由主讲教师担任实习指导教师，全面负责实习期间的组织工作，每班除主讲教师外，还应配备一位辅导教师，共同担任实习期间的辅导工作。

2. 成立实习小组　实习以小组为单位进行，每组 4～5 人，选组长 1 人，负责组内实习分工和仪器管理。

四、仪器及工具

经纬仪1台，水准仪1台，平板仪1台，罗盘仪1台，钢尺1盘，皮尺1盘，水准尺2根，尺垫2个，花杆3根，测钎1组，记录板1块，背包1个，比例尺1支，量角器1个，三角板1副，手斧1把，木桩若干，测伞1把，油漆1瓶、绘图纸1张，有关记录手簿，计算纸，胶带纸，计算器，橡皮及铅笔、大头钉、小刀等。

五、实习内容及时间（各校可根据教学计划，自行安排）

第 1 天：实习动员，借领仪器工具，仪器检校，踏勘测区，做好出测前的准备工作。

第 2～4 天：控制测量外业工作，用经纬仪采用导线或小三角锁的测量方法进行平面控制测量；用四等水准测量方法进行图根高程测量。

第 5 天：控制测量内业计算与展点。
第 6~8 天：地形图测绘，碎部测量，地形图检查与整饰。
第 9 天：线路工程外业测量（根据需要，选择道路或渠道测量）。
第 10 天：绘制纵、横断面图，计算土石方量。
第 11 天：整理实习报告及考查。
第 12 天：机动。

六、实习考查

1. 考查依据　实习中的表现，出勤情况，对测量知识的掌握程度，实际作业水平与实践操作能力，分析问题和解决问题的能力，完成任务的质量，所交成果资料以及对仪器工具爱护的情况，实习报告的编写水平等。

2. 考查方式　在实习中了解学生操作情况，进行口试质疑，笔试或操作演示等。

3. 成绩评定　可分为优、良、中、及格、不及格。凡违反实习纪律、缺勤天数超过实习天数的三分之一、未交成果资料和实习报告甚至伪造成果者，均作不及格处理。

七、实习报告的编写

要求实习报告在实习期间编写，实习结束时上交。报告应反映学生在实习中所获得的一切知识，编写时要认真，力求完善，参考格式如下：

1. **封面**　实习名称、地点、起讫日期、班级、组别、姓名等。
2. **目录**
3. **前言**　说明实习目的、任务及要求。
4. **内容**　实习的项目、程序、方法、精度、计算成果及示意图，按实习顺序逐项编写。
5. **结束语**　实习的心得体会，意见和建议。

八、应交作业

实习结束时应交下列作业，否则，不准参加考查。

(一) 小组应交作业

（1）经纬仪、水准仪检校成果。
（2）平面和高程控制测量记录及计算表。
（3）碎部测量记录手簿。
（4）1：1000 或 1：500 比例尺地形图 1 张。

(二) 个人应交作业

（1）平面和高程控制测量的计算成果。
（2）线路工程测量纵横断面图及土石方计算成果图 1 张。
（3）实习报告。

九、实习内容

(一) 大比例尺地形图的测绘

本项实习包括：布设平面和高程控制网，测定图根控制点，进行碎部测量，测绘地形特征点，并依比例尺和图式符号进行描绘，最后拼接整饰成地形图。

1. 平面控制测量 在测区实地踏勘，进行布网选点。布网原则：平坦地区，一般布设闭合导线，丘陵地区通常布设单三角锁或中心多边形等三角网，对于带状地形可布设附合导线或线形锁。经过观测、计算获得平面坐标。

(1) 踏勘选点。① 选点数量：每组在指定测区范围内进行踏勘，了解测区地形特点，根据测区范围及测图要求确定布网方案进行选点（一般选点5~7个）。点的密度应能均匀地覆盖整个测区，便于碎部测量。② 选点要求：控制点应选在土质坚实、便于保存标志和安置仪器的地方，相邻导线点间应通视良好，便于测角量距，边长为60~100 m 左右。布设三角网（锁）时，三角形内角应大于30°，如果测区内有已知点，所选图根控制点应包括已知点。点位选定之后，立即打桩，桩顶钉一小钉或画一十字作为标志，并编写桩号与组别。

(2) 边长测量。用检定过的钢尺往、返丈量导线各边边长，其相对误差不得大于1/3 000，特殊困难地区限差可放宽为1/1 000。三角网至少量测一条基线边，采取精密量距的方法（即进行尺长、温度和倾斜改正），基线全长相对误差不得大于1/10 000。有条件的情况下，尽量应用光电测距仪测定边长。

(3) 角度测量。采用经纬仪用测回法观测导线内角一个测回，要求上、下半测回角值之差不得超过±40″，闭合导线角度闭合差不得大于$±40″\sqrt{n}$，n 为导线观测角数。三角网用全圆方向法观测，三角形角度闭合差的限差为$±60″\sqrt{n}$。对于独立测区可用罗盘仪测定控制网一边的磁方位角，并假定一点的坐标作为起算数据。

(4) 与高级控制点连测。为了使控制点的坐标纳入本校或本地区的统一坐标系统，尽量与测区内外已知高级控制点进行连测。

(5) 坐标计算。首先校核外业观测数据，在观测成果合格的情况下进行闭合差配赋，然后由起算数据推算各控制点的平面坐标。计算方法可根据布网形式查阅教材有关章节。计算中角度取至秒，边长和坐标值取至 mm。

2. 高程控制测量 布网原则与平面控制相同，高程控制点可设在与平面控制点的同一点位上，布网形式可为附合路线或闭合路线。在原有水准点或假定水准点的基础上，采用四等水准测量或三角高程测量的方法和精度进行观测。图根点的高程，平坦地区采用四等水准测量；丘陵地区采用三角高程测量。

(1) 水准测量。① 四等水准测量或普通水准测量均采用 DS_3 型水准仪沿路线设站单程施测，采用双面尺法进行观测；② 每测站视线长度小于 100 m，前后视距不得超过±5 m；③ 必须进行测站校核，同一尺的红、黑面读数之差不得大于±3 mm，同测站两次高差之差不得大于 5 mm，④ 四等水准路线高差闭合差平地不得大于$±20\sqrt{L}$ mm，山区为$±25\sqrt{L}$ mm，图根水准测量高差闭合差为$±40\sqrt{L}$ mm（或$±12\sqrt{n}$ mm），式中：L——路线长度的千米数；n——测站数。

(2) 三角高程测量。① 三角高程路线尽量组成闭合环或附合路线，如不可能也必须用两个已知点单向观测一个未知点或从一个已知点作双向（往返）观测；② 竖直角用 DJ_6 级光学经纬仪施测一个测回，同一测站指标变动范围不得超过 60″，仪器高和觇标高量至 0.5 cm；③ 同一边往、返测高差之差每 100 m 不得超过 4 cm；④ 路线高差闭合差的限差为$±4D/\sqrt{n}$ cm，式中：n——边数；D——以百米为单位的边长。

(3) 高程计算。对路线闭合差进行配赋后，由已知点高程推算各图根点高程。观测和计算取至毫米，最后成果取至厘米。

3. 碎部测量 首先进行测图前的准备工作,在各图根点设站测定碎部点,同时描绘地物与地貌。

(1) 方格网的绘制,控制点的展绘。图廓大小采用 50 cm×50 cm 图幅,方格网绘制后应检查各方格网的边长是否符合要求,对角线的误差不得超过±0.2 mm,展点后图上两控制点间的边长误差不得大于±0.2 mm。

(2) 地形测图。测图比例尺为 1:1 000 或 1:500,等高距采用 1.0 m 或 0.5 m,平坦地区也可采用高程注记法。测图方法可选用大平板仪测绘法、经纬仪(或水准仪)与小平板仪联合测绘法,经纬仪测绘法等。

① 平板仪测图:对中偏差应小于 $0.05 \times M$ (mm),M 是测图比例尺分母。以较远点作为定向点并在测图过程中随时检查,再为其他图根点作定向检查时,该点在图上偏差应小于 0.3 mm。

② 经纬仪测图:对中偏差应小于 5.0 mm,归零差应小于 4′,水平角读至 5′,竖直角半测回读至 1′并加指标差进行改正,高程计算至 0.01 m,图上注记至 0.1 m,地形点最大间隔为 30 m 左右,视距长度一般不超过 80 m。所有地物地貌应在现场绘制完成。

③ 跑尺选点方法可由近及远,再由远及近,顺时针方向行进。所有地物和地貌特征点都应立尺。

④ 测站可采用视距支导线或交会法:视距支导线不得超过两站,选用 1:1 000 比例尺测图时边长不得超过 100 m,用视距法测定边长及高差时竖直角应用盘左、盘右进行观测,往返观测边长的相对误差不得大于 1/200,往返之差边长每 100 m 不得超过±4 cm。采用交会法加密控制点时,其交会角度为 30°~120°,交会点的高程可用三角高程测量的方法测定。

(3) 地形图的拼接、检查和整饰。

① 拼接:每幅地形图应测出图框外 0.5~1.0 cm。与相邻图幅接边时的容许误差为:主要地物不应大于 1.2 mm;次要地物不应大于 1.6 mm;对丘陵地区或山区的等高线不应超过 1~1.5 根。如果该项实习属无图拼接,则可不进行此项工作。

② 检查:自检是保证测图质量的重要环节,当一幅地形图测完后,每个实习小组必须对地形图进行严格自检。一是进行图面检查,查看图面上接边是否正确、连线是否矛盾、符号是否正确、名称注记有无遗漏、等高线与高程点有无矛盾,发现问题应记下,便于野外检查时核对。二是进行野外检查(对照地形图全面核对),查看图上地物形状与位置是否与实地一致,地物是否遗漏,注记是否正确齐全,等高线的形状、走向是否正确,若发现问题,应设站检查或补测。

③ 整饰:整饰则是对图上所测绘的地物、地貌、控制点、坐标格网、图廓及其内外的注记,按地形图图式所规定的符号和规格进行描绘,提供一张完美的铅笔原图,要求图面整洁,线条清晰,质量合格。

(二) 线路纵、横断面测量

1. 选线定线 对于线路较短的渠道或道路测量,可在现场根据设计要求结合实地情况,选定总长为 200~400 m,确定线路的起点,转折点和终点,并用木桩标定出这些点的位置,即从 A 点(桩号为 0+000)开始,沿中线每隔 20 m 打一里程桩,各里程桩的桩号分别为 0+020、0+040、…,并在沿线坡度变化较大及有重要地物的地方增钉加桩。

2. 纵断面水准测量 将水准仪安置于已知高程(由教师提供)点与待求点之间进行水准测量,用高差法求出各中间点的高程;高差闭合差不得超过 $\pm 40\sqrt{L}$ mm (或 $\pm 12\sqrt{n}$ mm)。

3. 横断面水准测量　　横断面水准测量可与纵断面水准测量同时进行，分别记录。

（1）将欲测横断面的中线桩的桩号、高程和该站对中线桩的后视读数与算得的视线高程均转记于横断面测量手簿中的相应栏内；

（2）量出横断面上地形变化点至中线桩的距离并注明该点在中线桩左、右的位置；

（3）用纵断面水准测量时的水平视线分别读取横断面上各点水准尺上的中间视读数，用视线高程减各点中间视读数得横断面上各点高程。

4. 纵、横断面图的绘制　　在方格纸上绘制纵、横断面图。纵断面图的比例尺：水平距离为1∶1 000，高程为1∶100；横断面图的水平距离和高程比例尺均为1∶100。

十、实习注意事项

（1）实习期间的各项工作以小组为单位进行。组长要切实负责，合理安排好组员的工作，使每人都有练习的机会，不要单纯追求进度，组员之间应团结协作，密切配合，以确保实习任务顺利完成。

（2）实习过程中应严格遵守《测量实验与实习须知》中的有关规定。

（3）实习前要做好准备，随着实习进度阅读本指导书及教材的有关章节。

（4）出测前应对所带的仪器与工具进行登记，以便迁站和收工时清点核对。

（5）每一项测量工作完成后，要及时计算、能够现场计算的数据应做到站站清，每天晚自修时间应检查当天外业观测数据并进行内业计算。原始数据、资料、成果应妥善保存，不得丢失。

参 考 文 献

边少峰, 柴红洲, 金际航. 2005. 大地坐标系与大地基准 [M]. 北京: 国防工业出版社.
卞正富. 2002. 测量学 [M]. 北京: 中国农业出版社.
陈宜金. 2003. CitoMap 地理信息数据采集 [M]. 北京: 中国矿业大学出版社.
陈远吉, 宁平. 2012. 测量员 [M]. 南京: 江苏人民出版社.
邓洪亮. 2005. 土木工程测量学之上册普通测量学 [M]. 北京: 北京工业大学出版社.
郝延锦. 2001. 建筑工程测量 [M]. 北京: 科学出版社.
河北农业大学. 2002. 测量学 [M]. 北京: 中国农业出版社.
胡伍生, 潘庆林. 2002. 土木工程测量 [M]. 2 版. 南京: 东南大学出版社.
胡伍生, 朱小华. 2004. 测量实习指导 [M]. 南京: 东南大学出版社.
姬玉华, 夏冬君. 2004. 测量学 [M]. 哈尔滨: 哈尔滨工业大学出版社.
姜远文, 唐平英. 2002. 道路工程测量 [M]. 北京: 机械工业出版社.
李聚芳, 赵杰. 2004. 地形测量 [M]. 郑州: 黄河水利出版社.
李伍修. 1990. 测量学 [M]. 北京: 中国林业出版社.
梁振华. 2012. 建筑工程测量 [M]. 北京: 中国建筑工业出版社.
凌支援. 2009. 建筑施测量 [M]. 北京: 高等教育出版社.
卢正. 2001. 建筑工程测量 [M]. 北京: 化学工业出版社.
陆守一. 2004. 地理信息系统 [M]. 北京: 高等教育出版社.
覃辉. 2004. 土木工程测量 [M]. 上海: 同济大学出版社.
王金玲. 2004. 工程测量 [M]. 武汉: 武汉大学出版社.
王侬, 过静珺. 2001. 现代普通测量学 [M]. 北京: 清华大学出版社.
王文斗. 2004. 园林测量 [M]. 北京: 中国科学技术出版社.
王耀强. 2004. 测量学 [M]. 2 版. 北京: 中国农业出版社.
王云江, 赵西安. 2002. 建筑工程测量 [M]. 北京: 中国建筑工业出版社.
韦晶珠. 2010. 浅谈如何利用 CASS 软件绘制地形图和断面图 [J]. 现代企业文化, 08: 119-120.
熊春宝, 姬玉华. 2001. 测量学 [M]. 天津: 天津大学出版社.
徐行. 1997. 园林工程测量 [M]. 哈尔滨: 哈尔滨地图出版社.
徐绍铨, 张华海, 杨志强, 等. 2008. GPS 测量原理及应用 [M]. 3 版. 武汉: 武汉大学出版社.
许筱阳, 夏友福. 1991. 测量学 [M]. 西安: 陕西科学技术出版社.
赵欣. 2010. 道路工程测量 [M]. 北京: 人民交通出版社.
郑金兴. 2002. 园林测量 [M]. 北京: 高等教育出版社.
郑庄生. 1997. 建筑工程测量 [M]. 北京: 中国建筑工业出版社.

图书在版编目（CIP）数据

测量／金为民主编．—3版．—北京：中国农业出版社，2019.10（2023.12重印）
高等职业教育农业农村部"十三五"规划教材　高等职业教育农业农村部"十二五"规划教材
ISBN 978－7－109－26187－7

Ⅰ.①测⋯　Ⅱ.①金⋯　Ⅲ.①测量学－高等职业教育－教材　Ⅳ.①P2

中国版本图书馆CIP数据核字（2019）第242617号

中国农业出版社出版
地址：北京市朝阳区麦子店街18号楼
邮编：100125
责任编辑：王　斌
版式设计：王　晨　责任校对：吴丽婷
印刷：北京中兴印刷有限公司
版次：2006年2月第1版　2019年10月第3版
印次：2023年12月第3版北京第5次印刷
发行：新华书店北京发行所
开本：787mm×1092mm　1/16
印张：17.75
字数：420千字
定价：55.00元

版权所有·侵权必究
凡购买本社图书，如有印装质量问题，我社负责调换。
服务电话：010－59195115　010－59194918